抽象代数选讲

王宪栋　编著

科 学 出 版 社

北 京

内 容 简 介

本书是抽象代数学的入门读物, 主要介绍一些基础概念、基本方法及典型实例. 本书将自然引入交换环、可换群, 以及一般的环、群、模、结合与非结合代数等概念; 讨论交换环的局部化, 多项式子环与扩环的形式化, 以及模的张量积等方法; 建立域扩张的基本理论, 讨论有限群的子群结构, 并用于证明代数基本定理; 介绍模的范畴与函子的初步语言, 并描述投射模、内射模及平坦模等概念; 最后, 还讨论了有限维半单结合代数的结构及其相关问题.

本书可作为综合性大学或师范院校数学、物理及计算机等相关专业本科生和研究生的教材, 也可作为大、中学的青年数学教师及广大数学爱好者学习抽象代数的参考资料.

图书在版编目 (CIP) 数据

抽象代数选讲/王宪栋编著. —北京: 科学出版社, 2022.3
ISBN 978-7-03-071511-1

Ⅰ. ①抽… Ⅱ. ①王… Ⅲ. ①抽象代数 Ⅳ. ①O153

中国版本图书馆 CIP 数据核字 (2022) 第 027136 号

责任编辑: 李 欣 李香叶 / 责任校对: 樊雅琼
责任印制: 吴兆东 / 封面设计: 无极书装

科 学 出 版 社 出版
北京东黄城根北街 16 号
邮政编码: 100717
http://www.sciencep.com
北京建宏印刷有限公司 印刷
科学出版社发行 各地新华书店经销

*

2022 年 3 月第 一 版 开本: 720 × 1000 B5
2022 年 3 月第一次印刷 印张: 14 1/4
字数: 297 000
定价: 99.00 元
(如有印装质量问题, 我社负责调换)

前　　言

本书主体内容分为两大部分: 基础与提高. 基础部分 (1—14 讲) 取自作者近年来为数学专业本科生开设的 "抽象代数" 课程讲稿; 提高部分 (15—18 讲) 取自相关研究生课程的部分讲稿. 从内容难易程度看, 本书可作为大学数学专业二年级及以上本科生和相关专业研究生代数课程的教材或教学参考书.

写作特点与主要内容介绍:

本书原则上延续了作者的《代数选讲》一书的写作特点与讲述风格, 抽象的代数学概念引入自然, 叙述清楚、简洁, 并举例加以说明; 特别强调各部分相关内容的连贯性与整体性, 并通过注记等解说形式明确阐述其联系, 作者希望通过这种方式引导读者进行深层次的思考与联想. 除此之外, 本书对基础部分的讨论予以加强, 尽量用直观的实例解释抽象的概念; 对抽象代数学中的一些经典结果给予详细的说明与论证. 因此, 本书不仅适合有一定数学基础的读者阅读, 作为抽象代数学知识的复习提高之用, 它也适合广大初学者学习与参考, 作为入门教材或基础参考书. 总之, 本书可以看成《代数选讲》一书的姊妹篇: 两者在写作方式上相近, 在内容选取上互补.

(1) 把整数或整数环的概念作为基本假设, 在此基础上抽象出交换环与可换群的概念; 定义一般整环的分式域, 并将有理数域实现为具体整数环的分式域, 进而构造一般交换环的局部化环, 由此得到许多交换环的实例; 通过对整数剩余类环的讨论, 初步描绘出交换环关于其理想做商的大致思路.

(2) 讨论了一般交换环的子环问题, 给出多项式子环与扩环的概念, 为多项式环的形式化定义奠定了基础; 通过带余除法确定整数环或一元多项式环的理想形式, 由此得到主理想环及 Noether-环等概念; 探讨整数或多项式的因式分解问题, 抽象出唯一分解整环的概念; 通过高斯引理等结论的准备, 刻画了整环的唯一分解性与多项式扩环的密切联系.

(3) 给出了交换环上模的概念, 并讨论了一些有限性条件, 包括升链条件与降链条件等; 研究了交换环上的自由模及其自同态环, 由此抽象出了一般的有单位元的环的概念, 还导出了交换环上 n 阶矩阵的定义, 从而得到非交换环的重要例子: 任意交换环上的 n 阶矩阵环; 详细研究了主理想整环上有限生成模的结构, 以及有限可换群的同构分类问题.

(4) 通过对给定集合的可逆映射的讨论, 引入一般集合上的对称群及有限集合上的置换群, 由此抽象出了群的概念; 给出了群在集合上作用的定义及典型例子, 并应用于有限群的研究, 得到关于有限群的类方程; 简约介绍了可解群的概念与特性, 并说明了对称群 $S_n(n \geqslant 5)$ 的不可解性; 关于有限群的子群结构的研究, 叙述并证明了著名的西罗子群定理.

(5) 域扩张的基本内容: 由不可约多项式的求根问题, 引出多项式环关于其极大理想的商域, 它可以看成原给定域的扩域; 给出了多项式的分裂域的概念, 并证明了其存在性与唯一性定理, 还证明了代数闭域的存在性; 定义了代数扩张、超越扩张与正规扩张等, 并证明了 Galois 扩张的基本对应: Galois 扩张的子扩张与 Galois 群的子群之间的对应关系.

(6) 利用 Galois 扩张的基本对应及西罗子群的结构定理等相关知识, 给出了代数基本定理的一个证明, 其中只用到分析学中连续函数的介值定理, 关于介值定理的详细讨论将在附录中给出. 因此, 本书关于代数基本定理的证明是系统完整的, 也是最接近纯代数观点的一种证明. 除此之外, 附录还详细描述了实数域的严格构造过程, 定义并讨论了实数 e 的超越性.

(7) 初步介绍了范畴与函子的形式化数学语言, 讨论了模范畴中的一些基础知识, 主要包括 Hom 函子与张量积函子的定义与初等性质等; 根据函子的正合性, 定义了三类特殊类型的模: 投射模、内射模与平坦模, 并给出了它们的等价描述. 通过张量积的概念, 构造了张量代数, 由此导出了一些常见的代数结构: 对称代数或多项式代数、外代数以及李代数的泛包络代数等等.

(8) 复数域上的有限维半单结合代数是一类基本且重要的结合代数, 其结构与表示理论已形成相对完整的代数学知识体系, 熟悉这些相关内容将有助于读者对代数学中的某些基本理论与方法的理解, 本书的最后对这些基本内容做了初步介绍: 定义了结合代数的表示, 给出了单模、完全可约模的概念与基本性质, 最后证明了半单结合代数结构的 Wedderburn 定理.

在本书的撰写及修改过程中, 美国加利福尼亚大学圣克鲁斯分校数学系董崇英教授提出了许多宝贵的建议; 青岛大学数学与统计学院高红伟教授给予作者极大的鼓励与支持; 另外, 作者多年来讲授的相关课程班中的部分本科生、研究生 (沈雅馨、吴鹤楠等), 也参与了针对书稿内容的一些有益的讨论, 使得本书的取材工作自然有序, 书稿得以顺利完成. 在此, 作者一并表示衷心的感谢!

本书的出版得到青岛大学学科建设经费 (编号: 11040) 的支持, 得到了青岛大学科研基金 (编号: 29016010007008) 的资助, 特此致谢!

王宪栋

2021 年 8 月于青岛

目 录

第 1 讲 整数环的假设

什么是整数? 初看起来, 这是一个极其简单且平凡的问题. 我们从中小学开始认识整数, 熟悉并掌握了整数的加法与乘法运算, 并能够利用一些法则去化简整数的代数表达式. 但是, 我们并没有 (也不可能, 至少到目前为止) 用 "整体" 的观点去理解整数及其运算规则, 尽管这种 "整体" 的观点是构建代数学中的基本代数结构的本质所在.

从现在开始, 我们要采用这种 "整体" 的观点讨论整数、整数的运算及其运算规则, 从而可以进一步学习和探讨比较深入的代数学及其相关的数学内容, 这些内容可以看成是整数的 "整体" 观点的自然延伸、抽象与拓广. 我们首先严格化 "整体" 的说法, 即使用朴素集合论的语言, 并利用关于自然数的基础知识, 给出整数、整数集、整数环的如下 "整体" 的解释.

假设 1.1 设 $\mathbb{N}$ 为自然数集: $\mathbb{N} = \{0, 1, 2, \cdots\}$, 它的子集 $\mathbb{Z}_+ = \{1, 2, 3, \cdots\}$ 称为正整数集, 其元素称为正整数. 令 $\mathbb{Z}_- = \{-1, -2, -3, \cdots\}$, 它是对应于正整数集的负整数集, 其元素称为负整数; 再取这些相关集合的并集, 就得到整数集: $\mathbb{Z} = \mathbb{Z}_- \cup \{0\} \cup \mathbb{Z}_+$, 整数集 $\mathbb{Z}$ 中的任何元素称为一个整数.

整数集 $\mathbb{Z}$ 上有两个基本运算: 整数的加法运算 "$+$" 与整数的乘法运算 "$\times$" (通常也记为 "$\cdot$", 或者直接并列两个整数, 以表示它们的乘积); 这两个运算满足如下八条运算规则: $\forall a, b, c \in \mathbb{Z}$, 有

(1) 加法结合律: $(a + b) + c = a + (b + c)$;

(2) 加法交换律: $a + b = b + a$;

(3) 有零元素: 存在 $0 \in \mathbb{Z}$, 使得 $a + 0 = 0 + a = a$;

(4) 有负元素: 存在 $-a \in \mathbb{Z}$, 使得 $a + (-a) = (-a) + a = 0$;

(5) 乘法结合律: $(a \cdot b) \cdot c = a \cdot (b \cdot c)$;

(6) 有单位元: 存在 $1 \in \mathbb{Z}$, 使得 $a \cdot 1 = 1 \cdot a = a$;

(7) 乘法关于加法的分配律: $a \cdot (b + c) = a \cdot b + a \cdot c, (b + c) \cdot a = b \cdot a + c \cdot a$;

(8) 乘法交换律: $a \cdot b = b \cdot a$.

所有整数构成的集合 $\mathbb{Z}$, 带有加法与乘法两个运算, 并满足上述八条运算规则, 称为有单位元的整数交换环, 简称为整数环.

注记 1.2 本讲关于整数环的假设的含义是指:

(1) 对整数的这些众所周知的基本事实, 我们不探究其逻辑推导细节, 只是罗列这些结果并随时应用它们;

(2) 我们默认整数环 $\mathbb{Z}$ 是通过自然数集合 $\mathbb{N}$、自然数的运算及其运算规则构造出来的.

特别地, 整数的加法与乘法运算都可以通过自然数的加法与乘法运算来描述. 在此基础上, 还可以证明: 任何两个非零整数的乘积均不为零.

关于自然数的公理化定义, 自然数的运算及其规则, 整数、整数环的更严格的定义, 以及这方面的详细论述可查阅相关文献, 比如文献 [1-2] 等.

假设 1.3　在整数环 $\mathbb{Z}$ 中, 两个整数乘积为零当且仅当它们中至少一个为零.

练习 1.4　直接根据前面整数的运算规则说明: 任何整数 × 整数 0 = 整数 0.

注记 1.5　按照下面的方式, 还可以定义整数的减法运算 (非基本运算):

$$a - b = a + (-b), \quad \forall a, b \in \mathbb{Z}.$$

即, 整数的减法运算是由加法与取负运算复合得到的一个新的运算. 读者不难验证: 减法运算不满足结合律与交换律.

注记 1.6　在假设 1.1 中, 我们用到集合的一些相关概念. 通俗来说, 一个集合是由它的所有元素构成的一个整体; 要确定一个集合, 就是要明确它是由哪些元素组成的. 比如, 自然数集 $\mathbb{N}$ 是所有自然数构成的一个集合, 整数集 $\mathbb{Z}$ 是所有整数构成的一个集合; 地球上所有人构成的集合为 "人类", 国籍为中国的所有人构成的集合为 "中国人"; 等等, 集合的例子不胜枚举.

按照通常的做法, 一般用大写英文字母表示一个集合, 而集合的元素用小写英文字母来表示. 比如, 集合 X、集合 X 的元素 x 等等.

称一个集合 Y 是另一个集合 X 的一个子集, 记为 $Y \subset X$, 如果 Y 中的任意元素 y (记为 $y \in Y$) 必包含于 X 中 (即 $y \in X$). 比如, 自然数集 $\mathbb{N}$ 是整数集 $\mathbb{Z}$ 的一个子集; 集合 "中国人" 是集合 "人类" 的一个子集; 等等. 一个集合的若干子集的交集, 由所有这些子集的公共元素组成; 一个集合的若干子集的并集, 由属于这些子集的所有元素合并得到. 集合 X 的子集 $Y_i (i \in I)$ 的交与并通常写成形式: $\bigcap_{i \in I} Y_i, \ \bigcup_{i \in I} Y_i$, 即有下列等式

$$\bigcap_{i \in I} Y_i = \{ y \in X; \ y \in Y_i, \forall i \in I \},$$

$$\bigcup_{i \in I} Y_i = \{ y \in X; \ y \in Y_i, \exists i \in I \}.$$

把前面的整数环中的整数 "抽象" 成一般的元素, 把整数的加法与乘法运算

"抽象" 成一般元素的运算, 并要求满足完全相同的运算规则, 就得到 "抽象代数" 中的有单位元的交换环的概念.

定义 1.7 (交换环)　设 R 是一个非空集合, 在 R 上定义了两个 "抽象" 的运算, 一个是加法 "+", 另一个是乘法 "·". 如果这两个运算满足前面整数环假设中的全部八条规则 (这里需要把整数集 $\mathbb{Z}$ 替换成集合 R), 则称 R 是一个有单位元的交换环, 简称为交换环.

注记 1.8　在上述交换环的定义中, 如果只考虑加法运算及其相应的运算规则, 我们将得到下面的可换群的概念. 可换群也是一个基本的代数学概念, 以后将有很多篇幅讨论它们, 以及它们的一般形式: 群的概念. 现在引入可换群是因为它和交换环等概念的密切联系.

定义 1.9 (可换群)　设 G 是一个非空集合, 在 G 上定义了一个 "抽象" 的加法运算 "+". 称 G 是一个可换群或交换群, 也称其为 Abel 群, 如果它的加法运算满足前面整数环假设中的前四条规则: 对 $a, b, c \in G$, 有

(1) 加法结合律: $(a + b) + c = a + (b + c)$;

(2) 加法交换律: $a + b = b + a$;

(3) 有零元素: 存在 $0 \in G$, 使得 $a + 0 = 0 + a = a$;

(4) 有负元素: 存在 $-a \in G$, 使得 $a + (-a) = (-a) + a = 0$.

练习 1.10　(i) 设 R 是任意给定的交换环, 有加法零元素 0 及乘法单位元 1, 用 $-a$ 表示元素 $a \in R$ 的负元素. 利用交换环的运算规则, 推导下列等式

$$0 \cdot a = a \cdot 0 = 0, \quad (-1) \cdot a = a \cdot (-1) = -a.$$

在此基础上, 按照自然方式给出交换环 R 中的元素 a 的倍数的定义: $na, n \in \mathbb{Z}$. 对可换群 G, 考虑类似的问题: 定义一个元素的任意整数倍数.

(ii) 证明: 在任意交换环 R 中, 乘法关于减法运算的分配律成立, 即对任意元素 $a, b, c \in R$, 有下列等式

$$a(b - c) = ab - ac.$$

例 1.11　整数环 $\mathbb{Z}$ 是一个交换环 (交换环的第一个例子); 整数集 $\mathbb{Z}$ 关于其加法运算构成一个可换群, 也称其为整数加法群.

通过对整数及其运算的讨论, 尤其是考虑到整数加法与乘法运算所满足的运算规则的假设, 我们抽象出了交换环与可换群的概念. 交换环与可换群是抽象代数中最基本的概念, 也是随后将要讨论的主要代数对象之一, 它们的具体实例还有很多, 以后将陆续给出.

在整数环 $\mathbb{Z}$ 中, 任给两个整数 m, n, 可以做加法、乘法运算, 分别得到整数: $m + n, m \cdot n \in \mathbb{Z}$. 按照注记 1.5 的方式, 也可以对它们做减法, 得到整数: $m - n$.

但是, 一般来说不能做除法 (除不尽). 比如, 用 3 去除 7, 只能得到商数 2 和余数 1: $7 = 2 \cdot 3 + 1$. 下面将考虑任意两个整数之间的 "带余" 的除法, 为此, 需要介绍关于整数的另外两个基本假设.

假设 1.12 在整数环 $\mathbb{Z}$ 中, 正整数的集合 $\mathbb{Z}_+$ 关于整数的加法、乘法运算是封闭的. 由此不难推出: 负整数的集合 $\mathbb{Z}_-$ 关于整数的加法运算也封闭.

若 m 是负整数, 即 $m \in \mathbb{Z}_-$, 则记 $m < 0$, 称为 m 小于零; 定义整数之间的小于关系 $<$, 使得 $n < m$ (n 小于 m), 如果 $n - m < 0$; 定义整数之间的小于等于关系 $\leqslant$, 使得 $n \leqslant m$, 如果 $n = m$ 或 $n < m$.

若 m 是正整数, 即 $m \in \mathbb{Z}_+$, 则记 $m > 0$, 称为 m 大于零; 定义整数之间的大于关系 $>$, 使得 $n > m$ (n 大于 m), 如果 $n - m > 0$; 定义整数之间的大于等于关系 $\geqslant$, 使得 $n \geqslant m$, 如果 $n = m$ 或 $n > m$.

由定义直接看出, 上面给出的整数之间的这些关系是相容的

$$m > 0 \Leftrightarrow -m < 0; \quad m \geqslant 0 \Leftrightarrow -m \leqslant 0.$$

练习 1.13 根据假设 1.12 证明, 上述定义的两个关系与整数环 $\mathbb{Z}$ 的两个运算是相容的, 即对 $n_1, n_2, m_1, m_2 \in \mathbb{Z}, m \in \mathbb{Z}_+$, 有下列结论:

(1) 若 $n_1 < m_1, n_2 < m_2$, 则 $n_1 + n_2 < m_1 + m_2, n_1 m < m_1 m$;

(2) 若 $n_1 \leqslant m_1, n_2 \leqslant m_2$, 则 $n_1 + n_2 \leqslant m_1 + m_2, n_1 m \leqslant m_1 m$.

假设 1.14 (数学归纳法原理) 给定一个与自然数 n 有关的命题, 要证明该命题结论成立, 只要证明下面两个结论:

(1) 当 $n = 0$ 时, 命题成立;

(2) 假设命题对自然数 k(或 $\leqslant k$) 成立, 可以推出: 命题对 $k + 1$ 也成立.

利用假设 1.12 与假设 1.14, 现在可以叙述并证明关于整数带余除法的结论.

引理 1.15 (带余除法) 对任意整数 a, b, 且 $b > 0$ (即 $b \in \mathbb{Z}_+$), 必存在唯一的整数对 (q, r), 使得下列分解式成立

$$a = bq + r, \quad 0 \leqslant r < b.$$

此时, 称整数 q 是商数或商, 称整数 r 是余数或余.

证明 (1) 设 $a \geqslant 0$, 若 $a < b$, 则 $a = b0 + a$, 从而分解式成立. 若 $a \geqslant b$, 由于 $a - b < a$, 利用数学归纳法原理, 不妨假定 $a - b = bq + r$, 这里整数 q, r 满足引理结论的要求. 于是, $a = b(q + 1) + r$, 从而分解式成立.

(2) 设 $a < 0$, 由 (1) 可知, $-a = bq + r$, 且整数对 (q, r) 满足引理的要求. 于是, $a = b(-q) - r$, 不妨设 $r \neq 0$. 从而, $a = b(-q - 1) + (b - r), 0 \leqslant b - r < b$, 即整数对 $(-q - 1, b - r)$ 使分解式成立.

唯一性　反证. 若 $a = bq + r = bq_1 + r_1$ 都满足分解式的要求, 则有

$$b(q - q_1) = r_1 - r.$$

不妨假设此等式两边都是正整数, 把它改写成形式: $b(q - q_1) + r = r_1$. 由此推出: $b \leqslant b(q - q_1) \leqslant r_1$, 这与 r_1 的要求矛盾. 因此, 必有 $q = q_1, r = r_1$.

定义 1.16　如果在上述带余除法的等式中, 有 $r = 0$, 则称整数 b 是 a 的因式或因子, 也称整数 b 整除 a. 由此可知, 任何非零整数 a 都有因子: $\pm 1, \pm a$, 这些因子也称为整数 a 的平凡因子, 其他的因子称为非平凡的因子.

假设 1.17　正整数集 $\mathbb{Z}_+$ 的任何非空子集必有最小元; 负整数集 $\mathbb{Z}_-$ 的任何非空子集必有最大元; 整数集 $\mathbb{Z}$ 的任何有限子集必有最小元与最大元.

对任意给定的整数 $a, b \in \mathbb{Z}$, 它们的公共的因式 (既是 a 的因式, 同时又是 b 的因式), 称为它们的公因式; 整数 a, b 的公因式的最大者, 称为 a, b 的最大公因式, 记为 (a, b)(一般约定: $(0, 0) = 0$).

下面将说明: 整数 a, b 的最大公因式 (a, b) 可以写成整数 a, b 组合的形式. 即, 整数 (a, b) 包含于整数子集 $\{sa + tb; s, t \in \mathbb{Z}\}$ 中, 并且它恰好是这个子集中的最小非负整数.

引理 1.18　对给定的整数 $a, b \in \mathbb{Z}$, 令 $I = \{sa + tb; s, t \in \mathbb{Z}\} \subset \mathbb{Z}$, 它是整数环 $\mathbb{Z}$ 的非空子集, 且满足下面的两个封闭性条件 (满足这两个封闭性条件的非空子集 $I \subset \mathbb{Z}$, 也称为整数环 $\mathbb{Z}$ 的理想).

(1) 对任意的整数 $x, y \in I$, 必有 $x + y \in I$;

(2) 对任意的整数 $x \in I, n \in \mathbb{Z}$, 必有 $nx \in I$.

证明　由子集 I 的具体定义不难直接验证, 留作读者练习.

引理 1.19　整数环 $\mathbb{Z}$ 的任何理想 I, 均具有下列形式:

$$(d) = \{nd; n \in \mathbb{Z}\}, \quad d \in \mathbb{N}.$$

证明　不难看出: 对任意给定的非负整数或整数 $d \in \mathbb{Z}$, 子集 (d) 满足理想的两个封闭性要求, 从而它是整数环 $\mathbb{Z}$ 的理想. 现假设 I 是 $\mathbb{Z}$ 的任意理想, 不妨设它不为 $\{0\}$. 取 I 中的最小正整数 d (见假设 1.17), 则有包含关系 $(d) \subset I$.

另一方面, 对理想 I 中的任意元素 a, 利用引理 1.15 (带余除法), 必存在整数 $q, r \in \mathbb{Z}, 0 \leqslant r < d$, 使得 $a = dq + r$. 此时, 有 $r \in I$, 根据 d 在理想 I 中的取法, 可以推出 $r = 0$, 即 $a \in (d)$. 因此, $I = (d)$.

推论 1.20　设 $a, b \in \mathbb{Z}$, 则有 $s, t \in \mathbb{Z}$, 使得 $(a, b) = sa + tb$.

证明　令 $I = \{sa + tb; s, t \in \mathbb{Z}\}$, 由引理 1.18 可知, 它是整数环 $\mathbb{Z}$ 的理想. 再利用引理 1.19 的结论, 存在非负整数 $d \in \mathbb{Z}$, 使得 $I = (d)$. 此时, 必有整数 $s, t \in \mathbb{Z}$, 使得 $d = sa + tb$. 由于 $a, b \in I$, 它们都是 d 的倍数, 即 d 是 a, b 的一个

公因式. 另外, 若 c 也是 a, b 的公因式, 则 c 整除整数 a, b, 也整除它们的所有组合. 因此, c 整除 d, 即 d 是 a, b 的最大公因式.

注记 1.21 由此可见, 要求整数 a, b (假设不全为零) 的最大公因式 (a, b), 相当于找出子集 $\{sa + tb; s, t \in \mathbb{Z}\}$ 的最小正整数 d. 通过整数的带余除法, 还可以给出下面的具体计算方法

$$a = bq_1 + r_1 \Rightarrow (a, b) = (b, r_1),$$
$$b = r_1 q_2 + r_2 \Rightarrow (b, r_1) = (r_1, r_2),$$
$$\cdots\cdots$$
$$r_{n-1} = r_n q_{n+1} \Rightarrow (r_{n-1}, r_n) = (r_n),$$
$$b > r_1 > r_2 > \cdots > r_n > 0, \quad r_{n+1} = 0,$$

这里假设 a, b 都是非负整数, 且 $b \leqslant a$, $q_i, r_i (1 \leqslant i \leqslant n+1)$ 分别是带余除法中的第 i 个商与余数, r_n 是最后一个出现的非零余数. 不难看出: 整数 a, b 的最大公因式为: $(a, b) = d = r_n$.

练习 1.22 按照注记 1.21 给出的方法, 计算最大公因式: $(1128, 776)$.

定义 1.23 若自然数 $p > 1$, 且它只有平凡的因子, 则称 p 是一个素数.

引理 1.24 关于素数 p 的两个基本性质:

(1) 对任意整数 a, p 整除 a 或 $(p, a) = 1$, 并且只有一种结论成立 (当两个整数的最大公因式为 1 时, 也称它们是互素的);

(2) 若 p 整除整数的乘积 ab, 则 p 整除 a 或 b(当 m 整除 n 时, 也记为 $m|n$).

证明 设 $(p, a) = d$ 是整数 p, a 的最大公因式. 若 $d \neq 1$, 但正整数 d 是素数 p 的一个因子, 必有 $d = p$. 从而, 有 $p|a$, 即性质 (1) 成立.

若 $(p, a) = 1, (p, b) = 1$, 则有整数 $s, t, u, v \in \mathbb{Z}$, 使得 (见推论 1.20)

$$sp + ta = 1, \quad up + vb = 1.$$

从而有 $(sup + svb + tau)p + tvab = 1$, 于是, $(p, ab) = 1$, 即性质 (2) 成立.

定理 1.25 (算术基本定理) 对任意的非零整数 $a \in \mathbb{Z}$, 必存在互不相同的素数 $p_1, p_2, \cdots, p_s$ 及自然数 $r_1, r_2, \cdots, r_s$, 使得

$$a = \varepsilon p_1{}^{r_1} p_2{}^{r_2} \cdots p_s{}^{r_s},$$

这里 $\varepsilon = \pm 1, s \geqslant 0$. 进一步, 上述分解式本质上 (在不计素数因子出现顺序的意义下) 是唯一的.

证明 对 $a \in \mathbb{Z}$, 不妨设 $a \geqslant 2$. 若 a 是素数, 定理结论自动成立. 若 a 不是素数, 则 a 可以分解为两个比 a 小的正整数 b, c 的乘积. 利用数学归纳法原理, 可以假定 b, c 有相应的分解, 从而 a 的分解式存在.

若整数 a 有两个素因子分解式

$$a = p_1 p_2 \cdots p_s = q_1 q_2 \cdots q_t,$$

利用上述性质可以推出, $p_1 = q_i$, 可以假设 $i = 1$. 因此, $p_2 \cdots p_s = q_2 \cdots q_t$. 再用数学归纳法原理, 得到 $s = t$, 且适当排列顺序后, $p_i = q_i, 2 \leqslant i \leqslant s$, 即分解式的唯一性成立.

推论 1.26　在整数环 $\mathbb{Z}$ 中, 存在无限多个素数.

证明　反证. 假设只有有限个素数, 比如 $p_1, p_2, \cdots, p_m$. 令

$$n = p_1 p_2 \cdots p_m + 1,$$

由定理 1.25 可知, 非零整数 n 可以写成一些素数方幂的乘积. 此时, 必存在某个素数 p_i, 使得 $p_i | n$. 又有 $p_i | p_1 p_2 \cdots p_m$, 必有 $p_i | 1$, 导致矛盾.

注记 1.27　通过前面的讨论可以得出结论: 整数环 $\mathbb{Z}$ 的所有理想的集合与自然数的集合有 1-1 对应关系: $I = (d) \mapsto d \in \mathbb{N}$. 特别, 素数对应的理想也称为整数环 $\mathbb{Z}$ 的素理想. 另外规定: 零理想 (0) 也是 $\mathbb{Z}$ 的素理想.

练习 1.28　设 I 是整数环 $\mathbb{Z}$ 的理想, 并且 $I \neq \mathbb{Z}$, 证明: I 是 $\mathbb{Z}$ 的素理想当且仅当下列条件满足

$$ab \in I \Leftrightarrow a \in I \quad 或 \quad b \in I, \forall a, b \in \mathbb{Z}.$$

提示　利用素理想的定义、素数的基本性质及引理 1.19 即可证明.

前面给出的关于整数环 $\mathbb{Z}$ 的理想、素理想等概念, 都可以 "抽象" 成一般交换环 R 中相应的概念, 关于这些基本概念的描述构成抽象代数学的最基础的内容之一. 下面先介绍一些 "抽象" 的理想的相关定义与初步性质, 进一步的讨论将在第 2 讲中展开.

定义 1.29　设 R 是交换环, 称 R 的非空子集 I 是 R 的理想, 如果它满足封闭性条件: $\forall a, b \in I$, 有 $a + b \in I$; $\forall a \in I, \forall b \in R$, 有 $ab \in I$. 若子集 I 是交换环 R 的理想, 且 $I \neq R$, 则称 I 为 R 的真理想 (这里乘积 $a \cdot b$ 简记为 ab).

设 R 是交换环, I 是 R 的真理想. 称 I 为 R 的素理想, 如果它满足条件 (参见练习 1.28): 对 $a, b \in R, ab \in I \Rightarrow a \in I$ 或 $b \in I$.

设 R 是交换环, J 是 R 的真理想. 称 J 为交换环 R 的极大理想, 如果它不严格包含于 R 的任何其他真理想内, 即对交换环 R 的任何理想 K, 由 $J \subset K$ 可以推出: $K = J$ 或者 $K = R$.

引理 1.30　交换环 R 的理想的运算及运算规则:

(1) 设 I, J 是交换环 R 的两个理想, 定义 R 的下列子集

$$I + J = \{x + y;\ x \in I, y \in J\},$$

$$IJ = \left\{ \text{有限和式} \sum_i x_i y_i; \ x_i \in I, y_i \in J \right\},$$

则子集 $I+J$ 是交换环 R 的理想, 称其为理想 I 与 J 的和; 子集 IJ 也是交换环 R 的理想, 称其为理想 I 与 J 的积.

(2) 在 (1) 中定义的理想的和与积运算, 它们都满足结合律与交换律, 并且积与和还满足分配律: $I(J_1 + J_2) = IJ_1 + IJ_2$, I, J_1, J_2 都是 R 的理想.

(3) 交换环 R 的任意多个理想 $\{I_\alpha; \alpha \in A\}$ 的交 $\bigcap_\alpha I_\alpha$ 还是 R 的理想; 还可以定义所有这些理想的和: $\sum_\alpha I_\alpha$ (其元素都是有限和式, 且它的分量属于相应的理想), 它也是 R 的理想.

证明　根据理想的定义及理想运算的定义, 容易验证这些结论都成立. 下面只验证理想乘积运算的结合律, 其他的验证从略 (读者练习).

设 I, J, K 是交换环 R 的理想, 现证明等式: $(IJ)K = I(JK)$. 由理想乘积的定义, 左边理想中的一般元素 a 形如

$$a = \sum_{i=1}^{m} b_i z_i, \ b_i = \sum_{j=1}^{n_i} x_{ij} y_{ij}, \quad x_{ij} \in I, y_{ij} \in J, z_i \in K.$$

把第 2 个和式代入第 1 个和式中, 得到下列有限和式

$$a = \sum_{i=1}^{m} \sum_{j=1}^{n_i} (x_{ij} y_{ij}) z_i = \sum_{i=1}^{m} \sum_{j=1}^{n_i} x_{ij}(y_{ij} z_i),$$

右端和式中的每个单项式含于乘积理想 $I(JK)$, 由此推出: $a \in I(JK)$, 从而有包含关系: $(IJ)K \subset I(JK)$. 类似可证: $I(JK) \subset (IJ)K$.

练习 1.31　给出引理 1.30 的验证中省略部分的细节.

例 1.32 (整数的剩余类环)　设 $m \geqslant 1$ 是正整数, $I = (m)$ 是整数环 $\mathbb{Z}$ 的相应理想, 它由 m 的所有倍数构成. 对 $a \in \mathbb{Z}$, 令 $[a] = a + I = \{a + x; x \in I\}$ 是 $\mathbb{Z}$ 的子集, 称其为整数 a 的模 m 的剩余类. 不难看出: 对任意 $a, b \in \mathbb{Z}$, $[a] = [b]$ 当且仅当 a 与 b 相差 m 的一个倍数, 即有下列结论

$$[a] = [b] \Leftrightarrow m | a - b \Leftrightarrow a - b \in I \stackrel{\text{def}}{=\!=\!=} a \equiv b \pmod m.$$

构造集合: $\mathbb{Z}/I = \{[a]; a \in \mathbb{Z}\}$, 它由所有模 m 的剩余类组成, 剩余类 $[a]$ 是整数集 $\mathbb{Z}$ 的一个子集, 其元素 a 也称为剩余类 $[a]$ 的一个代表元. 集合 $\mathbb{Z}/I$ 是一个包含 m 个元素的有限集, 可以具体描述如下

$$\mathbb{Z}/I = \{\cdots, [0], [1], [2], \cdots, [m-1], [m] = [0], [m+1] = [1], \cdots\}$$
$$= \{[0], [1], [2], \cdots, [m-1]\}.$$

按照下列自然的方式, 定义集合 $\mathbb{Z}/I$ 上的加法与乘法运算

$$[a] + [b] = [a+b], \quad [a][b] = [ab], \quad \forall [a], [b] \in \mathbb{Z}/I.$$

在剩余类上的运算是通过代表元的运算来定义的, 需要验证运算结果与代表元的选取无关. 下面以乘法的情形为例加以说明, 加法的情形是类似的.

设 $[a_1] = [a_2], [b_1] = [b_2]$, 由剩余类乘积的定义, 只要证明下列等式

$$[a_1 b_1] = [a_2 b_2].$$

即, 要证明包含关系 $a_1 b_1 - a_2 b_2 \in I$, 这里 $a_1, a_2, b_1, b_2 \in \mathbb{Z}$. 由给定的条件, 有包含关系 $a_1 - a_2 \in I, b_1 - b_2 \in I$, 再根据理想的定义性质, 得到下列式子

$$a_1 b_1 - a_2 b_2 = a_1 b_1 - a_1 b_2 + a_1 b_2 - a_2 b_2$$
$$= a_1(b_1 - b_2) + (a_1 - a_2)b_2 \in I.$$

运算规则的验证: 剩余类的加法与乘法是通过代表元的加法与乘法定义的, 而代表元都是整数, 它们的运算满足通常的规则. 由此推出: 剩余类的运算满足相应的运算规则. 比如, 以乘法结合律的验证为例, 具体给出如下

$$([a][b])[c] = [ab][c] = [(ab)c]$$
$$= [a(bc)] = [a][bc] = [a]([b][c]), \quad \forall a, b, c \in \mathbb{Z}.$$

因此, 交换环的八条运算规则都成立, $\mathbb{Z}/I$ 是一个有单位元的交换环, 称其为整数的剩余类环, 也称为整数环 $\mathbb{Z}$ 模 m 的剩余类环.

例 1.33　在例 1.32 中, 取正整数 $m = 4$, 相应的剩余类环为: $\mathbb{Z}/(4)$, 它包含有 4 个元素, 即

$$\mathbb{Z}/(4) = \{[0], [1], [2], [3]\}.$$

此时, 剩余类集合 $\mathbb{Z}/(4)$ 上的加法与乘法运算由下列式子给出 (读者验算):

$$[0] + [0] = [0], \quad [0] + [1] = [1], \quad [0] + [2] = [2], \quad [0] + [3] = [3];$$

$$[1] + [0] = [1], \quad [1] + [1] = [2], \quad [1] + [2] = [3], \quad [1] + [3] = [0];$$

$$[2] + [0] = [2], \quad [2] + [1] = [3], \quad [2] + [2] = [0], \quad [2] + [3] = [1];$$

$$[3] + [0] = [3], \quad [3] + [1] = [0], \quad [3] + [2] = [1], \quad [3] + [3] = [2];$$

$$[0] \cdot [0] = [0], \quad [0] \cdot [1] = [0], \quad [0] \cdot [2] = [0], \quad [0] \cdot [3] = [0];$$

$$[1] \cdot [0] = [0], \quad [1] \cdot [1] = [1], \quad [1] \cdot [2] = [2], \quad [1] \cdot [3] = [3];$$

$$[2] \cdot [0] = [0], \quad [2] \cdot [1] = [2], \quad [2] \cdot [2] = [0], \quad [2] \cdot [3] = [2];$$

$$[3] \cdot [0] = [0], \quad [3] \cdot [1] = [3], \quad [3] \cdot [2] = [2], \quad [3] \cdot [3] = [1].$$

练习 1.34 模仿上述例 1.33 中的计算方法, 给出剩余类环 $\mathbb{Z}/(5)$ 中的加法与乘法运算表. 剩余类环 $\mathbb{Z}/(5)$ 与 $\mathbb{Z}/(4)$ 在哪些方面有值得关注的区别?

练习 1.35 (1) 给出剩余类环 $\mathbb{Z}/(m)$ 中的加法零元素与乘法单位元.

(2) 设 p 是一个素数, 证明: 剩余类环 $\mathbb{Z}/(p)$ 中的每个非零元素都是可逆的. 换句话说, 对 $[a] \neq [0]$, 必有 $[b] \in \mathbb{Z}/(p)$, 使得 $[a][b] = [b][a] = [1]$.

(3) 给出剩余类环 $\mathbb{Z}/(m)$ 中可逆元的定义及自然的判定条件, 并验证: 交换环 $\mathbb{Z}/(m)$ 中所有的可逆元关于乘法构成一个交换群, 记为 $\mathbb{Z}/(m)^{\times}$.

例 1.36 作为整数的剩余类环的一个应用, 现在考虑关于整数方幂的一个计算问题: 求整数 2^{1000} 的十位数与个位数上的数字.

令 $m = 100$, 有剩余类环 $R = \mathbb{Z}/(m)$, 且 $[2^{1000}] = [A], 0 \leqslant A \leqslant 99$, 只要求出整数 A. 根据剩余类环 R 中乘法的定义, 有下列等式:

$$[2^{10}] = [2^5 \cdot 2^5] = [1024] = [24],$$

$$[2^{20}] = [24 \cdot 24] = [576] = [76],$$

$$[2^{40}] = [76 \cdot 76] = [5776] = [76],$$

$$[2^{80}] = [76 \cdot 76] = [5776] = [76].$$

类似可以推出: $[2^{160}] = [2^{320}] = [2^{640}] = [76]$. 于是, 得到下列等式

$$[2^{1000}] = [2^{640}] \cdot [2^{320}] \cdot [2^{40}] = [76] \cdot [76] \cdot [76] = [76].$$

由上述计算可知, 整数 2^{1000} 的十位数与个位数上的数字分别为: 7 与 6.

练习 1.37 求整数 $(18)^{1000}$ 被整数 19 去除所得的余数.

提示: 在模 19 的剩余类环 $\mathbb{Z}/(19)$ 中进行讨论即可.

练习 1.38 设 R 是任意交换环, a, b 是 R 中的任意元素. 利用数学归纳法, 证明下列二项展开式

$$(a + b)^n = \sum_{i=0}^{n} \binom{n}{i} a^{n-i} b^i,$$

这里 $\binom{n}{i}$ 是组合系数: $\binom{n}{i} = \dfrac{n!}{i!(n-i)!}$, 其中 $m! = 1 \cdot 2 \cdot \cdots \cdot m, \forall m \in \mathbb{N}$.

命题 1.39 (Fermat 小定理) 设 p 是素数, 则 $a^p \equiv a \pmod{p}, \forall a \in \mathbb{Z}$.

证明　对素数 p, 考虑相应的剩余类环 $F = \mathbb{Z}/(p)$. 只要证明结论: 在交换环 F 中, 有等式: $[a^p] = [a]$, 这里元素 $a \in \mathbb{Z}$, 它就是命题中的模 p 同余式的具体含义. 由练习 1.38, 对任意元素 $x, y \in F$, 有下列展开式

$$(x+y)^p = \sum_{i=0}^{p} \binom{p}{i} x^{p-i} y^i.$$

容易看出: $i! \binom{p}{i} = p(p-1) \cdots (p-i+1)$, 且有 $p \Big| \binom{p}{i}, 1 \leqslant i \leqslant p-1$, 从而上述等式可以简化为 $(x+y)^p = x^p + y^p, \forall x, y \in F$.

(1) $a \geqslant 0$, 在上述等式中, 适当选取 x 与 y, 不难得到所要求的等式如下

$$[a^p] = [a]^p$$
$$= ([1] + \cdots + [1])^p$$
$$= [1]^p + \cdots + [1]^p$$
$$= [1] + \cdots + [1]$$
$$= [a].$$

(2) $a < 0$, 令 $b = -a$, 由 (1) 可知, $[b^p] = [b]$, 从而也有所要求的等式

$$[a^p] = [(-b)^p] = [(-1)^p b^p] = [-1][b] = [-b] = [a].$$

问题 1.40　抽象代数课程班共有 54 名学生, 能否定义学生之间的加法与乘法运算, 使其成为一个有单位元的交换环?

注记 1.41　整数的剩余类环 $\mathbb{Z}/(m)$ 不仅提供了交换环的一个典型例子, 其构造方法也可以推广到一般的交换环上去. 在第 2 讲, 我们把整数环 $\mathbb{Z}$ 换成一般的交换环 R, 把 $\mathbb{Z}$ 的理想 (m) 换成 R 的任意理想 I, 用类似的方法进行讨论, 可以得到一个新的有单位元的交换环, 记为 R/I, 也称其为交换环 R 关于其给定理想 I 的商环. 因此, 整数的剩余类环 $\mathbb{Z}/(m)$ 是一般商环的特例.

本讲给出的整数环上的算术基本定理是以后将要介绍的唯一分解整环的具体模型, 因式分解问题是交换环研究中的最基本的问题之一, 后面有关交换环的大部分讨论都将围绕这些相关问题展开 (参见第 5 讲的内容).

第 2 讲　交换环的同构与同态

在第 1 讲, 我们通过对整数及其两个运算、运算规则等假设的讨论, 给出了整数环的定义, 并由此抽象出了 "交换环" 的一般性概念. 于是, 整数环 $\mathbb{Z}$ 是交换环的最基本例子. 在此基础上, 我们进一步构造了关于整数 m ($\geqslant 1$) 的剩余类环 $\mathbb{Z}/(m)$, 它由所有模 m 的剩余类组成, 其运算是自然的.

为了研究一般交换环的性质或结构, 我们需要更多的实例. 在给出其他具体例子之前, 我们必须考虑一个更基本的问题: 如何对比两个事先给定的交换环 R 与 S, 并判断 (在代数结构的意义下) 它们是否相同或不同? 为此, 需要考虑它们之间的某种联系. 一个自然的想法是建立它们作为集合之间的映射, 并且这种映射和交换环的两个运算是相容的.

下面首先给出集合映射的定义与性质, 为建立交换环之间的联系做准备.

定义 2.1　设 X, Y 是给定的集合, 它们之间的映射是一个对应关系 f, 它把集合 X 中的每个元素 x, 对应到集合 Y 中一个确定的元素 $y = f(x)$, 记为

$$f : X \to Y, \ x \mapsto y = f(x).$$

此时, 称元素 $y = f(x)$ 是 x 的像, 称元素 x 是 $y = f(x)$ 的原像; 也称集合 X 为映射 f 的定义域, 集合 Y 为映射 f 的值域.

若集合 X 中不同的元素对应到集合 Y 中不同的元素, 则称映射 f 是单射; 若集合 Y 中的每个元素在 X 中都有原像, 则称映射 f 是满射; 若映射 f 既是单射, 又是满射, 则称它是双射或 1-1 对应.

例 2.2　设 Y 是集合 X 的非空子集, 令 $\iota : Y \to X, y \mapsto y$, 这是从集合 Y 到集合 X 的一个映射, 它也是一个单射, 称为包含映射. 特别, 当 $Y = X$ 时, 称其为集合 X 的恒等映射或恒等变换, 一般记为 Id_X 或 1.

例 2.3　用符号 Σ 表示 26 个大写英文字母构成的集合: $\Sigma = \{\mathrm{A}, \mathrm{B}, \mathrm{C}, \cdots, \mathrm{Z}\}$, 符号 σ 表示 26 个小写英文字母构成的集合: $\sigma = \{\mathrm{a}, \mathrm{b}, \mathrm{c}, \cdots, \mathrm{z}\}$, 映射 φ 把任意大写英文字母对应到相应的小写英文字母, 则 φ 是从集合 Σ 到集合 σ 的一个双射或 1-1 对应: $\mathrm{A} \mapsto \mathrm{a}, \mathrm{B} \mapsto \mathrm{b}, \cdots, \mathrm{Z} \mapsto \mathrm{z}$.

定义 2.4　设有三个集合 X, Y, Z 及两个映射 $f : X \to Y, g : Y \to Z$, 定义映射

$$g \cdot f = gf : X \to Z, \quad x \mapsto (gf)(x) = g(f(x)).$$

它是从集合 X 到 Z 的一个映射, 称其为映射 f 与 g 的乘积、合成或复合映射 (这里映射 f 的值域与映射 g 的定义域必须一致, 否则不可以相乘).

练习 2.5　证明: 在映射可乘的意义下, 上述定义的映射的合成运算满足结合律, 并且恒等映射是合成运算的左 (或右) 单位元.

定义 2.6　设 $f : X \to Y$ 是集合之间的映射, 称其为可逆映射, 如果存在映射 $g : Y \to X$, 使得 $f \cdot g = \mathrm{Id}_Y, g \cdot f = \mathrm{Id}_X$. 此时, 也称映射 g 为映射 f 的逆映射, 记为 $g = f^{-1}$(当逆映射存在时, 它必是唯一的, 为什么?).

引理 2.7　映射 $f : X \to Y$ 是可逆映射当且仅当它是一个双射.

证明　(1) 设 f 是可逆映射, g 是 f 的逆映射. 对元素 $x_1, x_2 \in X$, 若它们的像相同: $f(x_1) = f(x_2)$, 则有等式: $x_1 = g(f(x_1)) = g(f(x_2)) = x_2$, 即元素 x_1 与 x_2 相同. 于是, 映射 f 是单射. 对元素 $y \in Y$, 有 $x = g(y) \in X$, 且有等式 $f(x) = f(g(y)) = (fg)(y) = y$. 因此, 映射 f 也是满射.

(2) 设 f 是双射, 定义映射 $g : Y \to X, y \mapsto g(y)$, 使得元素 $g(y)$ 是元素 y 在映射 f 下的原像 (它是唯一的, 为什么?). 即, 有等式 $f(g(y)) = y, \forall y \in Y$. 此时, 还有等式: $g(f(x)) = x, \forall x \in X$. 因此, 映射 f 是可逆映射.

定义 2.8 (集合的直积)　设 X, Y 是两个给定的集合, 定义新的集合

$$X \times Y = \{(x, y); x \in X, y \in Y\},$$

称其为集合 X 与 Y 的直积. 类似地, 还可以定义任意有限个 (甚至无限多个) 集合 $X_i(i \in I)$ 的直积, 其元素具有 "向量" 的形式: $(x_i)_{i \in I}$, 它的分量 x_i 属于相应的集合 $X_i(i \in I)$.

对两个集合的情形, 考虑典范投影 $p_X : X \times Y \to X, (x, y) \mapsto x$, 这显然是一个满射. 类似地, 可以定义典范投影 $p_Y : X \times Y \to Y, (x, y) \mapsto y$, 它也是一个满射. 一般来说, 它们都不是双射.

例 2.9　设 $\mathbb{Z} = \{\cdots, -2, -1, 0, 1, 2, \cdots\}$ 是整数集, 构造一个新集合 $\mathbb{Z}'$ 如下

$$\mathbb{Z}' = \{\cdots, -2', -1', 0', 1', 2', \cdots\}.$$

定义自然的映射 $f : \mathbb{Z} \to \mathbb{Z}', n \mapsto f(n) = n'$. 不难看出, 这是一个双射 (读者应该意识到: $\mathbb{Z}'$ 是人为造出来的一个集合, 用于和整数集 $\mathbb{Z}$ 进行比较).

注记 2.10　集合 $\mathbb{Z}$ 与 $\mathbb{Z}'$ 有何不同? 直观上, 表示这两个集合中的元素的符号不同. 根据对集合的朴素理解, 它们的元素的地位是一样的, 从而在某种意义下, 这两个集合可以等同起来. 一般地, 对任意给定的两个集合, 它们可以等同起来当且仅当它们之间存在集合的双射.

例 2.11　设集合 $\mathbb{Z}'$ 如上述的例 2.9, 现定义加法与乘法运算, 使得

$$n' + m' = (n + m)', \quad n' \cdot m' = (n \cdot m)',$$

这里 $n+m, n\cdot m$ 是整数环 $\mathbb{Z}$ 中的加法与乘法运算的值, $\forall n,m \in \mathbb{Z}$. 由定义不难直接验证: 上述两个运算满足交换环的所有运算规则. 于是, $\mathbb{Z}'$ 是一个有单位元的交换环, 其单位元为 $1'$, 并且双射 $f: \mathbb{Z} \to \mathbb{Z}'$ 还满足下面的等式

$$f(n+m) = f(n) + f(m),$$

$$f(n \cdot m) = f(n) \cdot f(m),$$

$$f(1) = 1',$$

其中 $m, n \in \mathbb{Z}$. 即, 映射 f 与两个运算是相容的 (先运算后映射与先映射后运算的结果是一致的), 并且它把单位元映到单位元. 此时, 称映射 $f: \mathbb{Z} \to \mathbb{Z}'$ 是交换环之间的同构映射, 也称交换环 $\mathbb{Z}$ 与 $\mathbb{Z}'$ 是同构的.

定义 2.12 (交换环的同构与同态) 设 R 与 S 是两个交换环, $f: R \to S$ 是集合的映射, 称其为交换环 R 到 S 的一个同构映射, 如果下列条件满足

(1) 映射 f 是集合之间的双射;

(2) 映射 f 保持交换环的运算, 即 $\forall a, b \in R$, 有下列等式

$$f(a+b) = f(a) + f(b),$$

$$f(ab) = f(a)f(b),$$

$$f(1_R) = 1_S,$$

这里 $1_R, 1_S$ 分别表示交换环 R 与 S 的单位元, 以后均简记为 1. 称交换环 R 与 S 是同构的, 记为 $R \simeq S$, 如果它们之间至少存在一个同构映射.

称交换环 R 与 S 之间的映射 $f: R \to S$ 是交换环的同态, 简称为同态, 如果它满足上述条件 (2). 换句话说, 映射 f 保持加法与乘法运算, 也保持交换环的单位元. 进一步, 单射的同态称为单同态, 满射的同态称为满同态.

例 2.13   对任意正整数 m, $\mathbb{Z}/(m)$ 是相应的剩余类环 (参见例 1.32), 定义典范映射 π_m 如下

$$\pi_m : \mathbb{Z} \to \mathbb{Z}/(m), \quad a \mapsto [a].$$

不难验证: 映射 π_m 保持加法、乘法运算, 也保持单位元. 因此, 它是交换环的同态, 也是满同态. 比如, 保持加法运算的验证如下: $\forall x, y \in \mathbb{Z}$,

$$\pi_m(x+y) = [x+y]$$

$$= [x] + [y]$$

$$= \pi_m(x) + \pi_m(y).$$

称这个映射 π_m 是典范的或自然的, 其原因在于它把每个元素对应到该元素本身所在的剩余类.

练习 2.14　设映射 $f: R \to S$ 是两个交换环之间的同态, 证明下列等式:

$$f(0) = 0, \ f(-a) = -f(a),$$

$$f(a - b) = f(a) - f(b), \ \forall a, b \in R,$$

其中 $x - y$ 表示交换环中的元素 x, y 做减法, 其定义为: $x - y = x + (-y)$.

练习 2.15　证明: 从整数环 $\mathbb{Z}$ 到任意交换环 R 都存在唯一的交换环的同态.

引理 2.16　设映射 $f: R \to S$ 是交换环 R 与 S 之间的同态, 令

$$\mathrm{Ker} f = \{a \in R; f(a) = 0\}, \ \mathrm{Im} f = \{f(a) \in S; a \in R\},$$

则 $\mathrm{Ker} f$ 是交换环 R 的理想, $\mathrm{Im} f$ 是交换环 S 的子环 (交换环的子环是指: 包含单位元且关于加法、取负及乘法运算封闭的子集). 此时, 称 $\mathrm{Ker} f$ 为同态 f 的核, $\mathrm{Im} f$ 为同态 f 的像.

证明　(1) $\mathrm{Ker} f$ 是 R 的理想: 对 $a, b \in \mathrm{Ker} f$, 由定义 $f(a) = f(b) = 0$. 从而有等式: $f(a + b) = f(a) + f(b) = 0$. 即, $a + b \in \mathrm{Ker} f$.

对 $a \in \mathrm{Ker} f, b \in R$, 有 $f(ab) = f(a)f(b) = 0f(b) = 0$. 即, $ab \in \mathrm{Ker} f$.

(2) $\mathrm{Im} f$ 是 S 的子环: 由 $f(1) = 1$ 可知, $\mathrm{Im} f$ 包含 S 的单位元. 另外, 对任意元素 $a, b \in R$, 有 $f(a) - f(b) = f(a - b) \in \mathrm{Im} f, f(a)f(b) = f(ab) \in \mathrm{Im} f$.

后面将说明 "交换环 R 的任何理想 I 都形如: $\mathrm{Ker} f$", 这里 f 是从交换环 R 到某个交换环 S 的同态. 为了证明这个结论, 以及以后讨论类似问题的方便, 我们需要引入交换环上同余关系的概念, 与之相关的是任意集合上的等价关系与二元关系的概念.

定义 2.17　集合 S 上的一个二元关系, 定义为直积集合 $S \times S$ 的一个任意的子集 $\sim \subset S \times S$, 当元素对 (x, y) 属于子集 $\sim$ 时, 称元素 x 与元素 y 是有关系的, 也记为: $x \sim y$. 称二元关系 $\sim$ 是一个等价关系, 如果它满足下面三个条件:

(1) 反身性: $x \sim x, \forall x \in S$;

(2) 对称性: $x \sim y \Rightarrow y \sim x, \forall x, y \in S$;

(3) 传递性: $x \sim y, y \sim z \Rightarrow x \sim z, \forall x, y, z \in S$.

集合 S 上的任意一个等价关系 $\sim$, 诱导该集合关于 $\sim$ 的商集 $S/\sim$, 这是一个新的集合, 它的元素形如: $[x] = \{y \in S; \ y \sim x\}$, 即集合 $S/\sim$ 定义为

$$S/\sim = \{[x]; \ x \in S\}.$$

商集中的元素 $[x]$ (有时也记为 $\bar{x}$) 称为原集合 S 中的元素 x 所在的等价类, 而元素 x 只是等价类 $[x]$ 中的元素之一, 也称其为等价类 $[x]$ 的代表元.

根据等价关系的定义可以直接验证: 这些不同的等价类是集合 S 的一些互不相交的子集, 并且它们的并集为整个集合 S. 于是, 这些等价类构成了集合 S 的一个 "划分": 把集合 S 表示成互不相交的子集并的分解式

$$S = S_1 \cup S_2 \cup \cdots \cup S_m \cup \cdots.$$

反之, 任意给定集合 S 的一个划分, 可以唯一确定集合 S 上的一个等价关系 $\sim$, 使得元素 $x \sim y$ 当且仅当它们属于划分的同一个子集. 此时, 由等价关系 $\sim$ 确定的等价类的集合构成原来给定的划分.

例 2.18   地球上所有的人构成一个集合, 这个集合称为 "人类", 集合 "人类" 中的元素就是某个人. 在集合 "人类" 上定义二元关系: 人 (1) $\sim$ 人 (2) 当且仅当人 (1) 与人 (2) 属于同一个 "国家", 这里 "国家" 按照通常的方式理解, 它是集合 "人类" 的子集.

不难看出: 二元关系 $\sim$ 是集合 "人类" 上的一个等价关系, 某个人所在的等价类就是他所属的唯一的 "国家". 集合 "人类" 关于这个等价关系的商集, 称为 "联合国", 它由地球上所有的 "国家" 构成.

定义 2.19   设 $\sim$ 是交换环 R 上的一个等价关系, 称它是 R 上的同余关系, 如果它还满足下面两个条件:

(1) 若 $a_1 \sim a_2, b_1 \sim b_2$, 则 $a_1 + b_1 \sim a_2 + b_2$;

(2) 若 $a_1 \sim a_2$, 则 $ba_1 \sim ba_2$,

这里元素 $a_1, a_2, b_1, b_2, b \in R$. 此时, 也称等价关系 $\sim$ 与交换环 R 上的加法和乘法运算是相容的.

引理 2.20   设 $\sim$ 是交换环 R 上的一个同余关系, $I = [0]$ 是 R 中的零元素所在的等价类, 则 I 是交换环 R 的理想. 反之, 给定交换环 R 的一个理想 I, 定义 R 上的二元关系如下

$$a \sim b \Leftrightarrow a - b \in I, \quad \forall a, b \in R,$$

则 $\sim$ 是交换环 R 上的一个同余关系, 且零元素所在的等价类就是理想 I.

证明   利用交换环上同余关系及理想的定义, 可以直接验证结论成立.

基于这些基础性的准备工作, 我们现在可以定义交换环 R 关于它的某个理想的商环 (它也是构造交换环的基本方法之一). 进一步, 还可以容易地证明结论: 交换环 R 的任何理想一定是某个交换环同态的核.

定义 2.21   设 R 是交换环, I 是 R 的理想, 它对应 R 上的一个同余关系

$$\sim: a \sim b \Longleftrightarrow a - b \in I, \forall a, b \in R,$$

从而有商集 $R/\sim = R/I = \{[a]; a \in R\}$. 在集合 R/I 上定义加法与乘法运算

$$[a] + [b] = [a+b], \quad [a][b] = [ab], \quad \forall a, b \in R.$$

根据理想的定义条件可以证明 (见引理 2.22): 这两个运算的定义是合理的. 由于等价类的运算是由代表元的运算导出的, 而代表元的运算正是交换环 R 中的运算, 自然有相应的运算规则. 由此可知: 等价类的运算满足同样的运算规则, 即, 关于交换环的运算规则都成立. 因此, 商集 R/I 是一个有单位元的交换环, 称其为交换环 R 关于它的理想 I 的商环.

由此不难看出: 我们在第 1 讲给出的模 m 的剩余类环 $\mathbb{Z}/(m)$ 是整数环 $\mathbb{Z}$ 关于其理想 $I = (m)$ 的商环; 一般商环的概念是具体剩余类环的自然推广.

引理 2.22　R/I 中的加法与乘法运算定义合理, 与代表元的选取无关.

证明　下面证明: 乘法运算定义的合理性, 加法情形的证明是类似的.

设元素 $a, b, a_1, b_1 \in R$, 使得 $[a] = [a_1], [b] = [b_1]$, 只要证明: $[ab] = [a_1b_1]$. 根据同余关系的定义, 有 $a - a_1 \in I, b - b_1 \in I$. 再根据理想的定义, 直接得到

$$ab - a_1b_1 = ab - ab_1 + ab_1 - a_1b_1$$

$$= a(b - b_1) + (a - a_1)b_1 \in I.$$

于是, 等式 $[ab] = [a_1b_1]$ 成立. 因此, R/I 中乘法运算的定义是合理的.

推论 2.23　设 I 是交换环 R 的理想, R/I 是相应的商环, 则有交换环的典范满同态 $\pi: R \to R/I$, $a \mapsto [a]$, 使得 $I = \mathrm{Ker}\pi$.

证明　由商环及映射 π 的定义不难直接验证: 需要的结论成立.

定理 2.24 (同态基本定理)　设 $f: R \to S$ 是交换环 R 与 S 之间的同态, I 是交换环 R 的理想, 且 $I \subset \mathrm{Ker}f$, 则有唯一的交换环的同态 $\tilde{f}: R/I \to S$, 使得 $\tilde{f}\pi = f$, 这里映射 $\pi: R \to R/I$ 是典范的满同态.

特别, 当理想 $I = \mathrm{Ker}f$ 时, $\tilde{f}$ 是单同态; 当映射 f 是满射时, $\tilde{f}$ 是满同态. 因此, 总有交换环的同构: $R/\mathrm{Ker}f \simeq \mathrm{Im}f$.

证明　定义映射 $\tilde{f}: R/I \to S, [a] \mapsto f(a)$. 若 $[a] = [b] \in R/I$, 由等价关系的定义, 必有 $a - b \in I \subset \mathrm{Ker}f$, 从而有 $f(a - b) = 0, f(a) = f(b)$. 即, 映射 $\tilde{f}$ 的定义是合理的. 由于映射 $\tilde{f}$ 是由交换环的同态 f 所诱导的, 它也保持加法与乘法运算, 保持单位元. 即, 它是一个交换环的同态. 另外, 由映射的定义直接得到所要求的等式: $\tilde{f}\pi = f$.

若还有交换环的同态 $g: R/I \to S$, 使得 $g\pi = f$. 根据映射合成的定义, 对任意元素 $a \in R$, 必有等式: $g([a]) = g\pi(a) = f(a)$. 因此, 有 $g = \tilde{f}$, 从而唯一性成立; 定理的其他结论是明显的.

引理 2.25　设 R 是给定的交换环, I 是 R 的理想, 则商环 R/I 的所有理想构成的集合 B 与 R 的所有包含 I 的理想构成的集合 A 之间有 1-1 对应. 特别, 商环 R/I 的理想形如 J/I, 这里 J 是 R 的包含 I 的理想.

证明 考虑典范的交换环同态 $\pi : R \to R/I, x \mapsto [x]$, 由此定义集合之间的映射 $\sigma : A \to B, J \mapsto \pi(J) = J/I = \{[x] \in R/I; x \in J\}$.

(1) σ 是定义合理的映射: 由理想的定义可知, J/I 是 R/I 的理想.

(2) σ 是单射: 设有理想 $J_1, J_2 \in A$, 使得 $J_1/I = J_2/I$. 对任意元素 $x \in J_1$, 必有 $[x] \in J_2/I$. 因此, 存在元素 $y \in J_2$, 使得 $[x] = [y] \in R/I$. 由等价关系的定义, 有 $x - y \in I \subset J_2$. 从而, $J_1 \subset J_2$. 类似有 $J_2 \subset J_1$, 即 $J_1 = J_2$.

(3) σ 是满射: 设有理想 $K \in B$, 令 $J = \pi^{-1}(K)$. 对任意的元素 $x, y \in J$, 有 $\pi(x + y) = \pi(x) + \pi(y) \in K$. 从而, $x + y \in J$. 对 $\forall x \in J, \forall r \in R$, 由定义有 $\pi(rx) = \pi(r)\pi(x) \in K$. 从而, $rx \in J$. 因此, J 是 R 的理想. 另外, 不难看出: J 还是包含 I 的 R 的理想. 即 $J \in A$. 最后, 由于典范映射 π 是满射, 必有 $J/I = \pi\pi^{-1}(K) = K$. 即, σ 是满射.

前面已经给出了交换环的子环的定义 (见引理 2.16), 讨论了交换环关于其理想的商环及同态基本定理, 再加上下面即将给出的交换环的直积, 这三种构造方法是研究代数系统的最基本方法.

定义 2.26 设 $R_1, R_2, \cdots, R_m$ 是任意给定的 m 个交换环, 构造所有这些集合的直积 R, 它由合适的 m-元组 (或向量) 构成, 具体描述为

$$R = R_1 \times R_2 \times \cdots \times R_m = \{(a_1, a_2, \cdots, a_m); a_i \in R_i, 1 \leqslant i \leqslant m\}.$$

在集合 R 上定义加法与乘法运算如下 (对应分量相加或相乘):

$$(a_1, a_2, \cdots, a_m) + (b_1, b_2, \cdots, b_m) = (a_1 + b_1, a_2 + b_2, \cdots, a_m + b_m),$$

$$(a_1, a_2, \cdots, a_m) \cdot (b_1, b_2, \cdots, b_m) = (a_1 \cdot b_1, a_2 \cdot b_2, \cdots, a_m \cdot b_m).$$

这两个运算的定义是自然的, 由此不难验证: R 是一个有单位元的交换环, 称其为交换环 $R_1, R_2, \cdots, R_m$ 的直积.

练习 2.27 验证上述构造的交换环的直积 R 定义的合理性, 并且说明交换环 R 的零元素为 $(0_1, 0_2, \cdots, 0_m)$, 单位元为 $(1_1, 1_2, \cdots, 1_m)$, 这里 $0_i, 1_i$ 分别为交换环 R_i 的零元素与单位元, $1 \leqslant i \leqslant m$.

引理 2.28 交换环的直积 $R = R_1 \times R_2 \times \cdots \times R_m$ 的任何理想都形如

$$I = I_1 \times I_2 \times \cdots \times I_m$$

$$= \{(a_1, a_2, \cdots, a_m); a_i \in I_i, 1 \leqslant i \leqslant m\},$$

其中 $I_1, I_2, \cdots, I_m$ 分别是交换环 $R_1, R_2, \cdots, R_m$ 的理想.

证明 设 I 是直积 R 的理想, $p_i : R_1 \times R_2 \times \cdots \times R_m \to R_i$ 是到第 i 个分量的典范投影, $I_i = p_i(I)$ 是 I 的像. 显然, 典范映射 p_i 是交换环的满同态, 由此不难推出: I_i 是 R_i 的理想, $1 \leqslant i \leqslant m$ (参考练习 2.37).

现在证明: $I = I_1 \times I_2 \times \cdots \times I_m$, 只需证明下列包含关系

$$I_1 \times I_2 \times \cdots \times I_m \subset I.$$

任取元素 $x = (x_1, x_2, \cdots, x_m) \in I_1 \times I_2 \times \cdots \times I_m$, 根据交换环 R_1 的理想 I_1 的定义, 必有元素 $(y_2, \cdots, y_m) \in R_2 \times \cdots \times R_m$, 使得 $(x_1, y_2, \cdots, y_m) \in I$. 从而, $(x_1, 0, \cdots, 0) = (1, 0, \cdots, 0)(x_1, y_2, \cdots, y_m) \in I$. 考虑其他的分量, 可以得到类似的 I 中的元素, 它们的和为 x. 因此, 元素 $x \in I$.

反之, 分别给定交换环 $R_1, R_2, \cdots, R_m$ 的相应的理想 $I_1, I_2, \cdots, I_m$, 它们的直积 $I_1 \times I_2 \times \cdots \times I_m$ 必是 R 的理想. 因此, 引理结论成立.

注记 2.29　在引理 2.28 中, 取交换环 $R_1 = R_2 = \cdots = R_m = \mathbb{Z}$, 再结合引理 1.19 关于整数环 $\mathbb{Z}$ 的理想形式的结论, 不难推出: 交换环 $\mathbb{Z}^m = \mathbb{Z} \times \cdots \times \mathbb{Z}$ 的任何理想必形如

$$(d_1) \times (d_2) \times \cdots \times (d_m),$$

其中 $d_1, d_2, \cdots, d_m$ 是非负整数, $(d_i) = \{n_i d_i; n_i \in \mathbb{Z}\}, 1 \leqslant i \leqslant m$.

定义 2.30（集合上的函数环）　设 X 是任意的非空集合, R 是一个交换环, 用 $S = \mathrm{Hom}(X, R)$ 表示从集合 X 到 R 的所有映射的全体, 并按照下述自然的方式定义集合 S 上的加法与乘法运算

$$f + g : X \to R, \quad x \mapsto (f + g)(x) = f(x) + g(x);$$

$$f \cdot g : X \to R, \quad x \mapsto (f \cdot g)(x) = f(x)g(x),$$

这里 $f, g \in S, x \in X$. 于是, S 是一个有单位元的交换环 (见引理 2.31), 其中的零元素为映射 $0 : x \mapsto 0, \forall x \in X$, 单位元为映射 $1 : x \mapsto 1, \forall x \in X$, 称交换环 S 为集合 X 上的在 R 中取值的函数环.

引理 2.31　定义 2.30 给出的 S 是一个有单位元的交换环.

证明　根据集合 S 中运算的定义, 映射的加法与乘法都是由交换环 R 中元素的加法与乘法导出的, 从而运算规则的验证是平凡的. 下面仅以加法与乘法的分配律为例加以说明, 其他情形的验证是类似的.

设 $f, g, h \in S$ 是三个映射, 对任意的元素 $x \in X$, 有如下等式

$$(f \cdot (g + h))(x) = f(x)(g + h)(x)$$

$$= f(x)(g(x) + h(x))$$

$$= f(x)g(x) + f(x)h(x),$$

$$(f \cdot g + f \cdot h)(x) = (f \cdot g)(x) + (f \cdot h)(x)$$

$$= f(x)g(x) + f(x)h(x).$$

于是, 有等式: $f \cdot (g + h) = f \cdot g + f \cdot h$. 因此, 集合 S 中元素的加法与乘法运算满足分配律.

引理 2.32 令 $X = \{1, 2, \cdots, m\}$ 是自然数集的有限子集, $S = \mathrm{Hom}(X, R)$ 是集合 X 上的在 R 中取值的函数环, 则有下列交换环的同构映射

$$\sigma : S \to R \times R \times \cdots \times R,$$

$$f \mapsto \sigma(f) = (f(1), f(2), \cdots, f(m)).$$

证明 不难验证: 映射 σ 是一个双射, 它保持加法与乘法两个运算, 也保持单位元. 因此, 它是交换环的同构映射 (细节留作读者练习).

注记 2.33 通过交换环的直积的概念, 并利用同态基本定理, 现在我们可以严格叙述并详细证明中国剩余定理. 为此, 先给出下列引理.

引理 2.34 设 $Q, P_1, P_2, \cdots, P_s$ 是交换环 R 的有限个理想, 且理想 Q 与每个理想 $P_i (1 \leqslant i \leqslant s)$ 都互素, 则 Q 与乘积理想 $P_1 P_2 \cdots P_s$ 也是互素的 (这里交换环 R 的两个理想 I, J 互素是指它们满足条件: $I + J = R$).

证明 由条件 $Q + P_i = R, 1 \leqslant i \leqslant s$, 要证明: $Q + P_1 P_2 \cdots P_s = R$. 只要证明包含关系: $(Q + P_1)(Q + P_2) \cdots (Q + P_s) \subset Q + P_1 P_2 \cdots P_s$. 根据乘积理想的定义, 左边乘积理想中的元素是一些单项式的有限和, 这种单项式形如

$$(x_1 + y_1)(x_2 + y_2) \cdots (x_s + y_s), \quad x_i \in Q, \quad y_i \in P_i, \quad 1 \leqslant i \leqslant s.$$

只要证明这种单项式包含于理想 $Q + P_1 P_2 \cdots P_s$. 按照交换环 R 中的运算, 把此单项式展开, 其中的一项包含于理想的乘积 $P_1 P_2 \cdots P_s$, 而其他的项均包含于理想 Q. 因此, 这种单项式确实包含于 $Q + P_1 P_2 \cdots P_s$.

定理 2.35 (中国剩余定理) 设 R 是有单位元的交换环, $P_1, P_2, \cdots, P_s$ 是 R 的两两互素的理想, 则有交换环的典范同构映射

$$R/K \longrightarrow R/P_1 \times R/P_2 \times \cdots \times R/P_s,$$

其中交换环 R 的理想 K 为所有这些给定的理想的交 $\bigcap P_i$.

证明 定义如下映射

$$\sigma : R \longrightarrow R/P_1 \times R/P_2 \times \cdots \times R/P_s,$$

$$x \mapsto ([x], [x], \cdots, [x]),$$

它是交换环之间的同态 (同一个符号 $[x]$ 表示不同商环中的元素). 事实上, 利用交换环的直积 (见定义 2.26) 的加法与乘法运算的定义, 容易验证: 映射 σ 保持加法

与乘法, 它也保持单位元. 另外, 同态的核为 $\mathrm{Ker}\sigma = K$. 因此, 根据同态基本定理, 只要再证明映射 σ 是满射.

对任意给定的 $m, 1 \leqslant m \leqslant s$, 由定理的条件及引理 2.34 不难看出

$$R = \prod_{n \neq m}(P_m + P_n) = P_m + \prod_{n \neq m}P_n.$$

取元素 $u_m \in P_m, v_m \in \prod_{n \neq m}P_n$, 使得 $u_m + v_m = 1$. 对 $a_1, a_2, \cdots, a_s \in R$, 令 $a = a_1 v_1 + a_2 v_2 + \cdots + a_s v_s$, 则有

$$a - a_m = a_1 v_1 + a_2 v_2 + \cdots + a_m(-u_m) + \cdots + a_s v_s \in P_m.$$

即, 在商环 R/P_m 中, 有等式: $[a] = [a_m]$, 从而有 $\sigma(a) = ([a_1], [a_2], \cdots, [a_s])$. 因此, 映射 σ 为满射, 定理结论成立.

注记 2.36　上述形式的中国剩余定理可以看成整数环情形下相应定理的一种自然推广: 令 $R = \mathbb{Z}$, $P_i = (n_i)$ 是由正整数 n_i 确定的理想 $(1 \leqslant i \leqslant s)$, 并且这些正整数两两互素 (等价于这些理想两两互素), 则有典范同构映射

$$\mathbb{Z}/\cap_i(n_i) \to \mathbb{Z}/(n_1) \times \mathbb{Z}/(n_2) \times \cdots \times \mathbb{Z}/(n_s),$$

$$[x] \mapsto ([x], [x], \cdots, [x]).$$

比如, 对两两互素的整数: $3, 5, 7 \in \mathbb{Z}$, 有下列交换环的同构映射

$$\mathbb{Z}/((3) \cap (5) \cap (7)) = \mathbb{Z}/(105) \to \mathbb{Z}/(3) \times \mathbb{Z}/(5) \times \mathbb{Z}/(7),$$

$$[x] \mapsto ([x], [x], [x]).$$

特别, 对元素 $([2], [3], [2]) \in \mathbb{Z}/(3) \times \mathbb{Z}/(5) \times \mathbb{Z}/(7)$, 根据定理 2.35 证明中的做法, 由等式 $(3) + (5 \times 7) = \mathbb{Z}$ 得到 $u_1 = 36, v_1 = -35$, 由等式 $(5) + (3 \times 7) = \mathbb{Z}$ 得到 $u_2 = -20, v_2 = 21$, 由等式 $(7) + (3 \times 5) = \mathbb{Z}$ 得到 $u_3 = -14, v_3 = 15$. 于是

$$23 = 2 \cdot (-35) + 3 \cdot 21 + 2 \cdot 15$$

$$= 2 \cdot 70 + 3 \cdot 21 + 2 \cdot 15 - 2 \cdot 105,$$

因此, 剩余类 $[23]$ 是给定元素 $([2], [3], [2])$ 的一个原像. 即, 存在正整数 s_1, s_2, s_3, 使得下列等式成立

$$23 = 3s_1 + 2 = 5s_2 + 3 = 7s_3 + 2.$$

这就是著名的古典剩余问题的解 (详见参考文献 [2]).

练习 2.37　设 R, S 是两个交换环, $f : R \to S$ 是它们之间的同态, I, J 分别是交换环 R, S 的理想, 则有下列结论:

(1) J 的原像集 $f^{-1}(J) = \{x \in R; f(x) \in J\}$ 是交换环 R 的理想;

(2) 当 f 是满射时, I 的像集 $f(I) = \{f(x); x \in I\}$ 是交换环 S 的理想;

(3) 把上述理想 I, J 换成素理想, 结论 (1)—(2) 是否还成立?

练习 2.38 设 $f: R \to S$ 是交换环 R 与 S 之间的同构映射, 证明: 映射 f 的逆映射 $f^{-1}: S \to R$ 也是交换环的同构映射. 由此进一步证明: 交换环之间的同构关系是一个等价关系.

练习 2.39 (直积的泛性质) 设 R_1, R_2 是两个交换环, $R = R_1 \times R_2$ 是它们的直积, p_1, p_2 是相应的典范投影同态 (见引理 2.28 及其证明). 证明: 对任意的交换环 S, 给定从 S 到 R 的同态 f 相当于给定下列两个同态

$$f_1: S \to R_1, \quad f_2: S \to R_2,$$

使得 $f_1 = p_1 f$, $f_2 = p_2 f$. 对有限个交换环的情形, 叙述并证明类似的结论.

注记 2.40 本讲给出的交换环的同构与同态的概念是抽象代数学研究中的基本概念, 而同态的概念又和理想密切相关; 于是, 引出了交换环关于其理想的商环 (它可以看成是剩余类环的推广) 以及相应的同态基本定理, 这些讨论方法是抽象代数学研究的基本思路.

交换环或其他类似代数对象同构的通俗解释: 具有相同的代数结构. 也就是说, 所考虑的代数对象的基础集合之间有双射对应, 并且映射与运算也是相容的. 即, 在两个同构的代数对象中, 用于表示其元素的符号可以不同, 但运算及其运算规则是完全一样的. 受此启发, 我们可以把一个代数结构移植到另一个具有相同基数的集合上去, 得到一个同构的代数结构.

现在我们可以重新考虑问题 1.40, 在一个具有 54 名同学的班级 X 上定义一个交换环结构, 只要找到一个包含 54 个元素的交换环 R, 再把 R 上的交换环结构移植到 X 上即可. 读者可以选择 R 为剩余类环 $\mathbb{Z}/(54)$, 并继续考虑比较深入的问题: 这种移植共有多少种可能的方式呢?

第 3 讲　有理数域与局部化环

根据我们对有理数的通俗理解, 任何一个有理数都可以写成两个整数之比的形式: a/b, 其中 b 是非零整数. 有理数 a/b 也称为分数, 其中的整数 a 称为分子, 而整数 b 称为分母. 利用第 2 讲介绍的一般集合上等价关系的概念, 可以在整数及其运算的基础上, 给出构造有理数集的严格过程; 然后再定义有理数的加法与乘法运算, 并考虑到相应的运算规则, 就能够得到有理数域 $\mathbb{Q}$.

通过整数环 $\mathbb{Z}$ 构造有理数域 $\mathbb{Q}$ 的方法, 可以容易地推广到一类重要的交换环上去, 这里我们不妨只对这种更一般的情形进行详细讨论, 而有理数域的构造作为其特例自然得到. 下面先给出几个相关的概念, 再考虑具体的构造方法.

定义 3.1　设 R 是任意的非零交换环, $a \in R$ 是给定的非零元素.

(1) 若存在非零元素 $b \in R$, 使得 $ab = 0$, 则称元素 a 是交换环 R 的一个零因子; R 的全体零因子构成的集合, 记为 $\mathrm{Zdiv}(R)$. 若交换环 R 不包含任何零因子, 则称 R 是一个交换整环, 简称为整环.

(2) 若存在非零元素 $b \in R$, 使得 $ab = ba = 1$, 则称元素 a 是交换环 R 的一个可逆元或单位, 也称 b 是 a 的逆元素, 记为 $b = a^{-1}$; R 的全体可逆元构成的集合记为 $R^{\times}$. 若交换环 R 的任何非零元素都可逆, 则称 R 是一个域.

例 3.2　任何域都是一个整环: 这是因为任何单位都不可能是零因子; 整数环 $\mathbb{Z}$ 是一个整环 (参见假设 1.3); 当 p 是素数时, 模 p 的剩余类环 $\mathbb{Z}/(p)$ 是一个域 (参见练习 1.35(2)), 也称其为剩余类域.

练习 3.3　设 $m > 1$ 是正整数, 但它不是素数. 试确定剩余类环 $\mathbb{Z}/(m)$ 中的所有零因子, 并由此推出: 商环 $\mathbb{Z}/(m)$ 不是整环.

下面的引理 3.4 说明: 可以借助于交换环的某种理想来构造整环与域.

引理 3.4　设 R 是一个非零交换环, I 是 R 的理想, R/I 是相应的商环, 则有下列基本结论:

(1) 理想 I 是 R 的素理想当且仅当商环 R/I 是一个整环;

(2) 理想 I 是 R 的极大理想当且仅当商环 R/I 是一个域.

证明　只给出第一个结论的证明, 第二个结论的证明类似 (参见文献 [2]). 设 I 是素理想, 要证明 R/I 是整环. 若有 $[a], [b] \in R/I$, 使得 $[a][b] = [0]$, 根据等价关系的定义, 必有 $ab \in I$. 再根据素理想的定义, 有 $a \in I$ 或 $b \in I$, 从而有 $[a] = [0]$ 或 $[b] = [0]$. 因此, 商环 R/I 是一个整环.

另一方面, 设 R/I 是整环, 要证明 I 是素理想. 若 $a, b \in R$, 使 $ab \in I$, 则有等式: $[a][b] = [ab] = [0]$. 由整环的定义条件, 不难推出: $a \in I$ 或 $b \in I$, 从而理想 I 是一个素理想.

构造 3.5 (由交换整环构造域)   设 R 是一个整环, $S = R \times (R \backslash \{0\})$ 是集合的直积, 定义集合 S 上的二元关系如下

$$(a, b) \sim (c, d) \Leftrightarrow ad = bc, \; \forall a, b, c, d \in R, \; b \neq 0, d \neq 0.$$

(1) 首先验证二元关系 $\sim$ 是 S 上的一个等价关系: 反身性、对称性由定义直接看出, 只需验证传递性. 若 $(a, b) \sim (c, d), (c, d) \sim (e, f)$, 则有下列等式

$$ad = bc, \; cf = de.$$

从而, 有等式

$$adf = bcf = bde.$$

由于 d 是 R 的非零元, 交换环 R 是整环, 必有等式: $af = be$, 且 $b \neq 0, f \neq 0$. 于是, 有 $(a, b) \sim (e, f)$.

(2) 令 $Q = S/\sim = \left\{ \dfrac{a}{b}; \; (a, b) \in S \right\}$ 为 S 关于该等价关系的商集, 其中 $\dfrac{a}{b}$ 表示元素 (a, b) 所在的等价类. 现在定义集合 Q 上的加法与乘法运算

$$\frac{a}{b} + \frac{c}{d} = \frac{ad + bc}{bd}; \; \frac{a}{b} \cdot \frac{c}{d} = \frac{ac}{bd}.$$

(3) 上述两个运算定义合理 (与代表元的具体选取无关): 只说明乘法情形, 加法的情形类似. 若有等式 $\dfrac{a_1}{b_1} = \dfrac{a}{b}, \dfrac{c_1}{d_1} = \dfrac{c}{d}$, 则 $a_1 b = b_1 a, c_1 d = d_1 c$. 两式相乘得到式子: $a_1 b c_1 d = b_1 a d_1 c$. 于是, $\dfrac{a_1 c_1}{b_1 d_1} = \dfrac{ac}{bd}$. 即, $\dfrac{a}{b} \cdot \dfrac{c}{d} = \dfrac{a_1}{b_1} \cdot \dfrac{c_1}{d_1}$.

(4) 交换环的运算规则都成立: 集合 Q 中元素的加法与乘法是由整环 R 中元素的加法与乘法定义的, 根据整环 R 上的运算所满足的运算规则, 可以直接验证 Q 中两个运算满足有单位元的交换环的所有规则. 比如, 关于乘法与加法的分配律的验证, 具体推导如下

$$\frac{a}{b} \left(\frac{c}{d} + \frac{f}{e} \right) = \frac{a}{b} \frac{ce + df}{de} = \frac{ace + adf}{bde},$$

$$\frac{a}{b} \frac{c}{d} + \frac{a}{b} \frac{f}{e} = \frac{ac}{bd} + \frac{af}{be} = \frac{ace + adf}{bde}.$$

另外, 由定义也不难看出: Q 的零元素与单位元分别为 $0 = \dfrac{0}{1}, 1 = \dfrac{1}{1}$.

(5) 交换环 Q 的每个非零元素都是可逆的: 设 $x = \dfrac{a}{b}$ 为任意的非零元素, 其中元素 a 在交换环 R 中非零. 令 $y = \dfrac{b}{a} \in Q$, 则 $xy = yx = \dfrac{1}{1} = 1$. 因此, 交换环 Q 是一个域, 称其为整环 R 的分式域.

练习 3.6　验证构造 3.5 中省略的所有细节.

注记 3.7　在上述构造中, 取整环 R 为整数环 $\mathbb{Z}$, 前面的分式就是有理数的分数表达式, 所得到的分式域 Q, 称为有理数域, 也记为 $\mathbb{Q}$.

注记 3.8　一般来说, 交换环 R 中的非零元素未必可逆. 例如, 整数环 $\mathbb{Z}$ 中只有两个可逆元 ± 1(读者思考). 分式域构造的主要想法是把一个整环 R 嵌入到一个域 Q 中 (参考引理 3.25), 使得 R 中的任何非零元在 Q 中都可逆. 如果仅仅把整环 R 中的一部分元素变成可逆元, 可以按照下述更一般的方式进行处理, 而分式域构造只是它的一个特例.

定义 3.9　设 R 是非零交换环, 称 R 的非空子集 S 是 R 的乘法子集, 如果它包含单位元 1、不包含零元素 0, 且对乘法运算封闭: $s, t \in S \Rightarrow st \in S$.

例 3.10　设 R 是交换环, 任取非幂零元素 $s \in R$ (即, $s^n \neq 0, \forall n \in \mathbb{N}$; 否则称 s 是一个幂零元). 定义交换环 R 的子集: $S = \{1, s, s^2, s^3, \cdots\}$. 由定义不难看出: S 是 R 的一个乘法子集. 特别, 对整数环 $\mathbb{Z}$ 及任意的非零整数 m, 有下列乘法子集

$$S(m) = \{1, m, m^2, m^3, \cdots\}.$$

对交换环 R 的素理想 $\mathfrak{p}$, 令 $S = R \backslash \{\mathfrak{p}\}$ 为子集 $\mathfrak{p}$ 在 R 中的余集 (由 R 中不属于理想 $\mathfrak{p}$ 的元素构成). 根据素理想的定义不难验证: S 是 R 的一个乘法子集.

构造 3.11 (由乘法子集构造局部化环)　设 R 是给定的非零交换环, S 是它的某个乘法子集, 定义直积集合 $R \times S$ 上的二元关系如下

$$(a_1, s_1) \sim (a_2, s_2) \Leftrightarrow s(a_1 s_2 - a_2 s_1) = 0, \quad \exists s \in S.$$

(1) 首先验证: 二元关系 $\sim$ 是集合 $R \times S$ 上的一个等价关系. 反身性、对称性由定义直接得到, 下面只需验证传递性.

若有 $(a_1, s_1) \sim (a_2, s_2), (a_2, s_2) \sim (a_3, s_3)$, 则有元素 $s, t \in S$, 使得下列等式成立: $s(a_1 s_2 - a_2 s_1) = 0$, $t(a_2 s_3 - a_3 s_2) = 0$. 从而有

$$sts_2 a_1 s_3 = sts_1 a_2 s_3 = sts_1 a_3 s_2,$$

$$sts_2(a_1 s_3 - a_3 s_1) = 0, \quad sts_2 \in S.$$

(2) 构造商集 $S^{-1}R = (R \times S)/ \sim = \{[(a, s)]; \ a \in R, s \in S\}$, 也用符号 $\dfrac{a}{s}$ 表示元素 (a, s) 关于上述等价关系的等价类 $[(a, s)]$. 定义商集 $S^{-1}R$ 中的加法与乘

法运算如下

$$\frac{a_1}{s_1} + \frac{a_2}{s_2} = \frac{s_2 a_1 + s_1 a_2}{s_1 s_2}, \quad \frac{a_1}{s_1} \cdot \frac{a_2}{s_2} = \frac{a_1 a_2}{s_1 s_2}.$$

可以验证: 这两个运算的定义合理 (与代表元的具体选取无关), 下面只说明乘法的情形, 加法的情形是类似的.

假设 $\frac{a_1}{s_1} = \frac{b_1}{t_1}, \frac{a_2}{s_2} = \frac{b_2}{t_2}$, 只要证明等式: $\frac{a_1 a_2}{s_1 s_2} = \frac{b_1 b_2}{t_1 t_2}$, 这是因为

$$s(a_1 t_1 - b_1 s_1) = 0, \ \exists s \in S;$$

$$t(a_2 t_2 - b_2 s_2) = 0, \ \exists t \in S;$$

$$st a_1 a_2 t_1 t_2 = st b_1 s_1 a_2 t_2 = st b_1 s_1 b_2 s_2 = st b_1 b_2 s_1 s_2, \ st \in S.$$

(3) 交换环所要求的运算规则都成立: 集合 $S^{-1}R$ 中元素的加法与乘法是由交换环 R 中元素的加法与乘法定义的, 根据 R 上的运算所满足的运算规则, 可以直接验证 $S^{-1}R$ 中运算满足相同的运算规则. 比如, 关于加法运算结合律的验证, 具体推导如下

$$\left(\frac{a_1}{s_1} + \frac{a_2}{s_2} \right) + \frac{a_3}{s_3} = \frac{s_2 a_1 + s_1 a_2}{s_1 s_2} + \frac{a_3}{s_3}$$

$$= \frac{s_3(s_2 a_1 + s_1 a_2) + s_1 s_2 a_3}{s_1 s_2 s_3},$$

$$\frac{a_1}{s_1} + \left(\frac{a_2}{s_2} + \frac{a_3}{s_3} \right) = \frac{a_1}{s_1} + \frac{s_3 a_2 + s_2 a_3}{s_2 s_3}$$

$$= \frac{s_2 s_3 a_1 + s_1(s_3 a_2 + s_2 a_3)}{s_1 s_2 s_3}.$$

另外, 也不难看出: 交换环 $S^{-1}R$ 的零元素与单位元分别为 $0 = \frac{0}{1}, 1 = \frac{1}{1}$. 称 $S^{-1}R$ 为交换环 R 关于其乘法子集 S 的局部化环.

练习 3.12 给出局部化环 $S^{-1}R$ 的构造中省略的所有细节.

注记 3.13 在例 3.10 中, 我们给出了交换环 R 的两个具体的乘法子集: 一个是由非幂零元 s 的所有方幂构成的乘法子集, 另一个是由 R 的素理想 $\mathfrak{p}$ 确定的乘法子集, 相应的局部化环分别记为 $R_s, R_{\mathfrak{p}}$, 这两个局部化环在代数几何的讨论中起着非常基本的作用 (参见文献 [3]).

例 3.14 在整数环 $\mathbb{Z}$ 中, 元素 5 确定乘法子集: $\{1, 5, 5^2, \cdots\}$, 它由 5 的所有非负整数方幂构成, 相应的局部化环为: $\mathbb{Z}_5 = \left\{ \frac{n}{5^m}; \ n \in \mathbb{Z}, m \in \mathbb{N} \right\}$. 容易看出:

在交换环 $\mathbb{Z}_5$ 中, 元素 $\dfrac{n}{5^m}$ 是可逆元当且仅当整数 n 或 $-n$ 是整数 5 的非负整数方幂. 另外, $\mathbb{Z}_5$ 还可以看成有理数域 $\mathbb{Q}$ 的子环 (读者思考).

令 $\mathfrak{p} = (5)$ 是由素数 5 生成的理想, 这是一个素理想 (见注记 1.27), 它确定乘法子集 $\mathbb{Z}\backslash(5) = \{m \in \mathbb{Z};\ m\text{不是 5 的倍数}\}$, 相应的局部化环为

$$\mathbb{Z}_{(5)} = \left\{ \frac{n}{m};\ n \in \mathbb{Z}, m \notin (5) \right\}.$$

对 $\mathbb{Z}_{(5)}$ 中的元素 $\dfrac{n}{m}$, 它是可逆元当且仅当 n 不是 5 的倍数, 从而 $\mathbb{Z}_{(5)}$ 存在唯一的极大理想 $\left\{ \dfrac{n}{m};\ n \in (5), m \notin (5) \right\}$, 这个结果是下列一般结论的特例.

引理 3.15　设 R 是任意非零交换环, $\mathfrak{p}$ 是它的素理想, $S = R\backslash\mathfrak{p}$ 是相应的乘法子集, 则局部化环 $S^{-1}R = R_{\mathfrak{p}}$ 有唯一的极大理想

$$\mathfrak{p}R_{\mathfrak{p}} = \left\{ \frac{a}{s};\ a \in \mathfrak{p}, s \notin \mathfrak{p} \right\}.$$

证明　(1) 子集 $\mathfrak{p}R_{\mathfrak{p}}$ 是交换环 $R_{\mathfrak{p}}$ 的真理想: 设 $\dfrac{a}{s}, \dfrac{b}{t} \in \mathfrak{p}R_{\mathfrak{p}}, a, b \in \mathfrak{p}, s, t \in S$. 根据 $R_{\mathfrak{p}}$ 中加法的定义及理想 $\mathfrak{p}$ 的封闭性条件, 容易看出

$$\frac{a}{s} + \frac{b}{t} = \frac{at + bs}{st} \in \mathfrak{p}R_{\mathfrak{p}}.$$

设 $\dfrac{a}{s} \in R_{\mathfrak{p}}, \dfrac{b}{t} \in \mathfrak{p}R_{\mathfrak{p}}, a \in R, b \in \mathfrak{p},\ s, t \in S$. 类似地, 由 $R_{\mathfrak{p}}$ 中乘法的定义及理想 $\mathfrak{p}$ 的封闭性条件, 立即得到

$$\frac{a}{s} \cdot \frac{b}{t} = \frac{ab}{st} \in \mathfrak{p}R_{\mathfrak{p}}.$$

最后, 也不难验证: $1 = \dfrac{1}{1} \notin \mathfrak{p}R_{\mathfrak{p}}$, 从而 $\mathfrak{p}R_{\mathfrak{p}}$ 是真理想.

(2) 设 I 是交换环 $R_{\mathfrak{p}}$ 的真理想, 只要证明: $I \subset \mathfrak{p}R_{\mathfrak{p}}$. 取 $\dfrac{a}{s} \in I$, 它不是 $R_{\mathfrak{p}}$ 中的可逆元 (否则, 可以推出: $1 \in I$, 矛盾). 于是, $a \in \mathfrak{p}$, 即, $\dfrac{a}{s} \in \mathfrak{p}R_{\mathfrak{p}}$.

注记 3.16　前面构造的局部化环 $R_{\mathfrak{p}}$ 有唯一的极大理想 $\mathfrak{p}R_{\mathfrak{p}}$, 这种交换环也称为局部环. 局部化环 $R_{\mathfrak{p}}$ 是由交换环 R 通过把它的某个素理想 $\mathfrak{p}$ 以外的元素全变成可逆元, 而得到的局部环, 其几何含义是: 只关注曲线或曲面在某一点附近的性质, 与此相关的讨论属于代数几何学的范畴, 见文献 [3].

一般的非零交换环 R 是否有素理想? 由引理 3.4 可知, 任何极大理想都是素理想, 问题部分转化为 R 是否有极大理想? 下面将给出这个问题的一个肯定的答复. 为此, 需要引入集合上偏序关系与偏序集的概念, 并介绍一个非常有效的归纳证明方法, 它就是著名的 Zorn 引理. 利用 Zorn 引理可以证明: 任何非零交换环 R 必定包含极大理想.

定义 3.17 设 S 是任意给定的非空集合, 称 S 上的一个二元关系 "$\preceq$" 为偏序关系, 如果它满足下面的三个条件.

(1) 反身性: $x \preceq x, \forall x \in S$;

(2) 反对称性: $x \preceq y, y \preceq x \Rightarrow x = y, \forall x, y \in S$;

(3) 传递性: $x \preceq y, y \preceq z \Rightarrow x \preceq z, \forall x, y, z \in S$.

此时, 称二元对 $(S, \preceq)$ 是一个偏序集, 也简称 S 为一个偏序集.

例如, 整数集合 $\mathbb{Z}$ 与整数的小于等于关系 $\leqslant$, 构成一个偏序集 $(\mathbb{Z}, \leqslant)$; 对任意非空集合 X, 它的所有子集构成的集合 S 与子集之间的通常包含关系 $\subset$, 构成一个偏序集 $(S, \subset)$ (由定义不难看出: 集合 X 的一部分子集关于子集的通常包含关系, 也构成一个偏序集).

练习 3.18 根据整数之间的小于等于关系, 定义有理数之间的小于等于关系, 由此得到有理数集 $\mathbb{Q}$ 上的一个偏序关系, 使其成为偏序集. 从而, 可以给出正有理数、负有理数的概念, 还可以定义有理数 a 的绝对值 $|a|$, 三角不等式也成立: $|a + b| \leqslant |a| + |b|, \forall a, b \in \mathbb{Q}$.

提示 对有理数 $a/b, c/d, a, b, c, d \in \mathbb{Z}$, 不妨设 b, d 是正整数. 当 $ad \leqslant bc$ 时, 规定 $a/b \leqslant c/d$. 由此验证: 偏序关系的三个条件成立.

定义 3.19 设 $(S, \preceq)$ 是一个偏序集, x, y 是 S 中的两个元素. 若有 $x \preceq y$ 或者 $y \preceq x$, 则称元素 x 与 y 可比较; 否则称它们不可比较. 设 T 是 S 的子集, 称其为偏序集 S 的链, 如果 T 中任何两个元素都可比较.

设 A 是偏序集 S 的任意子集, $b \in S$. 称元素 b 为子集 A 的一个上界, 如果对任意元素 $a \in A$, 都有 $a \preceq b$. 设 m 是 S 中的元素, 称 m 是 S 的一个极大元, 如果由 $m \preceq x, x \in S$, 必有 $m = x$ (通俗来讲: 极大是指没有比它更大的; 最大是指它比所有的都大).

例 3.20 在自然数集合 $\mathbb{N}$ 上定义二元关系 $\preceq$: $a \preceq b \Leftrightarrow a|b$. 根据整数整除的性质, 不难验证: 这是一个偏序关系, $(\mathbb{N}, \preceq)$ 是一个偏序集. 此时, 有限个自然数 $a_1, a_2, \cdots, a_m$ 的公倍数是子集 $\{a_1, a_2, \cdots, a_m\}$ 的一个上界. 由定义也不难看出: 0 是偏序集 $(\mathbb{N}, \preceq)$ 的一个极大元 (也是最大元).

整数之间的整除关系是否为集合 $\mathbb{Z}$ 上的偏序关系? 请读者思考这个问题.

引理 3.21 (Zorn 引理) 设 $(S, \preceq)$ 是一个偏序集, 如果 S 中的任意链在 S 中都有上界, 那么偏序集 S 必包含极大元.

　　Zorn 引理是非常基本的数学事实, 它等价于集合论中的选择公理; 而当集合 S 为实数集, 偏序为通常的小于等于关系时, 它又等价于实数理论中的确界原理 (参见附录公理 13). 现在, 我们用它来证明任意非零交换环 R 的极大理想的存在性.

　　定理 3.22　任何非零的交换环 R 都含有极大理想; 非零交换环 R 的任何真理想必定包含于某个极大理想中.

　　证明　用 S 表示交换环 R 的所有真理想构成的集合, 按照理想 (作为子集) 的包含关系 "$\subset$" 定义 S 中的偏序关系, 使得 $(S, \subset)$ 是一个偏序集. 下面验证 Zorn 引理的条件满足: 任何链都有上界. 从而, 定理的第 1 个结论成立.

　　设 T 是 S 中的一个链, J 为出现在链 T 中的所有真理想的并

$$J = \bigcup_{K \in T} K.$$

对元素 $x_1, x_2 \in J$, 有真理想 $K_1, K_2 \in T$, 使得 $x_1 \in K_1, x_2 \in K_2$. 根据链的定义性质, 不妨设 $K_1 \subset K_2$, 从而有 $x_1 + x_2 \in K_2 \subset J$. 对元素 $x \in J, y \in R$, 有真理想 $K \in T$, 使得 $x \in K$. 因此, $xy \in K \subset J$.

　　由此可知: J 是 R 的理想. 显然, 它也是 R 的真理想, 并且是子集 T 的一个上界: $K \in T \Rightarrow K \subset J$. 即, Zorn 引理的条件满足, 从而 S 中有极大元 M, 它就是交换环 R 的一个极大理想.

　　再根据商环的理想与原来交换环的理想之间的关系 (引理 2.25), 又可以推出: 交换环 R 的任何真理想 I 必包含于某个极大理想中.

　　现在重新回到局部化环的讨论中来, 下面的引理 3.23 说明如何把定义在交换环 R 上的同态自然扩充到其局部化环 $S^{-1}R$ 上去.

　　引理 3.23　设 S 是交换环 R 的乘法子集, $f : R \to T$ 是交换环的同态, 并且像集 $f(S)$ 中的元素都是 T 中的单位, 则有唯一的交换环同态 $\tilde{f} : S^{-1}R \to T$, 它扩充了映射 f, 即它满足等式: $\tilde{f}\left(\dfrac{a}{1}\right) = f(a), \forall a \in R$.

　　证明　令 $\tilde{f}\left(\dfrac{a}{s}\right) = f(a)f(s)^{-1}, \forall a \in R, \forall s \in S$. 若 $\dfrac{a_1}{s_1} = \dfrac{a_2}{s_2}$, 则有 $s \in S$, 使得等式 $s(a_1 s_2 - a_2 s_1) = 0$ 成立. 由于 f 是交换环的同态, 必有

$$f(s)(f(a_1)f(s_2) - f(a_2)f(s_1)) = 0.$$

再根据条件, $f(s) \in f(S)$ 是 T 的可逆元, 可以约掉因子 $f(s)$, 得到下列等式

$$f(a_1)f(s_2) = f(a_2)f(s_1),$$

从而映射 $\tilde{f}$ 的定义是合理的. 另外, 由上述定义也可以直接看出: 映射 $\tilde{f}$ 是映射 f 的扩充. 下面还需验证: 映射 $\tilde{f}$ 保持加法、乘法运算及单位元.

保持加法与乘法运算: 对任意元素 $\frac{a}{s}, \frac{b}{t} \in S^{-1}R$, 有下列等式

$$\tilde{f}\left(\frac{a}{s} + \frac{b}{t}\right) = \tilde{f}\left(\frac{at+bs}{st}\right) = f(at+bs)f(st)^{-1}$$

$$= (f(a)f(t) + f(b)f(s))f(s)^{-1}f(t)^{-1}$$

$$= f(a)f(s)^{-1} + f(b)f(t)^{-1}$$

$$= \tilde{f}\left(\frac{a}{s}\right) + \tilde{f}\left(\frac{b}{t}\right),$$

$$\tilde{f}\left(\frac{a}{s} \cdot \frac{b}{t}\right) = \tilde{f}\left(\frac{ab}{st}\right) = f(ab)f(st)^{-1}$$

$$= f(a)f(b)f(s)^{-1}f(t)^{-1}$$

$$= f(a)f(s)^{-1}f(b)f(t)^{-1}$$

$$= \tilde{f}\left(\frac{a}{s}\right) \cdot \tilde{f}\left(\frac{b}{t}\right).$$

最后, 由 $\tilde{f}$ 的定义: $\tilde{f}\left(\frac{1}{1}\right) = f(1)f(1)^{-1} = 1$. 因此, $\tilde{f}$ 是交换环的同态.

注记 3.24 在引理 3.23 中, 称交换环的同态 $\tilde{f}$ 是同态 f 的扩充的原因是基于等式: $f = \tilde{f}\iota$, 这里映射 ι 是典范映射: $R \to S^{-1}R$, $a \mapsto \frac{a}{1}$, 它是交换环的同态 (读者可自行验证), 也称其为局部化映射. 一般来说, 局部化映射 ι 并非单射, 下面的引理 3.25 给出了映射 ι 是单射的条件.

引理 3.25 术语如上, 局部化映射 $\iota : R \to S^{-1}R$ $\left(a \mapsto \frac{a}{1}, a \in R\right)$ 是单射当且仅当乘法子集 S 不包含 R 的零因子.

证明 令 $I = \{a \in R; sa = 0, \exists s \in S\} = \bigcup_{s\in S}\{a \in R; sa = 0\} \subset R$, 只要证明: 局部化映射 ι 是单射当且仅当 $I = 0$. 设映射 ι 是单射, 任取元素 $a \in I$, 必存在元素 $s \in S$, 使得 $sa = 0$. 再根据局部化环的定义性质, 元素 $(a, 1)$ 与 $(0, 1)$ 是等价的, 从而有等式: $\iota(a) = \frac{a}{1} = \frac{0}{1} = 0$. 因此, 有 $a = 0$, 即 $I = 0$.

反之, 设 $I = 0$, 要证明映射 ι 是单射. 若 $\iota(a) = \frac{a}{1} = \frac{0}{1} = 0$, 根据等价关系的定义, 必有 S 中的元素 s, 使得 $sa = 0$. 因此, $a \in I$, 即, $a = 0$.

注记 3.26 令 $\mathrm{Ann}(s) = \{a \in R; sa = 0\}, s \in S$, 它显然是 R 的真理想, 也

称其为元素 s 的零化理想. 于是, 在引理 3.25 中, 子集 I 可以写成形式

$$I = \bigcup_{s \in S} \mathrm{Ann}(s).$$

不难验证: 理想的集合 $\{\mathrm{Ann}(s); s \in S\}$ 是一个有向集, 即, 对任意 $s_1, s_2 \in S$, 必存在 $t \in S$, 使得 $\mathrm{Ann}(s_1) \cup \mathrm{Ann}(s_2) \subset \mathrm{Ann}(t)$. 由此可以证明: 作为一些理想的并集, 子集 I 也是交换环 R 的理想, 且是真理想.

练习 3.27　验证注记 3.26 中关于零化理想及零化理想构成有向集的结论.

练习 3.28　(1) 设 R 是非零交换环, Γ 是由 R 的一些真理想构成的集合, 并且 Γ 构成一个有向集 (类似于注记 3.26 中的定义). 证明: Γ 中所有理想的并集还是 R 的一个理想, 且是真理想.

(2) 举例说明: 交换环 R 的两个理想的并, 未必是 R 的理想.

注记 3.29　在整数环 $\mathbb{Z}$ 中, 任何非零元素 m 的零化理想 $\mathrm{Ann}(m)$ 都为零, 从而相应的局部化映射都是单射. 因此, 整数环 $\mathbb{Z}$ 可以看成其任何局部化环 $S^{-1}\mathbb{Z}$ 的子环. 进一步, 所有这些局部化环 $S^{-1}\mathbb{Z}$ 又可以看成是有理数域 $\mathbb{Q}$ 的子环 (参见练习 3.35). 于是, 有交换环的下列包含关系

$$\mathbb{Z} \subset S^{-1}\mathbb{Z} \subset \mathbb{Q}.$$

下面的两个命题及推论主要讨论局部化环的素理想与原来交换环的素理想之间的关系, 以及局部化与做商环的相容性问题.

命题 3.30　设 R 是非零交换环, S 是 R 的乘法子集, $\iota: R \to S^{-1}R$ 是局部化映射, $\mathfrak{p}$ 是 R 的素理想, 则下列条件等价:

(1) $S^{-1}\mathfrak{p} = \left\{ \dfrac{a}{s}; a \in \mathfrak{p}, s \in S \right\}$ 是交换环 $S^{-1}R$ 的素理想 (对交换环 R 的一般的理想 I, 也可以类似地定义子集: $S^{-1}I \subset S^{-1}R$);

(2) $S^{-1}\mathfrak{p}$ 是交换环 $S^{-1}R$ 的真理想;

(3) $\mathfrak{p} \cap S = \varnothing$.

进一步, 当上述这些条件满足时, 还有等式: $\iota^{-1}(S^{-1}\mathfrak{p}) = \mathfrak{p}$.

证明　(1) $\Rightarrow$ (2) 由素理想的定义可知, $S^{-1}\mathfrak{p}$ 是交换环 $S^{-1}R$ 的真理想.

(2) $\Rightarrow$ (3) 反证. 若 $\mathfrak{p} \cap S \neq \varnothing$, 取元素 $s \in \mathfrak{p} \cap S$, 则像 $\iota(s) = \dfrac{s}{1} \in S^{-1}\mathfrak{p}$ 是交换环 $S^{-1}R$ 的可逆元, 必有 $S^{-1}\mathfrak{p} = S^{-1}R$, 这与假设相矛盾.

(3) $\Rightarrow$ (1) 对元素 $\dfrac{a}{s}, \dfrac{b}{t} \in S^{-1}\mathfrak{p}$, $a, b \in \mathfrak{p}$, $s, t \in S$, 有

$$\frac{a}{s} + \frac{b}{t} = \frac{ta + sb}{st} \in S^{-1}\mathfrak{p};$$

对元素 $\frac{a}{s} \in S^{-1}R, \frac{b}{t} \in S^{-1}\mathfrak{p}, a \in R, b \in \mathfrak{p}, s, t \in S$, 有

$$\frac{a}{s} \cdot \frac{b}{t} = \frac{ab}{st} \in S^{-1}\mathfrak{p}.$$

于是, 理想的两个封闭性条件满足, 子集 $S^{-1}\mathfrak{p}$ 是交换环 $S^{-1}R$ 的理想. 同样的推导可以说明: 当 I 是 R 的理想时, $S^{-1}I$ 是 $S^{-1}R$ 的理想.

$S^{-1}\mathfrak{p}$ 是真理想: 若有 $\frac{1}{1} = \frac{a}{s}, a \in \mathfrak{p}, s \in S$, 则有 $t \in S$, 使得 $t(s-a) = 0$. 由此推出: $ts = ta \in \mathfrak{p} \cap S$, 这与假设相矛盾.

$S^{-1}\mathfrak{p}$ 是素理想: 若有 $\frac{a}{s} \cdot \frac{b}{t} \in S^{-1}\mathfrak{p}$, 则有 $a_1 \in \mathfrak{p}, s_1 \in S$, 使得 $\frac{ab}{st} = \frac{a_1}{s_1}$. 从而有元素 $t_1 \in S$, 并满足下列方程:

$$t_1(s_1 ab - st a_1) = 0.$$

由此推出: $s_1 t_1 ab \in \mathfrak{p}$. 但由给定的条件可知, $s_1 t_1 \notin \mathfrak{p}$. 再根据素理想的定义条件, 必有 $a \in \mathfrak{p}$ 或 $b \in \mathfrak{p}$. 从而有 $\frac{a}{s} \in S^{-1}\mathfrak{p}$ 或 $\frac{b}{t} \in S^{-1}\mathfrak{p}$.

最后, 当条件 (3) 满足时, 根据定义不难直接验证等式: $\iota^{-1}(S^{-1}\mathfrak{p}) = \mathfrak{p}$.

推论 3.31 术语、条件如上. 用 A 表示交换环 R 的与乘法子集 S 的交为空集的素理想的集合, 用 B 表示交换环 $S^{-1}R$ 的所有素理想的集合, 则有集合之间的双射对应

$$S^{-1}: A \to B, \ \mathfrak{p} \mapsto S^{-1}\mathfrak{p},$$

并且上述映射 S^{-1} 的逆映射为

$$\iota^{-1}: B \to A, \ \mathfrak{q} \mapsto \iota^{-1}(\mathfrak{q}).$$

证明 由命题 3.30 的结论, 映射 S^{-1} 的定义是合理的. 再利用命题 3.30(3) 中的等式, 可以推出: 映射 S^{-1} 是一个单射. 下面只需证明它也是一个满射.

设 $\mathfrak{q} \in B$, 它是交换环 $S^{-1}R$ 的素理想, 则 $\mathfrak{p} = \iota^{-1}(\mathfrak{q})$ 是交换环 R 的素理想 (参考练习 2.37), 且 $\mathfrak{p} \cap S = \varnothing$. 只要证明: $S^{-1}\mathfrak{p} = \mathfrak{q}$.

若 $\frac{a}{s} \in \mathfrak{q}$, 则有 $\frac{s}{1} \cdot \frac{a}{s} = \frac{a}{1} \in \mathfrak{q}$. 于是 $a \in \mathfrak{p}$, $\frac{a}{1} \in S^{-1}\mathfrak{p}$. 因此, $\frac{a}{s} \in S^{-1}\mathfrak{p}$.

若 $\frac{a}{s} \in S^{-1}\mathfrak{p}, a \in \mathfrak{p}, s \in S$, 则 $\iota(a) = \frac{a}{1} \in \mathfrak{q}$. 从而有, $\frac{a}{s} = \frac{1}{s} \cdot \frac{a}{1} \in \mathfrak{q}$.

命题 3.32 设 I 是非零交换环 R 的真理想, S 是 R 的乘法子集, 并且满足条件: $S \cap I = \varnothing$. 令 $\pi: R \to R/I$ 是典范同态, 定义 $\bar{S} = \pi(S)$, 则 $\bar{S}$ 是商环 R/I

的乘法子集, 且有下列典范同构映射

$$\bar{\sigma} : S^{-1}R/S^{-1}I \to \bar{S}^{-1}(R/I), \quad \left[\frac{a}{s}\right] \mapsto \frac{[a]}{[s]}.$$

证明 命题的证明过程分四步, 具体如下:

(1) $\bar{S}$ 是交换环 R/I 的乘法子集, 从而有局部化环 $\bar{S}^{-1}(R/I)$: 由给定的条件 $S \cap I = \varnothing$ 可知, $\bar{S}$ 不含零元素; 由于同态 π 保持单位元及乘法运算, 从而 $\bar{S}$ 含有单位元, 且关于乘法运算封闭.

(2) 考虑典范映射 $\sigma_1 : R \to \bar{S}^{-1}(R/I), a \mapsto \dfrac{[a]}{[1]}$, 它可以看成两个典范同态的合成. 因此, 映射 σ_1 是交换环的同态.

(3) 对元素 $s \in S$, $\sigma_1(s) = \dfrac{[s]}{[1]}$ 是交换环 $\bar{S}^{-1}(R/I)$ 中的单位, 由引理 3.23 的结论可知, 必存在交换环的同态 $\sigma_2 : S^{-1}R \to \bar{S}^{-1}(R/I)$, 使得

$$\sigma_2\left(\frac{a}{s}\right) = \sigma_1(a)\sigma_1(s)^{-1} = \frac{[a]}{[1]}\frac{[1]}{[s]} = \frac{[a]}{[s]}.$$

显然, 映射 σ_2 是一个满射. 若能证明等式: $\mathrm{Ker}\sigma_2 = S^{-1}I$, 应用交换环的同态基本定理, 必存在所要求的典范同构映射 $\bar{\sigma}$.

(4) $\mathrm{Ker}\sigma_2 = S^{-1}I$: 对元素 $\dfrac{a}{s} \in S^{-1}I, a \in I, s \in S$, $[a]$ 是商环 R/I 中的零元素. 于是, $\sigma_2\left(\dfrac{a}{s}\right) = \dfrac{[a]}{[s]} = 0$. 即有包含关系: $S^{-1}I \subset \mathrm{Ker}\sigma_2$.

反之, 任取元素 $\dfrac{a}{s} \in \mathrm{Ker}\sigma_2$, 从而有 $\sigma_2\left(\dfrac{a}{s}\right) = \dfrac{[a]}{[s]} = 0$. 即, 元素 $\dfrac{[a]}{[s]}$ 是局部化环 $\bar{S}^{-1}(R/I)$ 中的零元素 $\dfrac{[0]}{[1]}$, 必存在元素 $[t] \in \bar{S}$, 使得下列式子成立

$$[t]([1][a] - [s][0]) = [0].$$

由此推出: $ta \in I$, $\dfrac{a}{s} = \dfrac{ta}{ts} \in S^{-1}I$. 即, 有包含关系: $\mathrm{Ker}\sigma_2 \subset S^{-1}I$.

例 3.33 对整数环 $\mathbb{Z}$ 及其理想 $I = (8) = \{k8; k \in \mathbb{Z}\}$, 有剩余类环 $\mathbb{Z}/(8)$. 令

$$S = \{1, 5, 7, 5^2, 5 \cdot 7, 7^2, 5^3, 5^2 \cdot 7, 5 \cdot 7^2, \cdots\},$$

它是由 $\{5, 7\}$ 生成的整数环 $\mathbb{Z}$ 的乘法子集. 此时, 显然有 $S \cap I = \varnothing$. 利用上述命题 3.32 的结论, 得到交换环的如下典范同构映射

$$S^{-1}\mathbb{Z}/S^{-1}(8) \simeq \bar{S}^{-1}(\mathbb{Z}/(8)).$$

练习 3.34 术语如上, 试写出局部化环 $\bar{S}^{-1}(\mathbb{Z}/(8))$ 的所有元素.

练习 3.35 设 $S \subset T$ 是交换环 R 的两个乘法子集, 则有交换环的典范同态

$$S^{-1}R \to T^{-1}R, \ \frac{a}{s} \mapsto \frac{a}{s}.$$

特别, 当 R 是整环时, 这是一个单射同态. 由此可以推出: 整数环 $\mathbb{Z}$ 的任何局部化环都可以看成有理数域 $\mathbb{Q}$ 的子环.

练习 3.36 设 R 是任意非零交换环, 定义映射 $f : \mathbb{Z} \to R, n \mapsto n \cdot 1$, 其中 1 是交换环 R 的单位元. 证明: 映射 f 是交换环的同态, 并且存在非负整数 m, 使得商环 $\mathbb{Z}/(m) \simeq \mathbb{Z} \cdot 1 = \{n \cdot 1; n \in \mathbb{Z}\}$, 这里 $\mathbb{Z} \cdot 1 = \mathrm{Im} f$ 为交换环 R 的子环, 称其为交换环 R 的素子环 (最小的子环).

提示 利用交换环中的下列多项乘积的等式 (对 m, n 归纳可以证明)

$$(a_1 + a_2 + \cdots + a_m)(b_1 + b_2 + \cdots + b_n) = \sum_{i,j} a_i b_j.$$

练习 3.37 设 R 是非零交换环, 且它只包含有限个元素. 证明: R 的任何素理想也是极大理想 (包含有限个元素的交换环, 也简称为有限交换环).

练习 3.38 设 R 是非零交换环, 且任何理想都是素理想, 则 R 是一个域.

提示 任取 R 的非零元素 x, 考虑由平方元素 x^2 的倍式构成的理想即可.

注记 3.39 本讲我们给出了整环与域的概念, 研究了整环的分式域以及一般交换环的局部化等相关问题. 特别是, 当局部化映射是单射时, 交换环 R 可以看成相应的局部化环的子环. 即, 局部化环 $S^{-1}R$ 是一个比 R 更大的交换环. 换句话说, 局部化方法提供了一个构造已知交换环 R 的扩环的基本方法.

在第 4 讲, 我们将继续讨论构造扩环及子环的其他方法. 特别是, 对一般的交换环 R, 研究它的子环的一般形式, 并讨论一些相关问题, 尤其是将引入多项式子环与扩环的概念, 这将极大地丰富交换环的具体实例, 进一步加深我们对交换环这个代数学基本概念的理解.

第 4 讲 多项式子环与扩环

根据练习 3.36 的结论, 在同构的意义下, 任何交换环 R 或者包含整数环 $\mathbb{Z}$ ($m=0$ 的情形) 作为其子环, 或者包含有限剩余类环 $\mathbb{Z}/(m)$ ($m>0$ 的情形) 作为其子环. 也就是说, 在任意给定的交换环里, 必定包含着我们所熟悉的交换环的具体例子. 特别, 整数环 $\mathbb{Z}$ 只有一个非零子环, 就是它本身.

实际上, 通过寻找给定交换环的子环, 以探索新的交换环的存在性, 有时确实是可行的. 在这一讲, 我们主要研究关于交换环子环的一些比较细致的问题, 将讨论由交换环的任何子集生成的子环, 它等价于在交换环素子环的基础上继续添加某些元素生成的子环. 一般地, 还可以考虑在任意子环的基础上添加某些元素去生成子环, 并给出这种子环的元素的具体表现形式. 另外, 还要探讨一些和 "多元多项式理论" 密切相关的问题.

注记 4.1 在正式讨论子环问题之前, 有必要整理一下我们所熟悉的交换环的具体例子及常用的构造方法, 它们是: 整数环 $\mathbb{Z}$ 与有理数域 $\mathbb{Q}$ (后者作为前者的分式域); 剩余类环 $\mathbb{Z}/(m), m>0$; 交换环的子环、商环及直积构造; 整环的分式域, 以及任意交换环关于其乘法子集的局部化环. 特别, 我们有下列交换环的包含关系

$$\mathbb{Z} \subset S_1^{-1}\mathbb{Z} \subset \cdots \subset S_r^{-1}\mathbb{Z} \subset \cdots \subset \mathbb{Q},$$

这里 $S_1 \subset \cdots \subset S_r \subset \cdots$ 是整数环 $\mathbb{Z}$ 的一些给定的乘法子集.

定义 4.2 设 R, S 是两个交换环, $R \subset S$, 并且 S 中的加法与乘法运算在子集 R 上的限制给出了 R 中的加法与乘法运算, 交换环 R 中的单位元也是 S 中的单位元, 则称交换环 R 是 S 的子环, 称交换环 S 是 R 的扩环 (等价于 R 是交换环 S 的包含单位元且对加法、取负及乘法运算封闭的子集).

定义 4.3 设 S 是交换环, B 是 S 的任意子集, 由 B 生成的子环是指: 交换环 S 的所有包含 B 的子环的交, 记为 $\langle B \rangle$. 特别, 当 B 是有限集时, 也称 $\langle B \rangle$ 是 S 的有限生成的子环. 进一步, 当 $B = \varnothing$ 为空集时, 它生成的子环就是 S 的所有子环的交. 即, 它是 S 的最小子环, 简称为素子环.

注记 4.4 特别约定: 一般用符号 $\varnothing$ 表示空集. 空集是唯一确定的集合, 且它不包含任何元素; 空集包含于任何集合中.

定义 4.5 设 R 是交换环 S 的子环, B 是 S 的子集, 称 S 中由子集 $R \cup B$ 生成的子环为子环 R 上由子集 B 生成的子环, 记为 $R[B]$.

特别, 若 B 是有限子集: $\{b_1, b_2, \cdots, b_n\}$, 则记 $R[B] = R[b_1, b_2, \cdots, b_n]$. 此时, 也称 $R[B]$ 是 S 的子环 R 上有限生成的子环.

注记 4.6 在定义 4.5 中, 若取子环 R 为 S 的素子环, 那么由子集 $R \cup B$ 生成的子环 $R[B]$ 与 S 的由 B 生成的子环 $\langle B \rangle$ 是一致的, 这是因为 S 的任何子环都包含着素子环. 因此, 不失一般性, 我们可以只考虑形如 $R[B]$ 的子环.

练习 4.7 设 R 是交换环 S 的子环, B_1, B_2 是 S 的任意子集, 证明下列等式

$$R[B_1 \cup B_2] = R[B_1][B_2].$$

特别, 当 $B = \{b_1, b_2, \cdots, b_n\}$ 是交换环 S 的有限子集时, 有下列式子

$$R[b_1, b_2, \cdots, b_n] = R[b_1][b_2] \cdots [b_n].$$

例 4.8 在前面定义 4.5 中, 令 S 为有理数域 $\mathbb{Q}$, $R = \mathbb{Z}$ 为 S 的整数子环. 再取子集 $B = \left\{ \dfrac{2}{3}, \dfrac{3}{17}, \dfrac{9}{100} \right\} \subset S$, 则有 $\mathbb{Q}$ 的 $\mathbb{Z}$ 上有限生成的子环: $\mathbb{Z}\left[\dfrac{2}{3}, \dfrac{3}{17}, \dfrac{9}{100} \right]$. 由于整数子环 $\mathbb{Z}$ 是有理数域 $\mathbb{Q}$ 的素子环, 根据注记 4.6 的说明, 必有下列式子

$$\mathbb{Z}\left[\frac{2}{3}, \frac{3}{17}, \frac{9}{100} \right] = \left\langle \frac{2}{3}, \frac{3}{17}, \frac{9}{100} \right\rangle \subset \mathbb{Q}.$$

引理 4.9 术语如上, $R[B]$ 表示交换环 S 的子环 R 上由子集 B 生成的子环, 其一般元素可以写成下列有限和式的形式

$$\sum_{i_1, i_2, \cdots, i_m} a_{i_1 i_2 \cdots i_m} b_1^{i_1} b_2^{i_2} \cdots b_m^{i_m},$$

这里系数 $a_{i_1 i_2 \cdots i_m} \in R$, 指数 i_j 是非负整数, 元素 $b_j \in B$, $1 \leqslant j \leqslant m, m \geqslant 0$.

证明 用符号 Y 表示所有上述有限和式代表的元素构成的子集, 只要证明等式: $Y = R[B]$. 显然, Y 关于加法、取负及乘法运算都是封闭的, 它也包含交换环 S 的单位元, 从而它是 S 的子环. 不难看出, 子环 Y 包含着子环 R 及给定的子集 B. 于是, Y 包含子环 $R[B]$. 另外, 根据子环定义中对运算的封闭性要求, 任何包含 $R \cup B$ 的子环必定包含着 Y. 因此, 等式 $Y = R[B]$ 成立.

命题 4.10 设 R 是有理数域 $\mathbb{Q}$ 的有限生成的子环, 则 R 可由单点集生成.

证明 设 $R = \mathbb{Z}[a_1, a_2, \cdots, a_m], a_1, a_2, \cdots, a_m \in \mathbb{Q}$. 对 m 用数学归纳法进行证明. 当 $m = 0, 1$ 时, 结论自动成立. 现假设 $m > 1, a_1 > 0$, 且 $a_1 = \dfrac{c_1}{b_1}$, 这里 b_1, c_1 是互素的正整数. 选取整数 s, t, 使得等式 $s b_1 + t c_1 = 1$ 成立, 从而有等式:

$s + t\dfrac{c_1}{b_1} = \dfrac{1}{b_1}$. 由此不难推出下列等式

$$R = \mathbb{Z}\left[\frac{1}{b_1}, a_2, \cdots, a_m\right].$$

对有理数 a_2 做类似处理, 又可以得到: $R = \mathbb{Z}\left[\dfrac{1}{b_1}, \dfrac{1}{b_2}, \cdots, a_m\right]$, 这里 b_2 是某个正整数, 从而有等式: $R = \mathbb{Z}\left[\dfrac{1}{b_1 b_2}, a_3, \cdots, a_m\right]$. 再根据归纳假设, 必存在有理数 b, 使得 $R = \mathbb{Z}[b]$. 命题结论成立.

定义 4.11　术语如上. 若 S 的子环 $R[B]$ 满足条件: 对 $R[B]$ 的任何两个元素

$$f(b_1, b_2, \cdots, b_m) = \sum_{i_1, i_2, \cdots, i_m} a_{i_1 i_2 \cdots i_m} b_1^{i_1} b_2^{i_2} \cdots b_m^{i_m},$$

$$g(b_1, b_2, \cdots, b_m) = \sum_{i_1, i_2, \cdots, i_m} c_{i_1 i_2 \cdots i_m} b_1^{i_1} b_2^{i_2} \cdots b_m^{i_m},$$

$$f(b_1, b_2, \cdots, b_m) = g(b_1, b_2, \cdots, b_m)$$

$$\Longleftrightarrow a_{i_1 i_2 \cdots i_m} = c_{i_1 i_2 \cdots i_m}, \quad \forall i_1, i_2, \cdots, i_m,$$

则称 $R[B]$ 为 S 的多项式子环, 其中的元素都是 "形式表达式", 称为子环 R 上的多项式, B 中的元素也称为子环 R 上的未定元 (或超越元); 此时, 也称 $R[B]$ 是交换环 R 上的多项式扩环, 简称为 R 上的多项式环.

注记 4.12　根据关于实数域 $\mathbb{R}$ 的基础知识 (详见附录定理 24), 实数 e 是一个超越数, 因为它不是任何非零有理系数多项式的根 (超越数的含义). 由此可以推出: $\mathbb{R}$ 的子环 $\mathbb{Q}[e]$ 是多项式子环, 也是有理数域 $\mathbb{Q}$ 上的多项式环.

注记 4.13　上面关于多项式环概念的引入, 主要基于环的扩张的思路, 也可以用形式化的方法直接定义交换环 R 上的多项式环. 下面以有限个未定元的情形为例, 给出交换环 R 上多元多项式环的定义.

定义 4.14　设 R 是交换环, $x_1, x_2, \cdots, x_n$ 是一些未定元或纯形式符号, 有时也称它们为变量. 构造集合 $R[x_1, x_2, \cdots, x_n]$, 其元素为下列有限形式表达式

$$f(x_1, x_2, \cdots, x_n) = \sum_{i_1, i_2, \cdots, i_n} a_{i_1 i_2 \cdots i_n} x_1^{i_1} x_2^{i_2} \cdots x_n^{i_n},$$

其中 $a_{i_1 i_2 \cdots i_n} \in R$, $i_1, i_2, \cdots, i_n$ 是非负整数. 这种形式表达式 f 称为交换环 R 上以 $x_1, x_2, \cdots, x_n$ 为变量的 n-元多项式, $a_{i_1 i_2 \cdots i_n}$ 称为多项式 f 的系数. 对非零的

系数 $a_{i_1 i_2 \cdots i_n}$, 非负整数 $i_1 + i_2 + \cdots + i_n$ 中的最大者称为多项式 f 的次数, 也记为 $\deg(f)$ 或 $\partial(f)$. 另外, 根据通常的做法, 规定: $\deg(0) = -\infty$.

两个形式表达式相等是指: 它们的对应系数相等, 从而 $R[x_1, x_2, \cdots, x_n]$ 中的任何 n-元多项式的表达式本质上都是唯一的 (在表达式各项的排列可以相差一个顺序的意义下); 多项式 f 的每一项也称为一个单项式.

为了简化 n-元多项式的书写表达式, 引入向量记号如下

$$I = (i_1, i_2, \cdots, i_n) \in \mathbb{N} \times \mathbb{N} \times \cdots \times \mathbb{N}, \quad X = (x_1, x_2, \cdots, x_n),$$
$$X^I = x_1^{i_1} x_2^{i_2} \cdots x_n^{i_n}, \quad a_I = a_{i_1 i_2 \cdots i_n} \in R.$$

此时, 多项式集合 $R[x_1, x_2, \cdots, x_n]$ 中的元素可以简写为 $f(X) = \sum_I a_I X^I$.

按照自然的方式定义多项式的加法与乘法运算如下

$$f(X) + g(X) = \sum_I (a_I + b_I) X^I,$$
$$f(X)g(X) = \sum_{I,J} a_I b_J X^{I+J},$$

其中 $f(X) = \sum_I a_I X^I$, $g(X) = \sum_J b_J X^J \in R[x_1, x_2, \cdots, x_n]$ 是任意给定的两个多项式, 而整数向量 I 与 J 的和按照自然的方式理解.

由定义不难直接验证: 上述多项式的加法与乘法运算满足交换环所要求的所有运算规则, $R[x_1, x_2, \cdots, x_n]$ 是一个有单位元的交换环, 其单位元为 R 的单位元; 其零元素为 R 的零元素. 称 $R[x_1, x_2, \cdots, x_n]$ 为交换环 R 上的 n-元多项式环. 此时, 交换环 R 可以自然看成多项式环 $R[x_1, x_2, \cdots, x_n]$ 的子环, 它由所有的常数多项式构成.

例 4.15 在定义 4.14 中, 取交换环 R 为整数环 $\mathbb{Z}$, 或有理数域 $\mathbb{Q}$, 分别得到整数环上的 n-元多项式环、有理数域上的 n-元多项式环如下

$$\mathbb{Z}[x_1, x_2, \cdots, x_n]; \quad \mathbb{Q}[x_1, x_2, \cdots, x_n].$$

再由下面练习 4.16 的结论可知, 这两个 n-元多项式环都是整环, 从而可以构造它们的分式域 (下式中, 用 R 表示整数环 $\mathbb{Z}$ 或有理数域 $\mathbb{Q}$)

$$R(x_1, x_2, \cdots, x_n) = \{f/g; f, g \in R[x_1, x_2, \cdots, x_n], g \neq 0\}.$$

练习 4.16 证明: 整环 R 上的任何 n-元多项式环 $R[x_1, x_2, \cdots, x_n]$ 还是整环.

引理 4.17 (多项式环的泛性质) 设 $R[x_1, x_2, \cdots, x_n]$ 是交换环 R 上的 n-元多项式环, T 是任意给定的交换环, 且 $t_1, t_2, \cdots, t_n \in T$. 对任意的交换环的同态

$\varphi : R \to T$, 必存在唯一的交换环的同态 $\tilde{\varphi} : R[x_1, x_2, \cdots, x_n] \to T$, 它扩充了给定的映射 φ, 并且满足等式: $\tilde{\varphi}(x_i) = t_i, 1 \leqslant i \leqslant n$.

证明　对多项式 $f(X) = \sum_I a_I x_1^{i_1} x_2^{i_2} \cdots x_n^{i_n} \in R[x_1, x_2, \cdots, x_n]$, 令

$$\tilde{\varphi}(f(X)) = \sum_I \varphi(a_I) t_1^{i_1} t_2^{i_2} \cdots t_n^{i_n} \in T.$$

由于多项式环 $R[x_1, x_2, \cdots, x_n]$ 中元素的表达式是唯一的, 映射 $\tilde{\varphi}$ 的上述定义是合理的, 并且有 $\tilde{\varphi}(a) = \varphi(a), \forall a \in R$. 特别, $\tilde{\varphi}(1) = \varphi(1) = 1$. 即映射 $\tilde{\varphi}$ 保持单位元. 另外, 由 $\tilde{\varphi}$ 的定义直接得到: $\tilde{\varphi}(x_i) = t_i, 1 \leqslant i \leqslant n$. 因此, 只要再证明映射 $\tilde{\varphi}$ 保持多项式的加法与乘法运算, 具体验证如下:

若 $g(X) = \sum_I b_I x_1^{i_1} x_2^{i_2} \cdots x_n^{i_n}$, 有 $\tilde{\varphi}(g(X)) = \sum_I \varphi(b_I) t_1^{i_1} t_2^{i_2} \cdots t_n^{i_n}$. 于是

$$\begin{aligned}
\tilde{\varphi}(f(X) + g(X)) &= \tilde{\varphi}\left(\sum (a_I + b_I) x_1^{i_1} x_2^{i_2} \cdots x_n^{i_n} \right) \\
&= \sum \varphi(a_I + b_I) t_1^{i_1} t_2^{i_2} \cdots t_n^{i_n} \\
&= \sum (\varphi(a_I) + \varphi(b_I)) t_1^{i_1} t_2^{i_2} \cdots t_n^{i_n} \\
&= \tilde{\varphi}(f(X)) + \tilde{\varphi}(g(X)), \\
\tilde{\varphi}(f(X) g(X)) &= \tilde{\varphi}\left(\sum a_I b_J x_1^{i_1+j_1} x_2^{i_2+j_2} \cdots x_n^{i_n+j_n} \right) \\
&= \sum \varphi(a_I b_J) t_1^{i_1+j_1} t_2^{i_2+j_2} \cdots t_n^{i_n+j_n} \\
&= \sum \varphi(a_I) \varphi(b_J) t_1^{i_1+j_1} t_2^{i_2+j_2} \cdots t_n^{i_n+j_n} \\
&= \tilde{\varphi}(f(X)) \tilde{\varphi}(g(X)).
\end{aligned}$$

注记 4.18　在引理 4.17 中, 令交换环 T 为定义 4.11 给出的交换环 S 的多项式子环 $R[b_1, b_2, \cdots, b_n]$(或 R 的多项式扩环), 并取元素 $t_i = b_i, 1 \leqslant i \leqslant n$, 取映射 φ 为包含映射: $R \to R[b_1, b_2, \cdots, b_n], a \mapsto a$, 则相应的映射 $\tilde{\varphi}$ 为同构映射

$$R[x_1, x_2, \cdots, x_n] \simeq R[b_1, b_2, \cdots, b_n].$$

因此, 关于交换环 R 上的 n-元多项式环的两种定义本质上是一致的.

注记 4.19　在引理 4.17 中, 令交换环 $T = R$, 元素 $t_i = a_i \in R, 1 \leqslant i \leqslant n$, 取映射 φ 为恒等映射: $R \to R, a \mapsto a$, 则相应的映射 $\tilde{\varphi}$ 如下给出

$$\tilde{\varphi} : R[x_1, x_2, \cdots, x_n] \to R,$$

$$f(x_1, x_2, \cdots, x_n) \mapsto f(a_1, a_2, \cdots, a_n),$$

其中 $f(a_1, a_2, \cdots, a_n) \in R$, 它是把多项式 $f(x_1, x_2, \cdots, x_n)$ 中的变量 x_i 用 R 中的元素 a_i 替换所得到的值. 此时, 多项式 f 可以看成交换环 R 上的 "多项式函数"

$$f: R^n \mapsto R,$$

$$(a_1, a_2, \cdots, a_n) \mapsto f(a_1, a_2, \cdots, a_n),$$

元素 $f(a_1, a_2, \cdots, a_n)$ 也称为多项式 f 在点 $(a_1, a_2, \cdots, a_n)$ 处的函数值. 不同的多项式是否定义不同的多项式函数呢? 下面的命题 4.22 将说明: 这个问题的答案是肯定的, 只要所涉及的交换环 R 是一个包含无限个元素的整环.

引理 4.20 对交换环 R, 取元素 $b \in R$, 必存在一元多项式环 $R[x]$ 到其自身的同构映射 $\sigma: R[x] \to R[x]$, 使得 $\sigma(f(x)) = f(x-b)$, 这里 $f(x-b)$ 是用 $R[x]$ 中的元素 $x-b$ 替换多项式 f 中的变量 x 所得到的值. 因此, 多项式环 $R[x]$ 中的任何多项式 f 都可以写成下列形式

$$f(x) = a_0 + a_1(x-b) + a_2(x-b)^2 + \cdots + a_m(x-b)^m,$$

其中元素 $a_i \in R, 0 \leqslant i \leqslant m, a_m \neq 0$, 非负整数 m 是多项式 $f(x)$ 的次数.

特别, 当 $f(b) = a_0 = 0$ 时, 称 $b \in R$ 是多项式 $f(x)$ 的根或零点. 此时, 有多项式的乘法分解式: $f(x) = (x-b)f_1(x)$, 这里 $f_1(x) \in R[x]$ 由下式给出

$$f_1(x) = a_1 + a_2(x-b) + \cdots + a_m(x-b)^{m-1}.$$

证明 由引理 4.17 的泛性质, 可以证明第一个结论. 由此不难推出: 引理中的其他结论也成立, 细节留作读者练习.

引理 4.21 设 R 是一个包含无限多个元素的整环, 简称为无限整环, $f(x)$ 是多项式环 $R[x]$ 中的非零元素, 则有 R 中的元素 b, 使得 $f(b) \neq 0$.

证明 不妨设非零多项式 $f(x)$ 的次数 $m > 0$, 并假设 $f(a) = 0, \forall a \in R$. 任取元素 $a_1 \in R$, 由 $f(a_1) = 0$, 利用引理 4.20 的结论, 得到下列式子

$$f(x) = (x - a_1)f_1(x), \quad f_1(x) \in R[x].$$

取 R 中的元素 $a_2 \neq a_1$, 代入上式, 并利用条件 R 是一个整环, 必有等式

$$f(a_2) = (a_2 - a_1)f_1(a_2) = 0, \quad f_1(a_2) = 0.$$

对非零多项式 $f_1(x)$, 再次利用引理 4.20 的结论, 又得到下列式子

$$f_1(x) = (x - a_2)f_2(x), \quad f_2(x) \in R[x],$$

$$f(x) = (x - a_1)(x - a_2)f_2(x).$$

由引理的条件可知, 交换环 R 是一个无限整环, 从而上述过程可以一直进行下去. 特别, 可以取到两两不同的元素 $a_1, a_2, \cdots, a_{m+1} \in R$ 以及非零的多项式 $f_{m+1}(x) \in R[x]$, 使得

$$f(x) = (x - a_1)(x - a_2) \cdots (x - a_{m+1}) f_{m+1}(x).$$

此时, 不难看出: 多项式 $f(x)$ 的次数至少为 $m+1$, 这与假设相矛盾.

命题 4.22　设 R 是一个无限整环, 则 R 上 n-元多项式环 $R[x_1, x_2, \cdots, x_n]$ 中不同的多项式定义不同的多项式函数.

证明　只要证明: 对非零的多项式 $f(x_1, x_2, \cdots, x_n) \in R[x_1, x_2, \cdots, x_n]$, 必存在 R 中的元素 $a_1, a_2, \cdots, a_n$, 使得 $f(a_1, a_2, \cdots, a_n) \neq 0$.

对变量的个数 n 进行归纳证明. 当 $n = 1$ 时, 由引理 4.21 可知, 结论成立. 假设对 $n-1$ 个变量的情形结论已成立, 下面考虑变量个数为 n 的情形.

把给定的非零多项式 $f(x_1, x_2, \cdots, x_n)$ 写成下列形式

$$f(x_1, x_2, \cdots, x_n) = f_0 + f_1 x_n + \cdots + f_m x_n^m,$$

其中 $f_i = f_i(x_1, x_2, \cdots, x_{n-1})$ 是关于变量 $x_1, x_2, \cdots, x_{n-1}$ 的 $n-1$-元多项式, 并且 $f_m(x_1, x_2, \cdots, x_{n-1}) \neq 0, 1 \leqslant i \leqslant m-1$. 根据归纳假设, 必存在无限整环 R 中的元素 $a_1, a_2, \cdots, a_{n-1}$, 使得 $f_m(a_1, a_2, \cdots, a_{n-1}) \neq 0$.

记 $A = (a_1, a_2, \cdots, a_{n-1})$, 并把它代入多项式 f 的上述表达式, 将得到关于变量 x_n 的一元多项式如下

$$f(a_1, a_2, \cdots, a_{n-1}, x_n) = f_0(A) + f_1(A) x_n + \cdots + f_m(A) x_n^m.$$

由于 $f_m(A) \neq 0$, 上式确定一个非零多项式, 利用一个变量情形的结论, 必存在元素 $a_n \in R$, 使得 $f(a_1, a_2, \cdots, a_{n-1}, a_n) \neq 0$.

注记 4.23　下面讨论交换环上多元多项式环的理想的一些性质, 将主要证明结论: 域上的 n-元多项式环的任何理想都是有限生成的. 前面我们曾经遇到过类似的情形: 整数环 $\mathbb{Z}$ 的任何理想必形如: $I = (m)$, 这里 m 是非负整数 (参见引理 1.19). 即, 整数环 $\mathbb{Z}$ 的任何理想都是由一个元素生成的.

为了便于以后讨论类似问题, 下面定义一类特殊的环: Noether-环, 它的任何理想都是有限生成的. 首先给出有限生成理想的定义如下.

定义 4.24 (主理想环)　设 R 是给定的交换环, B 是 R 的任意子集, 由 B 生成的交换环 R 的理想 (B) 是指: R 的包含子集 B 的最小理想或者包含子集 B 的所有理想的交. 此时, 理想 (B) 可以描述如下

$$(B) = \left\{ \sum_{i=1}^{m} a_i b_i; a_i \in R, b_i \in B, 1 \leqslant i \leqslant m, m \geqslant 1 \right\}.$$

若子集 $B = \{b_1, b_2, \cdots, b_n\}$ 是交换环 R 的有限子集, 则称理想 (B) 是有限生成的. 此时, 理想 (B) 也简记为

$$(B) = (b_1, b_2, \cdots, b_n).$$

特别, 当 $n = 1, b_1 = b$ 时, 称理想 (b) 为交换环 R 的主理想. 即, 交换环 R 的主理想是指: 由 R 的一个元素所生成的理想.

若交换环 R 的任何理想都是主理想, 则称交换环 R 是一个主理想环. 若主理想环 R 同时也是一个整环, 则称其为主理想整环.

定义 4.25 (Noether-环) 设 R 是给定的交换环, 若 R 的任何理想都是有限生成的, 则称 R 是一个 Noether-环. 特别, 任何主理想 (整) 环都是 Noether-环.

引理 4.26 设 R 是一个交换环, 则下列条件是等价的

(1) R 的任何理想都是有限生成的, 即 R 是一个 Noether-环;

(2) R 的任何理想的升链都是稳定的 (其含义见下面的证明过程);

(3) R 的任何理想的非空集合必含有极大元 (子集包含关系的意义下).

证明 $(1) \Rightarrow (2)$ 设有交换环 R 的理想升链: $I_n(n \geqslant 1)$ 是 R 的理想, 且

$$I_1 \subset I_2 \subset \cdots \subset I_n \subset \cdots,$$

要证明此升链是稳定的, 即要证明: 存在正整数 $N \in \mathbb{Z}_+$, 使得下列等式成立

$$I_N = I_{N+1} = I_{N+2} = \cdots.$$

令 $I = \bigcup_{i=1}^{\infty} I_i$, 根据理想的定义不难直接验证: 子集 I 是 R 的理想. 再根据交换环 R 是 Noether-环的条件, 理想 I 是有限生成的, 不妨设

$$I = (a_1, a_2, \cdots, a_m), \quad a_1, \cdots, a_m \in R.$$

此时, 还可以假设存在 m 个正整数: $i_1 \leqslant i_2 \leqslant \cdots \leqslant i_m$, 使得

$$a_k \in I_{i_k}, \quad 1 \leqslant k \leqslant m.$$

令 $N = i_m$, 则有 $I = (a_1, a_2, \cdots, a_m) \subset I_N$, 从而有 $I_N = I_{N+1} = \cdots$.

$(2) \Rightarrow (3)$ 证法 1: 反证. 假设 Σ 是交换环 R 的理想的非空集合, 它没有极大元. 任取 $\mathfrak{p}_1 \in \Sigma$, 必有 $\mathfrak{p}_2 \in \Sigma$, 使得 $\mathfrak{p}_1 \subsetneqq \mathfrak{p}_2$. 对 $\mathfrak{p}_2$, 又存在 $\mathfrak{p}_3 \in \Sigma$, 使得 $\mathfrak{p}_2 \subsetneqq \mathfrak{p}_3$. 这个过程一直进行下去, 将得到交换环 R 的理想的严格升链

$$\mathfrak{p}_1 \subsetneqq \mathfrak{p}_2 \subsetneqq \cdots \subsetneqq \mathfrak{p}_n \subsetneqq \cdots,$$

这与任何理想升链的稳定性条件相矛盾.

证法 2: 根据子集之间的通常包含关系, 把给定理想的非空集合做成一个偏序集. 此时, 容易验证: Zorn 引理的条件满足, 从而极大元存在.

(3) ⇒ (1) 证法 1: 反证. 若 I 是交换环 R 的理想, 并且它不是有限生成的, 任取元素 $a_1 \in I$, 必有严格包含关系: $(a_1) \subsetneq I$. 再取元素 $a_2 \in I\backslash(a_1)$, 仍有严格包含关系: $(a_1, a_2) \subsetneq I$. 这个过程可以一直进行下去, 将得到交换环 R 的理想的非空集合

$$\{(a_1), (a_1, a_2), \cdots, (a_1, a_2, \cdots, a_n), \cdots\}.$$

显然, 这个集合没有极大元, 这与给定的条件相矛盾.

证法 2: 由给定理想 I 的所有有限子集, 生成若干有限生成的理想, 它们中的极大元必为给定的理想 I, 从而它是有限生成的理想.

练习 4.27 (1) 设 R_1, R_2 是 Noether-环, 则直积 $R_1 \times R_2$ 也是 Noether-环;
(2) 设 R 是 Noether-环, I 是 R 的任意理想, 则商环 R/I 也是 Noether-环.

提示 利用引理 2.28 及引理 2.25 的结论即可说明: 它们都是 Noether-环.

注记 4.28 根据整数环的理想结构以及练习 4.27, 可以得到 Noether-环的一些具体实例: 整数环 $\mathbb{Z}$ 是主理想整环, 剩余类环 $\mathbb{Z}/(m)$ 是主理想环, 从而它们都是 Noether-环; 整数环的有限直积 $\mathbb{Z}^m$ 是 Noether-环.

下面的定理给出了由已知 Noether-环构造新的 Noether-环的一般方法: 多项式扩环法, 它就是著名的 Hilbert 基定理.

定理 4.29 (Hilbert 基定理) 设 R 是 Noether-环, 则 R 上的一元多项式环 $R[x]$ 也是 Noether-环. 从而, n-元多项式环 $R[x_1, \cdots, x_n]$ 也是 Noether-环.

特别, 任意域 F 上的 n-元多项式环 $F[x_1, \cdots, x_n]$ 都是 Noether-环.

证明 设 I 是多项式环 $R[x]$ 中的理想, 当 $I = 0$ 时, 定理结论自动成立. 下面假设理想 $I \neq 0$, 并证明 I 是 $R[x]$ 的有限生成的理想.

令 $K_i = \{a \in R; a$ 是 I 中次数为 i 的某个多项式的首项系数或 $a = 0\}$ (一元多项式的首项是指: 它的最高次非零项), 它们都是交换环 R 的理想 (请读者自行验证), 并且有下列理想的升链

$$K_1 \subset K_2 \subset \cdots \subset K_n \subset \cdots.$$

根据定理假设, 交换环 R 是 Noether-环, 从而由引理 4.26 可知, 上述理想的升链是稳定的, 必有正整数 N, 使得 $K_N = K_{N+1} = \cdots$.

对 $i \leqslant N$, 取有限生成的理想 K_i 的有限生成元集 $\{a_{i1}, a_{i2}, \cdots\}$. 对这些相关的整数对 (i, j), 取多项式 $f_{ij} \in I$, 它的首项系数为 a_{ij}.

断言 上述多项式的有限集合 $\{f_{ij}; i, j\}$ 生成理想 I, 即 $I = (f_{ij}; i, j)$.

事实上, 对任意非负整数 s, 以及次数为 s 的任意多项式 $f \in I$, 下面将分两种情形归纳并证明所需的结论: $f \in (f_{ij}; i, j)$.

若 $s \geqslant N$, f 的首项系数为 $c \in K_s = K_N = (a_{N1}, a_{N2}, \cdots)$, 从而元素 c 可以写成有限和式: $c = \sum_j a_j a_{Nj}, a_j \in R$. 构造下列多项式

$$g = f - \sum_j a_j f_{Nj} x^{s-N}.$$

如果 $g = 0$, 那么 $f \in (f_{ij})$; 如果 $g \neq 0$, 必有 $\deg(g) < \deg(f)$, 且 $g \in I$. 对多项式 g 重复上述过程, 总可以归结为次数 $s < N$ 的情形.

若 $s < N$, f 的首项系数为 $c \in K_s$, 且 $c = \sum_j a_j a_{sj}, a_j \in R$. 类似于上述情形的讨论, 可以构造下列多项式

$$g = f - \sum_j a_j f_{sj} \in I.$$

此时, 有 $f \in (f_{ij})$ 或者 $\deg(g) < \deg(f)$. 必要时, 可以不断重复此过程, 最后将得到所需要的结论: $f \in (f_{ij}; i, j)$.

至此, 我们证明了 $n = 1$ 的情形, 由此可以推出: 定理的其他结论也成立.

注记 4.30 (1) Hilbert 基定理在几何中的作用: 求任意多个多项式的公共零点的问题可以转化为求有限个多项式的公共零点的问题 (见文献 [3]), 因为多项式环 $F[x_1, \cdots, x_n]$ 的任何理想都是有限生成的.

(2) Noether-环 R 满足理想的升链条件, 即它的任何理想的升链都是稳定的. 如果把理想的升链条件换成降链条件, 就得到 Artin-环的概念, 这里的降链条件是指: 对交换环 R 的任何理想的下降序列

$$I_1 \supset I_2 \supset \cdots \supset I_n \supset \cdots$$

必存在正整数 $N \in \mathbb{Z}_+$, 使得 $I_N = I_{N+1} = I_{N+2} = \cdots$.

例 4.31 对任意的正整数 $m \in \mathbb{Z}_+$, 剩余类环 $\mathbb{Z}/(m)$ 是一个只包含 m 个元素的有限环, 上述降链条件自动满足. 因此, 交换环 $\mathbb{Z}/(m)$ 是一个 Artin-环.

练习 4.32 通过列举理想的某个降链说明: 整数环 $\mathbb{Z}$ 不是 Artin-环.

定理 4.33 设 R 是一个 Artin-环, 则 R 的任何素理想都是极大理想. 进一步, 任何 Artin-环 R 只包含有限多个素理想.

证明 设 $\mathfrak{p}$ 是 Artin-环 R 的素理想, 要证明: $\mathfrak{p}$ 是 R 的极大理想, 只要证明商环 $R/\mathfrak{p}$ 是一个域 (参见引理 3.4). 任取非零元素 $x \in R/\mathfrak{p}$, 构造商环 $R/\mathfrak{p}$ 的下列主理想的降链:

$$(x) \supset (x^2) \supset \cdots \supset (x^m) \supset \cdots.$$

根据引理 2.25 的结论, 商环 $R/\mathfrak{p}$ 也满足理想的降链条件, 必存在正整数 N, 使得 $(x^N) = (x^{N+1})$. 于是, 存在元素 $y \in R/\mathfrak{p}$, 使得 $x^N = x^{N+1}y$. 但是, $\mathfrak{p}$ 是素理想, 商环 $R/\mathfrak{p}$ 是整环, 必有 $xy = 1$, 即 x 是 $R/\mathfrak{p}$ 的可逆元.

关于第二个结论的证明, 采用反证法. 假设 Artin-环 R 包含无限多个互不相同的素理想: $\mathfrak{p}_1, \mathfrak{p}_2, \cdots, \mathfrak{p}_m, \cdots$. 构造 R 的下列理想的降链

$$\mathfrak{p}_1 \supset \mathfrak{p}_1 \cap \mathfrak{p}_2 \supset \mathfrak{p}_1 \cap \mathfrak{p}_2 \cap \mathfrak{p}_3 \supset \cdots.$$

由稳定性的假设, 必有正整数 N, 使得

$$\mathfrak{p}_1 \cap \mathfrak{p}_2 \cap \cdots \cap \mathfrak{p}_N \subset \mathfrak{p}_{N+1}.$$

根据第一个结论, 所有这些素理想都是极大理想, 它们之间没有子集包含关系, 从而可以取到元素 $a_i \in \mathfrak{p}_i \backslash \mathfrak{p}_{N+1}, 1 \leqslant i \leqslant N$. 令

$$a = a_1 a_2 \cdots a_N,$$

必有 $a \in \mathfrak{p}_1 \cap \mathfrak{p}_2 \cap \cdots \cap \mathfrak{p}_N$, 但是 $a \notin \mathfrak{p}_{N+1}$ (否则, 因 $\mathfrak{p}_{N+1}$ 是素理想, 至少有某个因子 $a_i \in \mathfrak{p}_{N+1}$), 这导致矛盾.

练习 4.34 设 R 是任意的交换环, $\mathfrak{a}_1, \mathfrak{a}_2, \cdots, \mathfrak{a}_m, \mathfrak{p}$ 是 R 的理想, 并且 $\mathfrak{p}$ 是 R 的素理想. 若有 $\mathfrak{a}_1 \cap \mathfrak{a}_2 \cap \cdots \cap \mathfrak{a}_m \subset \mathfrak{p}$, 则有某个 $\mathfrak{a}_i$, 使得 $\mathfrak{a}_i \subset \mathfrak{p}$.

提示 反证. 并利用定理 4.33 中使用的方法进行讨论即可.

练习 4.35 证明: $\mathbb{Z}$ 上的一元多项式环 $\mathbb{Z}[x]$ 中的理想 $(2, x)$ 不是主理想; 一元多项式环 $\mathbb{Z}[x]$ 中的任何主理想都不是极大理想.

下面的引理 4.37 是为 Nakayama 引理的讨论准备的, 详见第 6 讲的内容.

定义 4.36 设 R 是任意交换环, 令 $j(R)$ 为 R 的所有极大理想的交, 它是 R 的一个理想, 称其为 R 的大根或 Jacobson 根; 令 $\mathrm{rad}(R)$ 为交换环 R 的所有素理想的交, 它也是 R 的一个理想, 称其为 R 的小根或根.

引理 4.37 对任意非零交换环 R, $j(R), \mathrm{rad}(R)$ 的定义如上, 则有下列结论:
(1) 若元素 $a \in j(R)$, 则对任意元素 $b \in R, 1 - ab$ 是 R 的可逆元;
(2) 交换环 R 的根 $\mathrm{rad}(R)$ 由它的所有幂零元构成, 即有下列等式

$$\mathrm{rad}(R) = \{a \in R; \ a^r = 0, \exists r \in \mathbb{Z}_+\}.$$

证明 (1) 对 $a \in j(R), b \in R$, 有 $ab \in j(R)$, 且 $x = 1 - ab$ 不含于交换环 R 的任何真理想内 (否则, 由定理 3.22 可知, 它将含于某个极大理想 J, 由此推出: $1 = x + ab \in J$). 因此, 主理想 $(x) = R$, 必有元素 $y \in R$, 使得 $xy = 1$.

(2) 若 $a \in R$ 是幂零元, 必存在正整数 r, 使得 $a^r = 0$. 由此不难推出: 元素 a 包含于 R 的任何素理想内. 即 $a \in \mathrm{rad}(R)$.

反之, 若 $a \in \mathrm{rad}(R)$, 且 a 不是幂零元, 则子集 $S = \{1, a, a^2, \cdots\}$ 不含零元素, 它是交换环 R 的乘法子集. 此时, 局部化环 $S^{-1}R$ 是一个非零交换环, 必有极大理想 I, 它也是 $S^{-1}R$ 的一个素理想.

考虑局部化映射

$$\sigma : R \to S^{-1}R, \ x \mapsto \frac{x}{1},$$

它是交换环的同态. 由于 I 是交换环 $S^{-1}R$ 的素理想, 逆像集 $\sigma^{-1}(I)$ 是 R 的一个素理想, 必有 $a \in \sigma^{-1}(I)$. 因此, $\frac{a}{1} \in I$, 这与 $\frac{a}{1}$ 是可逆元相矛盾.

练习 4.38 设 R 是 Noether-环, S 是 R 的任意乘法子集, 则局部化环 $S^{-1}R$ 也是 Noether-环. 特别, 对 R 的任何素理想 $\mathfrak{p}$, 局部环 $R_\mathfrak{p}$ 是 Noether-环.

练习 4.39 设 R 是 Artin-环, S 是 R 的任意乘法子集, 则局部化环 $S^{-1}R$ 还是一个 Artin-环. 特别, 对 R 的任何素理想 $\mathfrak{p}$, 局部环 $R_\mathfrak{p}$ 是 Artin-环.

练习 4.40 设 F 是任意给定的域, 定义 F 上的形式幂级数环 $F[[x]]$ 如下

$$F[[x]] = \left\{ f(x) = \sum_{i=0}^{\infty} a_i x^i; \ a_i \in F, 0 \leqslant i < \infty \right\}.$$

(1) 按照通常的方式, 定义加法与乘法运算, 使得 $F[[x]]$ 是一个交换环;
(2) 确定交换环 $F[[x]]$ 的可逆元的全体 $F[[x]]^\times$;
(3) 证明: 交换环 $F[[x]]$ 是一个主理想整环.

第 5 讲　唯一分解整环

根据前面几讲的初步讨论, 我们在整体上已经对整数环 $\mathbb{Z}$ 有了一个比较清晰的认识: 它只有一个非零子环; 它的每个理想都是主理想, 从而它是主理想整环, 也是 Noether-环. 另外, 在整数环 $\mathbb{Z}$ 中, 我们可以考虑整数的因式分解问题, 其主要结论是: 任何非零正整数都可以唯一地分解为一些互不相同素数的方幂之乘积, 这就是整数环 $\mathbb{Z}$ 上的算术基本定理.

在这一讲, 我们要把整数环 $\mathbb{Z}$ 的唯一分解性质抽象出来, 定义一类特殊的交换环: 唯一分解整环. 于是, 整数环 $\mathbb{Z}$ 是唯一分解整环的基本实例, 唯一分解整环的另一个典型例子是域上的多项式环. 在第 4 讲, 我们定义了任意交换环 R 上的 n-元多项式环 $R[x_1, x_2, \cdots, x_n]$, 并证明了结论: 当 R 是 Noether-环时, 交换环 $R[x_1, x_2, \cdots, x_n]$ 也是 Noether-环 (Hilbert 基定理). 特别, 任意域上的 n-元多项式环都是 Noether-环. 但一般来说, 域上的 n-元多项式环不是主理想整环, 除非只涉及一个变量.

本讲首先处理一个变量多项式的情形, 并证明域上的一元多项式环是主理想整环; 其次讨论和唯一分解性质密切相关的若干问题; 最后将得出本讲的主要结论: 任何域上的 n-元多项式环必是唯一分解整环.

注记 5.1　按照通常的习惯, 用大写英文字母 F 表示一般的域, $F[x]$ 为域 F 上变量 x 的一元多项式环, 也简称为多项式环. 一元多项式环 $F[x]$ 与整数环 $\mathbb{Z}$ 有许多相同的性质 (比如, 它也是主理想整环), 其讨论方法也是类似的.

下面首先给出多项式的带余除法, 并由此确定多项式环 $F[x]$ 的所有理想.

引理 5.2 (带余除法)　对任意的多项式 $f(x)$, $g(x) \in F[x]$, 且 $g(x)$ 非零, 必存在唯一的多项式对 $(q(x), r(x)) \in F[x] \times F[x]$, 使得下式成立

$$f(x) = g(x)q(x) + r(x),$$

这里 $r(x) = 0$ 或者 $\partial r(x) < \partial g(x)$. 此时, 也称 $q(x)$ 为商, 称 $r(x)$ 为余式.

证明　对多项式 $f(x), g(x) \in F[x]$, 可以假设 $\partial g(x) \leqslant \partial f(x)$. 设 $f(x), g(x)$ 的首项 (次数最高项) 分别为 $a_m x^m, b_n x^n$, 构造多项式

$$f_1(x) = f(x) - b_n^{-1} a_m x^{m-n} g(x),$$

它的次数满足不等式: $\partial f_1(x) < \partial f(x)$ (不妨设 $f_1(x) \neq 0$).

对多项式 $f(x)$ 的次数归纳, 不妨设存在多项式 $q_1(x), r_1(x) \in F[x]$, 使得

$$f_1(x) = g(x)q_1(x) + r_1(x),$$

这里 $r_1(x) = 0$ 或者 $\partial r_1(x) < \partial g(x)$, 从而有下列等式

$$f(x) = g(x)q(x) + r(x),$$

这里 $q(x) = q_1(x) + b_n^{-1}a_m x^{m-n}, r(x) = r_1(x)$, 它们满足引理的要求.

唯一性 若有两个分解式

$$f(x) = g(x)q(x) + r(x) = g(x)q_1(x) + r_1(x),$$

它们都满足引理的要求, 则 $g(x)(q(x) - q_1(x)) = r_1(x) - r(x)$. 通过考虑等式两边的多项式的次数, 可以推出: $q(x) = q_1(x), r(x) = r_1(x)$.

命题 5.3 域 F 上的一元多项式环 $F[x]$ 是主理想整环.

证明 利用引理 5.2 中的带余除式, 按照和整数环中完全相同的讨论方法可以证明 (参见引理 1.19): 多项式环 $F[x]$ 的任何理想 I 由它所包含的某个次数最低的多项式的倍式构成, 即 $F[x]$ 是主理想环.

另外, 两个非零多项式的乘积还是非零多项式. 事实上, 不难验证: 对任意非零的多项式 $f(x), g(x) \in F[x]$, 有下列次数的等式

$$\partial(f(x)g(x)) = \partial f(x) + \partial g(x).$$

于是, 两个非零多项式的乘积不等于零. 因此, $F[x]$ 是主理想整环.

定义 5.4 若 $f(x), g(x), h(x) \in F[x]$, 且满足等式: $f(x) = g(x)h(x)$, 则称多项式 $f(x)$ 是 $g(x), h(x)$ 的倍式, 多项式 $g(x), h(x)$ 是 $f(x)$ 的因式. 此时, 也称多项式 $g(x)$ 与 $h(x)$ 整除多项式 $f(x)$(在带余除式中, 余式为零), 记为

$$g(x)|f(x), \quad h(x)|f(x).$$

多项式 $f(x), g(x) \in F[x]$ 的公共的因式, 称为它们的公因式. 公因式中次数最高者, 称为它们的最大公因式. 当 $f(x), g(x)$ 不全为零时, $f(x)$ 与 $g(x)$ 的首项系数为 1 的最大公因式记为 $(f(x), g(x))$(它是唯一的, 为什么?).

特别, 当 $(f(x), g(x)) = 1$ 时, 称多项式 $f(x)$ 与 $g(x)$ 是互素的.

注记 5.5 类似地, 可以给出任意有限个多项式的公因式、最大公因式以及互素的概念; 多项式 $f_1(x), f_2(x), \cdots, f_s(x) \in F[x]$ 的首项系数为 1 的最大公因式也记为下列形式

$$(f_1(x), f_2(x), \cdots, f_s(x)).$$

定义 5.6 设 $p(x) \in F[x]$ 是次数大于零的多项式, 若它的因式都是平凡的 (即, 其因式为常数或 $p(x)$ 的常数倍数), 则称它是不可约多项式.

引理 5.7 对任意多项式 $f(x), g(x) \in F[x]$, 它们的最大公因式 $(f(x), g(x))$ 必定存在, 并且 $(f(x), g(x))$ 可以写成 $f(x), g(x)$ 的下列组合的形式

$$(f(x), g(x)) = s(x)f(x) + t(x)g(x),$$

这里 $s(x), t(x)$ 也是域 F 上的多项式. 特别, 任何两个多项式的公因式必定整除它们的最大公因式.

证明 不妨假设多项式 $f(x), g(x)$ 都不为零. 对 $\partial g(x) = 0$ 的情形, 结论显然成立. 对 $\partial g(x) > 0$ 的情形, 利用带余除法, 必存在多项式 $q(x), r(x) \in F[x]$, 使得下列等式成立

$$f(x) = g(x)q(x) + r(x),$$

这里多项式 $r(x) = 0$ 或者 $\partial r(x) < \partial g(x)$.

对多项式 $g(x)$ 的次数归纳, 可以假设 $(g(x), r(x)) = u(x)g(x) + v(x)r(x)$, 这里 $u(x), v(x) \in F[x]$. 于是, 有

$$\begin{aligned}
(f(x), g(x)) &= (g(x), r(x)) \\
&= u(x)g(x) + v(x)r(x) \\
&= u(x)g(x) + v(x)(f(x) - g(x)q(x)) \\
&= s(x)f(x) + t(x)g(x).
\end{aligned}$$

这里 $s(x) = v(x), t(x) = u(x) - v(x)q(x)$ 是域 F 上的多项式, 它们满足要求.

练习 5.8 设 $f(x), g(x), h(x)$ 是 $F[x]$ 中的多项式, 证明下列等式

$$(f(x), (g(x), h(x))) = (f(x), g(x), h(x)),$$

这里右边表示多项式 $f(x), g(x), h(x)$ 的首项系数为 1 的最大公因式.

引理 5.9 不可约多项式 $p(x)$ 的两个基本性质:

(1) 对任意多项式 $f(x), p(x)$ 整除 $f(x)$ 或 $(p(x), f(x)) = 1$;

(2) 若 $p(x)$ 整除多项式的乘积 $f(x)g(x)$, 则 $p(x)|f(x)$ 或 $p(x)|g(x)$.

证明 设 $(p(x), f(x)) = d(x)$. 若 $d(x) \neq 1$, $d(x)$ 作为不可约多项式 $p(x)$ 的非常数因式, 它和 $p(x)$ 最多相差一个非零常数倍数. 即, 性质 (1) 成立.

反证. 若 $p(x)$ 不是 $f(x)$ 的因式, 也不是 $g(x)$ 的因式, 利用 (1) 中的结论, 可以假设: $p(x)$ 与 $f(x), g(x)$ 都是互素的. 即, 有下列等式

$$(p(x), f(x)) = 1, \quad (p(x), g(x)) = 1.$$

此时, 由引理 5.7 可知, 存在多项式 $s(x), t(x), u(x), v(x) \in F[x]$, 使得

$$s(x)p(x) + t(x)f(x) = 1, \quad u(x)p(x) + v(x)g(x) = 1.$$

上述两个式子相乘, 又可以得到下列等式

$$q(x)p(x) + t(x)v(x)f(x)g(x) = 1,$$

其中多项式 $q(x)$ 由下式给出

$$q(x) = s(x)u(x)p(x) + s(x)v(x)g(x) + t(x)f(x)u(x).$$

由此容易推出: $(p(x), f(x)g(x)) = 1$, 导致矛盾. 即, 性质 (2) 成立.

定理 5.10 (算术基本定理)   一元多项式环 $F[x]$ 中的任何首项系数为 1 的多项式 $f(x)$ 都可以分解为一些首项系数为 1 的不可约多项式的方幂的乘积,

$$f(x) = p_1(x)^{s_1} p_2(x)^{s_2} \cdots p_r(x)^{s_r},$$

这些不可约多项式的方幂本质上是唯一的 (在可以相差一个顺序的意义下).

证明   类似于整数环情形的证明方法, 并利用上述不可约多项式的两个基本性质, 可以证明定理结论成立 (参见定理 1.25, 读者练习).

下面我们在一般的整环中讨论因式、倍式及公因式等相关问题, 给出素元及不可约元的概念与性质, 为定义唯一分解整环做准备. 在讨论过程中, 读者可以随时回到整数环 $\mathbb{Z}$ 或域 F 上的一元多项式环 $F[x]$ 的具体情形进行对照.

定义 5.11   设 R 是一个整环, $a, b, c \in R$. 若有等式 $a = bc$, 则称元素 a 是元素 b, c 的倍式, 称元素 b, c 是 a 的因式. 此时, 也称元素 b, c 整除 a, 记为 $b|a, c|a$. 元素 a, b 的公共的因式, 称为 a, b 的公因式.

称元素 $d \in R$ 是元素 a, b 的最大公因式, 如果它满足下面两个条件:

(1) $d|a, d|b$, 即 d 是 a, b 的公因式;

(2) $c|a, c|b \Rightarrow c|d$, 即 a, b 的公因式一定是 d 的因式.

练习 5.12   验证: 整环 R 中整除关系的下列基本性质:

(1) $ua|va, \forall a \in R, \forall u, v \in R^{\times}$;

(2) 对 $a, b \in R$, 若 $a|b, b|a$, 则有 $u \in R^{\times}$, 使得 $a = ub$;

(3) 对 $a, b, c \in R$, 若 $a|b, b|c$, 则 $a|c$;

(4) 对 $a, b, c \in R$, 若 $a|b, a|c$, 则 $a|(b + tc), \forall t \in R$.

注记 5.13   由上述定义 5.11 及练习 5.12 不难看出: 两个元素的最大公因式不是唯一的, 它们可以相差一个单位因子 (在整环 R 中, 相差一个单位因子的两个元素, 称为相伴的元素). 有时, 也用符号 (a, b) 表示元素 a, b 的某个最大公因式. 特别, 当 (a, b) 是整环 R 的单位时, 也称元素 a, b 是互素的.

定义 5.14 设 R 是整环, $p \in R$ 是非零、非单位的元素. 称元素 p 是 R 的不可约元, 如果它不能分解为两个非单位的元素的乘积. 也就是说, 由等式 $p = ab$ 可以推出: 元素 a, b 中至少有一个是 R 的可逆元.

称非零、非单位的元素 $p \in R$ 是整环 R 的素元, 如果它满足条件: 对任意的元素 $a, b \in R$, 由整除关系: $p|ab$, 可以推出: $p|a$ 或 $p|b$.

引理 5.15 在任意的整环 R 中, 任何素元必定是不可约元.

证明 对任意的素元 $p \in R$, 要证明: 它是整环 R 中的不可约元. 假设有分解式: $p = ab, a, b \in R$, 只要证明: a, b 中至少有一个是单位.

此时, 元素 p 整除乘积 ab. 由素元的定义条件, 必有 $p|a$ 或 $p|b$. 不妨设 $p|a$, 则有 $c \in R$, 使得等式 $a = pc$ 成立. 从而有, $p = pcb$. 两边约掉公因子 p, 得到等式 $1 = cb$. 由此推出: b 是 R 的单位. 即 p 是不可约元.

有了上述准备工作, 我们现在可以给出唯一分解整环的概念如下

定义 5.16 (唯一分解整环) 设 R 是一个整环, 称其为唯一分解整环, 如果它满足下面两个条件:

(1) R 中的任意非零元素 a 可以写成一些不可约元的乘积, 即有分解式

$$a = up_1 p_2 \cdots p_s,$$

其中元素 u 是整环 R 的单位, $p_1, p_2, \cdots, p_s$ 是 R 的不可约元, s 是非负整数;

(2) 对任意的非零元素 $a \in R$, 若有满足 (1) 中条件的两个分解式

$$a = up_1 p_2 \cdots p_s = vq_1 q_2 \cdots q_t,$$

其中元素 u, v 是 R 的单位, $p_1, p_2, \cdots, p_s, q_1, q_2, \cdots, q_t$ 是 R 的不可约元, s, t 是非负整数, 则有 $s = t$, 且适当排列下标之后, 元素 p_i 与 q_i 相伴, $1 \leqslant i \leqslant s$.

注记 5.17 关于一般整环的上述几个概念是整数环 $\mathbb{Z}$ 或域 F 上一元多项式环 $F[x]$ 中相应的具体概念的抽象化. 在整数环 $\mathbb{Z}$ 中, 素数相当于这里的不可约元或素元; 在一元多项式环 $F[x]$ 中, 不可约多项式相当于这里的不可约元或素元. 换句话说, 在整数环 $\mathbb{Z}$ 或一元多项式环 $F[x]$ 中, 不可约元与素元这两个概念是等价的. 实际上, 这两个概念的一致性正是唯一分解性的本质所在, 这就是下面的引理 5.18.

引理 5.18 设 R 是整环, 且满足定义 5.16(1)(分解式的存在性), 则 R 是唯一分解整环的充要条件为: 整环 R 中的任何不可约元也是 R 的素元.

证明 设 R 是唯一分解整环, p 是不可约元, 要证 p 是素元. 对任意 $a, b \in R$, 假设 $p|ab$, 只要证明: $p|a$ 或 $p|b$. 不妨设 $a \neq 0, b \neq 0$, 且 $ab = pc, c \in R$ (还可以假设元素 a, b 都不是单位, 请读者思考其原因), 考虑如下分解式

$$a = p_1 p_2 \cdots p_s, \quad b = q_1 q_2 \cdots q_t, \quad c = wr_1 r_2 \cdots r_u,$$

$$wpr_1r_2\cdots r_u = pc = ab = p_1p_2\cdots p_sq_1q_2\cdots q_t,$$

其中 $p_1, p_2, \cdots, p_s, q_1, q_2, \cdots, q_t, r_1, r_2, \cdots, r_u$ 是不可约元, w 是 R 的单位. 利用分解式的唯一性, p 与某个 p_i 或 q_j 相伴. 因此, p 整除 a 或整除 b.

反之, 若引理的条件满足, 现证明分解式的唯一性. 对非零元素 $a \in R$, 不妨假设 a 不是单位, 且有下列两个分解式

$$a = p_1p_2\cdots p_s = q_1q_2\cdots q_t,$$

其中 $p_1, p_2, \cdots, p_s, q_1, q_2, \cdots, q_t$ 是 R 的不可约元. 此时, p_1 整除乘积 $q_1q_2\cdots q_t$. 由于 p_1 也是素元, 它必整除其中之一. 不妨设 $p_1 | q_1, q_1 = p_1w, w \in R^{\times}$. 代入上式并约去公因子 p_1, 得到下列等式

$$p_2\cdots p_s = wq_2\cdots q_t.$$

对分解式的长度进行归纳, 有 $s - 1 = t - 1$, 从而有 $s = t$, 并且适当排列指标之后, 元素 p_i 与 q_i 相伴, $2 \leqslant i \leqslant s$. 唯一性成立 ($p_1$ 与 q_1 相伴已证).

下面给出 "欧氏整环" 的概念, 它是对整数环 $\mathbb{Z}$ 或域 F 上的一元多项式环 $F[x]$ 中的带余除法实施抽象化的结果, 它也是唯一分解整环的重要例子.

定义 5.19 (欧氏整环) 设 R 是一个整环, 称其为欧氏整环, 如果存在一个映射 $\delta: R\backslash\{0\} \to \mathbb{N}$, 并满足条件: 对任意元素 $a, b \in R$, 且 $b \neq 0$, 必存在元素对 $(q, r) \in R \times R$, 使得

$$a = qb + r, \quad \text{其中} \quad r = 0 \quad \text{或} \quad \delta(r) < \delta(b).$$

此时, 也称元素 q 为 "商", 称元素 r 为 "余式"; 上式也称为 "带余除式".

练习 5.20 验证: 整数环 $\mathbb{Z}$ 是欧氏整环, 且定义 5.19 中的映射 δ 在任何非零整数上取值为它的绝对值; 域 F 上的一元多项式环 $F[x]$ 是欧氏整环, 此时, 映射 δ 把任何非零多项式对应到它的次数.

例 5.21 (高斯整数环) 设 $\mathbb{Z}[x]$ 是整数环 $\mathbb{Z}$ 上的一元多项式环, $I = (x^2 + 1)$ 是由多项式 $x^2 + 1$ 生成的主理想, 定义商环: $\mathbb{Z}[i] = \mathbb{Z}[x]/I$, 其生成元可以取为变量 x 所在的等价类 $[x]$, 也记为 $i = [x]$. 由定义立即得到

$$\mathbb{Z}[i] = \{a + bi; a, b \in \mathbb{Z}, i^2 = -1\}.$$

根据多项式商环的定义性质, 容易验证: $a + bi = 0 \Leftrightarrow a = b = 0$. 于是, 元素 $a + bi$ 可以看成某种形式表达式, 并且交换环 $\mathbb{Z}[i]$ 是一个交换整环, 其分式域描述如下

$$\mathbb{Q}(i) = \mathbb{Q}[i] = \{r + si; r, s \in \mathbb{Q}, i^2 = -1\}.$$

为了说明整环 $\mathbb{Z}[i]$ 是一个欧氏整环, 现定义映射 δ 如下

$$\mathbb{Z}[i]\setminus\{0\} \to \mathbb{N}, \quad a + bi \mapsto a^2 + b^2,$$

它可以自然扩充为映射 $\delta\colon \mathbb{Q}(i) \to \mathbb{Q}$. 对元素 $\alpha = a+bi, \beta = c+di \in \mathbb{Z}[i]$, 且 $\beta \neq 0$, 在 $\mathbb{Q}(i)$ 中计算, 得到下列等式

$$\alpha\beta^{-1} = r + si,$$
$$r = (ac + bd)(c^2 + d^2)^{-1},$$
$$s = (bc - ad)(c^2 + d^2)^{-1},$$
$$\delta(\alpha\beta^{-1}) = \delta(\alpha)\delta(\beta)^{-1}.$$

取整数 $p, q \in \mathbb{Z}$, 使得 $|r - p| \leqslant \dfrac{1}{2}, |s - q| \leqslant \dfrac{1}{2}$, 令 $\gamma = \alpha - (p + qi)\beta$, 不妨假设元素 γ 不为零. 于是, 有下列式子

$$\delta(\gamma\beta^{-1}) = \delta((r - p) + (s - q)i) = (r - p)^2 + (s - q)^2 \leqslant \dfrac{1}{2}.$$

由此推出: $\delta(\gamma) \leqslant \dfrac{1}{2}\delta(\beta) < \delta(\beta)$, 且 $\alpha = (p + qi)\beta + \gamma$, 欧氏整环的条件满足.

练习 5.22 术语如上, 验证等式: $\delta(\alpha\beta) = \delta(\alpha)\delta(\beta), \forall \alpha, \beta \in \mathbb{Q}(i)\setminus\{0\}$.

引理 5.23 设 R 为欧氏整环, a, b 为 R 中的元素, 则 a, b 的任何最大公因式 d 都可以写成元素 a, b 的组合的形式: $d = sa + tb, s, t \in R$.

证明 不妨设元素 a, b 全不为零, 也都不是可逆元, 对非负整数 $\delta(b)$, 用数学归纳法进行证明. 当 $\delta(b) = 0$ 时, 在上述用 b 去除 a 的带余除式中, 其余式只能为零. 即, b 整除 a. 此时, 可取 $d = b$, 结论显然成立. 假设对小于 $\delta(b)$ 的情形已经成立, 考虑如下带余除式

$$a = qb + r, \quad \text{其中 } r = 0 \quad \text{或} \quad \delta(r) < \delta(b).$$

根据整除的性质 (参考练习 5.12), 不难看出: 元素 a, b 的公因式与 b, r 的公因式完全一样, d 也是 b, r 的最大公因式. 此时, $\delta(r) < \delta(b)$, 由归纳假设, 存在元素 $s, t \in R$, 使得

$$d = sb + tr = sb + t(a - qb) = ta + (s - tq)b.$$

练习 5.24 (1) 设 R 是任意整环, $p \in R$ 是不可约元, 对任意元素 $a \in R$, 必有 p 整除 a 或 p 与 a 是互素的 (参考引理 5.9);

(2) 设 R 是欧氏整环, p 是 R 中的不可约元, 则 p 是素元 (这是因为: 在欧氏整环中, 任意两个元素的最大公因式可以写成原来元素组合的形式).

注记 5.25 有了前面这些准备之后, 就可以按照整数环或域上的一元多项式环的情形进行类似的讨论, 并不难推出: 欧氏整环一定是唯一分解整环 (留作读者练习). 下面我们将给出另外一种处理方法: 把欧氏整环看成主理想整环的特例; 对主理想整环的情形, 我们验证唯一分解性成立. 从而, 对欧氏整环的情形, 唯一分解性自动成立.

引理 5.26 任何欧氏整环 R, 都是主理想整环.

证明 设 R 是欧氏整环, δ 是相应的映射, I 是 R 的非零真理想, 只要证明 I 是主理想. 取理想 I 的非零元素 b, 使得自然数 $\delta(b)$ 最小. 此时, 自然有理想的包含关系: $(b) \subset I$. 另外, 对任意元素 $a \in I$, 考虑如下带余除式

$$a = qb + r, \quad \text{其中 } r = 0 \quad \text{或} \quad \delta(r) < \delta(b).$$

利用理想的封闭性条件, 立即推出: 元素 $r \in I$. 再根据元素 b 的取法, 可以看出余式 $r = 0$. 因此, $a \in (b)$, 且 $I = (b)$.

定理 5.27 任何主理想整环 R, 都是唯一分解整环.

证明 (1) 对任意的非零元素 $a \in R$, 要证明它可以写成有限个不可约元的乘积. 不妨设 a 非单位, 且非不可约元, 从而主理想 (a) 是真理想. 此时, 必有分解式: $a = a_1 a_2$, 这里 a_1, a_2 非单位. 若它们都是不可约元, 分解式已存在; 否则, 可以假设 $a_1 = a_{11} a_{12}$, 且 a_{11}, a_{12} 都不是单位. 于是, 又有分解式

$$a = a_{11} a_{12} a_2.$$

不断重复前面的讨论, 此过程必在有限步后终止, 否则, 将得到元素 a 的无穷因子序列

$$b_1, b_2, \cdots, b_m, \cdots,$$

其中 b_{i+1} 是 b_i 的 (真) 因子 (它们是不相伴的), $i \geqslant 1$. 这时, 对应有主理想整环 R 的下列理想的严格升链

$$(b_1) \subsetneq (b_2) \subsetneq \cdots \subsetneq (b_m) \subsetneq \cdots.$$

这与引理 4.26 的结论 (2) 相矛盾 (主理想整环是 Noether-环的特例). 因此, 分解式的存在性成立.

(2) 分解式的唯一性. 根据 (1) 所得到的存在性结论, 再应用引理 5.18, 只要证明: 主理想整环 R 中的不可约元必为素元. 事实上, 对任意元素 $a, b \in R$, 理想的和 $(a) + (b)$ 是 R 的主理想, 不妨设

$$(a) + (b) = (d), \quad d \in R.$$

此时, 容易验证: 元素 d 是 a, b 的最大公因式. 由此不难说明: 练习 5.24(2) 的结论对主理想整环的情形仍然成立.

注记 5.28　定理 5.27 说明: 整数环 $\mathbb{Z}$、域 F 上的一元多项式环 $F[x]$ 及高斯整数环 $\mathbb{Z}[i]$ 等都是唯一分解整环. 下面我们将进一步说明, 域 F 上的 n-元多项式环 $F[x_1, x_2, \cdots, x_n]$ 也是唯一分解整环; 任意唯一分解整环 R 上的 n-元多项式环 $R[x_1, x_2, \cdots, x_n]$ 都是唯一分解整环. 首先给出下列引理.

命题 5.29 (高斯引理)　设 R 是唯一分解整环, 其分式域为 F, $f(x)$ 是多项式环 $R[x]$ 中的一个正次数多项式. 若 $f(x)$ 在 $F[x]$ 中有分解式

$$f(x) = g(x)h(x),$$

其中 $\partial g(x) > 0, \partial h(x) > 0$, 则它在多项式环 $R[x]$ 中也有相应的分解式

$$f(x) = (rg(x)) \cdot (sh(x)), \quad \exists r, s \in F, \quad rg(x), sh(x) \in R[x].$$

证明　多项式 $g(x), h(x)$ 的系数包含于唯一分解整环 R 的分式域 F, 从而可以取到 R 中的非零元素 $a, b, d = ab$, 使得下列式子成立

$$df(x) = g_1(x)h_1(x),$$

$$g_1(x) = ag(x), \quad h_1(x) = bh(x) \in R[x].$$

若 d 是 R 的可逆元, 则分解式 $f(x) = (d^{-1}g_1(x)) \cdot h_1(x)$ 满足命题的要求.

若 d 不是 R 的可逆元, 它可以分解为一些不可约元的乘积: $d = p_1 p_2 \cdots p_n$. 此时, 不可约元 $p_1 \in R$ 也是素元, 它生成的主理想 (p_1) 是 R 的素理想, 从而多项式环 $R/(p_1)[x]$ 也是整环. 考虑下列典范同态

$$R[x] \to R/(p_1)[x], \quad u(x) \mapsto \overline{u(x)},$$

其中 $\overline{u(x)}$ 是把多项式 $u(x)$ 的系数替换成它在商环 $R/(p_1)$ 中相应的等价类得到的多项式. 此时, 自然有 $\overline{u(x)} \in R/(p_1)[x]$.

由整除关系 $p_1 | d$, 必有等式 $\overline{df(x)} = \overline{g_1(x)h_1(x)} = 0$, 不妨假设 $\overline{g_1(x)} = 0$. 此时, $g_1(x) \in R[x]$ 的每个系数都包含因子 p_1, 在等式 $df(x) = g_1(x)h_1(x)$ 的两边同时约掉公因子 p_1, 得到下列分解式

$$p_2 \cdots p_n f(x) = g_2(x)h_2(x),$$

$$g_2(x) = a_1 g(x), \quad h_2(x) = b_1 h(x), \quad a_1, b_1 \in F.$$

不断重复上述处理过程: 取素元 p_i, 构造整环 $R/(p_i)[x]$, 定义交换环的典范同态等, 可依次约掉不可约因子 $p_2, \cdots, p_n$, 并得到如下分解式

$$f(x) = g_{n+1}(x)h_{n+1}(x),$$

$$g_{n+1}(x) = a_n g(x),$$

$$h_{n+1}(x) = b_n h(x), \quad a_n, b_n \in F.$$

最后, 令 $r = a_n, s = b_n \in F$, 则分解式 $f(x) = (rg(x)) \cdot (sh(x))$ 满足要求.

练习 5.30 设 R 是非零交换环, I 是 R 的真理想, 则有交换环的同构映射:

$$R[x]/IR[x] \to (R/I)[x], \quad \overline{f(x)} \mapsto \overline{f(x)},$$

这里 $IR[x] = I[x] = \{f(x) \in R[x]; f(x)$ 的系数含于理想 $I\}$ 是一元多项式环 $R[x]$ 的理想, $\overline{f(x)}$ 是由多项式 $f(x)$ 按照两种不同的方式诱导的元素.

推论 5.31 设 R 是唯一分解整环, F 是其分式域, $f(x) \in R[x]$ 是一个正次数多项式. 若 $f(x)$ 的系数是互素的, 则 $f(x)$ 在 $R[x]$ 中是不可约元当且仅当它在 $F[x]$ 中是不可约元.

证明 若 $f(x)$ 是 $R[x]$ 中的不可约元, 由高斯引理可知, 它也是 $F[x]$ 中的不可约元. 反之, 若 $f(x)$ 是 $F[x]$ 中的不可约元, 且在 $R[x]$ 中有非平凡的分解式

$$f(x) = g(x)h(x),$$

这里 $g(x), h(x) \in R[x]$. 由给定的条件: 多项式 $f(x)$ 的系数是互素的, 从而两个多项式 $g(x), h(x)$ 都不可能是常数. 此时, 这个分解式也是 $F[x]$ 中的一个非平凡的分解式, 这与假设矛盾.

注记 5.32 高斯引理的另一种形式: 术语如上, 设 R 上的多项式 $f(x), g(x)$ 的系数都是互素的 (此时, 也称它们为本原多项式), 则它们的乘积 $f(x)g(x)$ 也是本原多项式. 即, R 上的本原多项式的乘积还是本原多项式.

事实上, 若多项式的乘积 $f(x)g(x)$ 的系数有最大公因式 d, 且它包含不可约因子 p, 利用命题 5.29 的证明不难推出: 多项式 $f(x)$ 或 $g(x)$ 的系数必是不可约元 p 的倍式, 即 $f(x)$ 或 $g(x)$ 不是本原多项式.

定理 5.33 R 是唯一分解整环当且仅当多项式环 $R[x]$ 是唯一分解整环.

证明 设 R 是唯一分解整环, F 是其分式域, $f(x)$ 是 $R[x]$ 中的非零多项式. 令 d 为多项式 $f(x)$ 的系数的某个最大公因式, 使得 $f(x) = df_1(x), f_1(x)$ 的系数是互素的, 这种分解式是唯一的 (d 可以相差 R 中的一个单位因子). 由于元素 d 在 R 中的分解式存在且唯一, 并且整环 R 中的不可约元也是 $R[x]$ 中的不可约元, 要证明分解式的存在性, 只要对本原多项式 $f_1(x)$ 进行证明. 因此, 可以假设多项式 $f(x)$ 的系数是互素的, 并且有 $\partial f(x) > 0$.

因为 $F[x]$ 是唯一分解整环, $f(x) \in F[x]$ 可以唯一分解为不可约元的乘积

$$f(x) = p_1(x)p_2(x) \cdots p_s(x), \quad p_i(x) \in F[x], \quad 1 \leqslant i \leqslant s.$$

对正整数 s 进行归纳, 并利用高斯引理 (命题 5.29) 不难推出, 元素 $f(x)$ 在多项式环 $R[x]$ 中有如下分解式

$$f(x) = (a_1 p_1(x)) \cdot (a_2 p_2(x)) \cdot \cdots \cdot (a_s p_s(x)),$$

这里 $a_i p_i(x) \in R[x], a_i \in F, 1 \leqslant i \leqslant s$.

　　但 $f(x)$ 的系数是互素的, 由此可知: 作为多项式 $f(x)$ 的因子, $a_i p_i(x)$ 的系数也是互素的. 再利用推论 5.31, 立即得出: 因子 $a_i p_i(x)$ 是整环 $R[x]$ 中的不可约元, $1 \leqslant i \leqslant s$. 因此, 多项式 $f(x)$ 的分解式存在.

　　唯一性　设多项式 $f(x)$ 可以按照两种方式分解为不可约元的乘积

$$f(x) = a_1 a_2 \cdots a_u p_1(x) p_2(x) \cdots p_s(x)$$
$$= b_1 b_2 \cdots b_v q_1(x) q_2(x) \cdots q_t(x),$$

其中 $a_1, \cdots, a_u, \ b_1, \cdots, b_v$ 是 R 中的不可约元, $p_1(x), \cdots, p_s(x), \ q_1(x), \cdots, q_t(x)$ 是 $R[x]$ 中的不可约元, 它们都是正次数的本原多项式. 由注记 5.32 可知, 两组多项式的乘积

$$p_1(x) p_2(x) \cdots p_s(x), \quad q_1(x) q_2(x) \cdots q_t(x)$$

都是本原多项式. 由此可以假设下列等式成立

$$a_1 a_2 \cdots a_u = b_1 b_2 \cdots b_v,$$

$$p_1(x) p_2(x) \cdots p_s(x) = q_1(x) q_2(x) \cdots q_t(x).$$

再利用高斯引理, 这些多项式 $p_i(x), q_j(x)$ 在 $F[x]$ 中也是不可约元. 但 $R, F[x]$ 都是唯一分解整环, 必有 $u = v, s = t$, 且适当调整指标之后, a_i 与 b_i 在 R 中相伴, $p_i(x)$ 与 $q_i(x)$ 在 $F[x]$ 中相伴. 于是, 只要证明下列断言.

　　断言　若两个本原多项式 $p(x), q(x) \in R[x]$ 在多项式环 $F[x]$ 中是相伴的, 则它们在 $R[x]$ 中也是相伴的.

　　事实上, 当 $p(x), q(x) \in R[x]$ 在 $F[x]$ 中相伴时, 必存在非零元素 $a, b \in R$, 使得 $p(x) = \dfrac{a}{b} q(x)$, 从而有等式 $b p(x) = a q(x) \in R[x]$. 作为 $R[x]$ 中的多项式 $b p(x) = a q(x)$ 的系数的两个最大公因子, 元素 a, b 在 R 中是相伴的, 必存在可逆元 $u \in R^\times$, 使得 $a = ub$. 于是, 有 $p(x) = u q(x)$.

　　最后, 当多项式环 $R[x]$ 是唯一分解整环时, R 也是唯一分解整环: 分解式的存在性是因为 $R[x]$ 是唯一分解整环; 分解式的唯一性是因为 R 中的不可约元也是 $R[x]$ 中的不可约元, 它必是 R 中的素元.

推论 5.34 设 R 是任意交换整环, 则 R 是唯一分解整环当且仅当 R 上的 n-元多项式环 $R[x_1, x_2, \cdots, x_n]$ 是唯一分解整环.

练习 5.35 类似于高斯整数环 $\mathbb{Z}[i]$ 的构造, 定义下列交换环

$$\mathbb{Z}[\sqrt{2}] = \{a + b\sqrt{2}; a, b \in \mathbb{Z}, \sqrt{2}^2 = 2\}.$$

(1) 把上述交换环实现为某个多项式环的商环, 并说明它是整环;

(2) 给出映射 $\delta : \mathbb{Z}[\sqrt{2}] \setminus \{0\} \to \mathbb{N}$, 使得整环 $\mathbb{Z}[\sqrt{2}]$ 是一个欧氏整环.

练习 5.36 模仿练习 5.35 的做法, 定义交换整环 $\mathbb{Z}[\sqrt{-5}]$. 通过给出某个具体元素的不同分解式说明: 交换整环 $\mathbb{Z}[\sqrt{-5}]$ 不是唯一分解整环.

在本讲的最后, 我们把整环的唯一分解性质与局部化构造结合起来, 并证明下列结果: 唯一分解性在局部化过程中是不变的.

命题 5.37 设 R 是唯一分解整环, S 是 R 的乘法子集, 则局部化环 $S^{-1}R$ 也是唯一分解整环. 特别, 对 R 的任何素理想 $\mathfrak{p}$, 局部环 $R_{\mathfrak{p}}$ 是唯一分解整环.

证明 因为 R 是唯一分解整环, 它的任何局部化环都是整环. 下面将分两步进行证明: 局部化环 $S^{-1}R$ 是唯一分解整环.

(1) 整环 $S^{-1}R$ 中元素分解式的存在性 设 $\dfrac{r}{s}$ 是整环 $S^{-1}R$ 中非零、非单位的元素, 其中 $r \in R, s \in S$, 要证明: $\dfrac{r}{s}$ 可以写成一些不可约元的乘积. 不失一般性, 可以假设 $s = 1$. 把 r 写成整环 R 中不可约元的乘积

$$r = p_1 p_2 \cdots p_t.$$

于是, 有下列式子

$$\frac{r}{1} = \frac{p_1}{1} \frac{p_2}{1} \cdots \frac{p_t}{1}.$$

只要说明: 当元素 $\dfrac{p_i}{1}$ 非单位时, 它是不可约元, 不妨设指标 $i = 1$.

反证. 若有分解式: $\dfrac{p_1}{1} = \dfrac{p_{11}}{s_1} \dfrac{p_{12}}{1}, s_1 \in S, p_{11}, p_{12} \in R$, 且元素 $\dfrac{p_{11}}{s_1}, \dfrac{p_{12}}{1}$ 都不是单位, 由此得到下列等式

$$p_1 s_1 = p_{11} p_{12}.$$

但元素 p_1 是 R 中的不可约元, 它必是素元, 可以假设 $p_1 | p_{11}$, $p_{11} = p_1 q_1$, 代入上述等式, 又得到下列式子

$$\frac{p_1}{1} = \frac{p_1 q_1}{s_1} \frac{p_{12}}{1} \Rightarrow \frac{1}{1} = \frac{q_1}{s_1} \frac{p_{12}}{1},$$

这里元素 $q_1 \in R$. 由此可知: 元素 $\dfrac{p_{12}}{1}$ 是 $S^{-1}R$ 中的单位, 导致矛盾.

(2) 整环 $S^{-1}R$ 中的每个不可约元 $\dfrac{r}{s}$ 都是素元, 不妨设 $s=1$. 若有整除关系

$$\frac{r}{1}\left|\frac{r_1}{s_1}\frac{r_2}{1}, \quad s_1\in S, \quad r_1,r_2\in R,\right.$$

把元素 r 写成整环 R 中不可约元的乘积: $r=p_1p_2\cdots p_m$, 从而有

$$\frac{r}{1}=\frac{p_1}{1}\frac{p_2}{1}\cdots\frac{p_m}{1}.$$

此时, 不可约元 $\dfrac{r}{1}$ 必相伴于某个因子 $\dfrac{p_i}{1}$, 不妨设指标 $i=1$. 于是, 可以直接假设元素 r 是整环 R 中的不可约元.

根据上述整除关系, 必存在 $r_3,s_3\in R$, 使得 $\dfrac{r_1}{s_1}\dfrac{r_2}{1}=\dfrac{r}{1}\dfrac{r_3}{s_3}$, 由此不难推出

$$rr_3s_1=r_1r_2s_3\Rightarrow r|r_1r_2s_3.$$

但 $\dfrac{r}{1}$ 非单位, 且 r 是 R 中的素元, 必有 $r|r_1$ 或 $r|r_2$. 因此, 元素 $\dfrac{r}{1}$ 整除 $\dfrac{r_1}{s_1}$ 或 $\dfrac{r_2}{1}$.

注记 5.38　通过前面的讨论, 我们已经有了一些基本方法用于构造唯一分解整环, 比如, 多项式扩环法与局部化方法等. 值得注意的是: 一般来说, 唯一分解整环的子环与商环并不是唯一分解整环. 比如, 练习 5.36 给出的交换整环 $\mathbb{Z}[\sqrt{-5}]$ 不是唯一分解整环, 但它可以看成其分式域 F 的子环, 它也是一元多项式环 $\mathbb{Z}[x]$ 的商环, 尽管 F 与 $\mathbb{Z}[x]$ 都是唯一分解整环.

第 6 讲　模的概念与基本性质

　　交换环的子环与理想是研究交换环结构的基本概念与工具. 比如, 我们在前面曾经考虑过这类问题: 在同构的意义下, 一个交换环 R 何时包含着整数子环 $\mathbb{Z}$? 何时包含着某个剩余类子环 $\mathbb{Z}/(m)$? 另外, 也给出了多项式子环与扩环的概念, 并由此导出了交换环上的多元多项式环的形式化定义. 关于理想的讨论使我们可以构造商环, 并有相应的同态基本定理, 等等.

　　本讲从另一个角度考虑子环与理想的问题: 一个交换环的子环可以自然地作用在整个交换环上; 交换环也可以自然地作用在它的任何理想上. 如果把这两种作用抽象化, 将得到又一个抽象代数学的基本概念: 交换环上的模. 模的概念不仅仅和交换环的子环与理想密切相关, 它还可以看成一些其他相关的代数学概念的一般形式. 实际上, 它包含着两个基本且典型的具体例子: 域上的向量空间与可换群 (整数环上的模).

　　下面首先解释刚才提到的两个作用的含义: 子环在整个交换环上的作用与交换环在其理想上的作用; 其次给出交换环的模的定义, 模仿交换环的性质的类似讨论, 推导模的一些简单性质 (包括商模及同态基本定理等); 最后研究一类重要的模结构: Noether-模 (满足某种有限性条件的模).

　　注记 6.1　设 R, S 是两个交换环, R 是 S 的子环, 从而 S 可以看成 R 的扩环. 交换环 S 关于其加法运算是一个可换群, 其乘法运算诱导了子环 R 在可换群 S 上的如下二元作用映射

$$\sigma : R \times S \to S, \quad (r, x) \mapsto \sigma(r, x) = r \cdot x = rx,$$

这里 $r \cdot x = rx$ 是交换环 S 中元素 r 与 x 的乘积. 根据交换环 S 中加法与乘法所满足的运算规则, 可以验证下列等式:

　　(1) $1 \cdot x = x$;

　　(2) $(r_1 r_2) \cdot x = r_1 \cdot (r_2 \cdot x)$;

　　(3) $r \cdot (x_1 + x_2) = r \cdot x_1 + r \cdot x_2$;

　　(4) $(r_1 + r_2) \cdot x = r_1 \cdot x + r_2 \cdot x$,

其中元素 $r, r_1, r_2 \in R, x, x_1, x_2 \in S$, 1 是交换环 R 或 S 的单位元. 此时, 称子环 R 作用在可换群 S 上, 也称可换群 S 是交换环 R 上的模.

注记 6.2　设 I 是交换环 R 的理想, 把它看成可换群, 并定义如下二元映射

$$\tau : R \times I \to I, \ (r,x) \mapsto \tau(r,x) = r \cdot x = rx,$$

其中 $r \in R, x \in I$. 按照注记 6.1 中的类似讨论方法, 可以验证: 映射 τ 满足同样的上述四条作用规则. 此时, 称交换环 R 作用在可换群 I 上, 也称可换群 I 是交换环 R 上的模.

受上述讨论的启发, 现在我们可以抽象出交换环 R 上的模的概念如下.

定义 6.3　设 R 是交换环, M 是 (加法) 可换群. 若有集合之间的映射

$$\sigma : R \times M \to M, \quad (r,x) \mapsto \sigma(r,x) = r \cdot x,$$

且满足下列四个条件, 则称交换环 R 作用在可换群 M 上, 也称可换群 M 是交换环 R 上的一个模, 简称为 R-模.

(1) $1 \cdot x = x$;

(2) $(r_1 r_2) \cdot x = r_1 \cdot (r_2 \cdot x)$;

(3) $r \cdot (x_1 + x_2) = r \cdot x_1 + r \cdot x_2$;

(4) $(r_1 + r_2) \cdot x = r_1 \cdot x + r_2 \cdot x$,

其中元素 $r, r_1, r_2 \in R$, $x, x_1, x_2 \in M$, 1 是交换环 R 的单位元. 符号 $r \cdot x$ 也简写为形式: rx, 通常说成交换环 R 的元素 r 作用在可换群 M 的元素 x 上.

练习 6.4　术语如上, 在任意 R-模 M 中, 验证作用或运算的下列性质:

$$r0 = 0, \quad 0x = 0, \quad r(-x) = (-r)x = -rx, \quad \forall r \in R, \ \forall x \in M.$$

定义 6.5 (模的同态与同构)　设 R 是交换环, M, N 是两个 R-模, 并有集合之间的映射 $f : M \to N$. 称映射 f 是 R-模的同态, 如果它保持模的两个运算. 即, 下列等式成立

$$f(x + y) = f(x) + f(y),$$

$$f(rx) = rf(x), \quad \forall x, y \in M, \quad \forall r \in R.$$

进一步, 当同态 f 是单射时, 称其为单同态; 当同态 f 是满射时, 称其为满同态; 当 f 是双射时, 称其为模的同构映射. 两个 R-模是同构的或等价的, 如果它们之间至少存在一个同构映射. 一个 R-模 M 到其自身的模同态, 称为一个自同态, R-模 M 的自同态的全体记为 $\mathrm{End}_R M$ 或 $\mathrm{End} M$.

练习 6.6　证明: 任何 R-模的同态均保持零元素, 也保持减法运算.

定义 6.7 (模的子模)　设 R 是交换环, M 是一个 R-模, N 是 M 的非空子集. 称子集 N 是 R-模 M 的子模, 如果它满足下列条件

$$x, y \in N \Rightarrow x + y \in N;$$

$$a \in R, x \in N \Rightarrow ax \in N.$$

换句话说, R-模 M 的子模 N 是指: 关于加法运算及作用封闭的非空子集.

例 6.8 设 $R = \mathbb{Z}$ 是整数环, 则任何 R-模 M 相当于一个可换群, 其中整数环 $\mathbb{Z}$ 的作用由可换群 M 的加法运算所诱导

$$nx = x + x + \cdots + x \ (n \text{ 个元素 } x \text{ 之和}), \quad n > 0;$$

$$nx = -((-n)x), \ n < 0; \quad 0x = 0,$$

其中元素 $x \in M, n \in \mathbb{Z}$ 是整数. 由定义可以验证: 这个 "自然" 的作用满足 R-模的四个条件, 使得可换群 M 成为一个 R-模. 比如, 关于乘法与作用的结合律的验证, 具体说明如下: 对 $m > 0, n > 0$, 有

$$(mn)x = x + x + \cdots + x \ (mn \text{ 个元素 } x \text{ 之和}),$$

$$m(nx) = nx + nx + \cdots + nx \ (m \text{ 个元素 } nx \text{ 之和})$$

$$= (x + x + \cdots + x) \ (n \text{ 个元素 } x \text{ 之和})$$

$$+ (x + x + \cdots + x) \ (n \text{ 个元素 } x \text{ 之和})$$

$$+ \cdots$$

$$+ (x + x + \cdots + x) \ (n \text{ 个元素 } x \text{ 之和})$$

$$= x + x + \cdots + x \ (mn \text{ 个元素 } x \text{ 之和}).$$

当 $m < 0, n < 0$ 或者 $m > 0, n < 0$ 或者 $m < 0, n > 0$ 时, 通过其他已成立的规则, 并利用上面讨论的情形, 可以得到下列所要求的式子

$$(mn)x = ((-m)(-n))x = (-m)((-n)x) = -m(-nx) = m(nx),$$

$$(mn)x = (-(m(-n)))x = -(m(-n))x = -m(-n)x = m(nx),$$

$$(mn)x = (-(-m)n)x = -((-m)n)x = -(-m)(nx) = m(nx).$$

反之, 由定义可知: 任何 R-模 M 都自动带有一个可换群结构.

练习 6.9 设 M, N 是两个可换群, 证明: 映射 $f : M \to N$ 是 $\mathbb{Z}$-模的同态当且仅当它保持加法运算: $f(x+y) = f(x) + f(y), \forall x, y \in M$ (可换群之间的这种保持其加法运算的映射, 也称为一个可换群的同态).

练习 6.10 设 M 是任意可换群, N 是 M 的非空子集, 证明: N 是 M 作为 $\mathbb{Z}$-模的子模 $\Leftrightarrow$ 对任意元素 $x, y \in N$, 必有 $x - y \in N$ (此时, 也称 N 是可换群 M 的子群. 即, 可换群的子群是指: 对减法运算封闭的非空子集).

例 6.11　设 R 是任意交换环, 作为可换群 R 本身也可以看成一个 R-模, 其作用由交换环的乘法运算所诱导: $r \cdot x = rx, \forall r, x \in R$, 这个作用方式实际上是注记 6.1(2) 中作用的特殊情形. 此时, 也称 R 为正则的 R-模.

练习 6.12　设 R 是任意交换环, I 是 R 的非空子集. 证明: I 是交换环 R 的理想当且仅当它是正则 R-模 R 的子模.

例 6.13 (向量空间与线性映射)　设 $R = F$ 是一个域, 称 F-模 V 是域 F 上的一个向量空间; 称 F-模 V 的子模为向量空间 V 的一个子空间; 称 F-模之间的同态为一个线性映射; 称向量空间 V 到其自身的线性映射为一个线性变换, 向量空间 V 的所有线性变换构成的集合记为 $\mathrm{End}V$.

注记 6.14　向量空间与线性映射也是代数学中最基本的概念之一, 关于它们的系统讨论属于线性代数学研究的范畴 (参见文献 [4-5] 等), 本书不作详细的阐述. 后面将结合交换环上的有限秩自由模的讨论, 对涉及向量空间与线性映射的某些初等概念作进一步的说明.

引理 6.15　设 R 是交换环, M, N 是两个 R-模, 映射 $f: M \to N$ 是 R-模之间的同态, 构造 M, N 的下列子集

$$\mathrm{Ker}f = \{x \in M; f(x) = 0\} \subset M,$$

$$\mathrm{Im}f = \{f(x) \in N; x \in M\} \subset N,$$

则子集 $\mathrm{Ker}f$ 是 R-模 M 的子模, 称其为同态 f 的核; 子集 $\mathrm{Im}f$ 是 R-模 N 的子模, 称其为同态 f 的像.

证明　由模同态的定义不难验证 (参考引理 2.16 及其证明): 任何模同态必定把模的零元素对应到零元素. 于是, $\mathrm{Ker}f$ 与 $\mathrm{Im}f$ 都包含零元素, 从而它们都是非空子集. 再根据模同态的保持加法与作用的条件, 推出: $\mathrm{Ker}f$ 与 $\mathrm{Im}f$ 都满足子模的封闭性要求.

比如, 同态的核 $\mathrm{Ker}f$ 关于加法运算封闭性的验证, 具体说明如下

$$x, y \in \mathrm{Ker}f \Rightarrow f(x + y) = f(x) + f(y) = 0 \Rightarrow x + y \in \mathrm{Ker}f.$$

定义 6.16 (商模的构造)　设 R 是任意交换环, M 是一个 R-模, N 是 M 的任意子模. 定义集合 M 上的二元关系 $\sim$ 如下

$$x \sim y \Leftrightarrow x - y \in N, \ \forall x, y \in M.$$

根据等价关系的定义, 不难直接验证: $\sim$ 是集合 M 上的一个等价关系, 从而有下列商集

$$M/N = M/\sim = \{[x]; \ x \in M\},$$

其元素为集合 M 中的元素所在的等价类.

按照通常的方式 (参考定义 2.21), 定义集合 M/N 上的加法运算, 以及交换环 R 在 M/N 上的作用如下

$$[x] + [y] = [x + y], \quad r[x] = [rx], \quad \forall x, y \in M, \forall r \in R.$$

可以验证: 上述两个运算定义合理; 商集 M/N 关于这两个运算是一个 R-模, 称其为模 M 关于它的子模 N 的商模.

练习 6.17 验证上述定义 6.16 中的二元关系是一个等价关系; 说明商集中的加法与作用运算的合理性, 并且满足模的所有运算规则.

引理 6.18 术语如上, 定义映射 $\pi : M \to M/N, x \mapsto [x]$. 即, 映射 π 把一个元素对应到它所在的等价类, 称其为 R-模 M 到其商模 M/N 的典范映射. 典范映射 π 是 R 模的满同态.

证明 由定义不难直接验证, 留作读者练习.

定理 6.19 (同态基本定理) 设 $f : M_1 \to M_2$ 是两个 R-模 M_1, M_2 之间的同态, N 是模 M_1 的子模, 且有 $N \subset \mathrm{Ker} f$, 则有唯一的模同态 $\tilde{f} : M_1/N \to M_2$, 使得 $\tilde{f}\pi = f$, 这里 $\pi : M_1 \to M_1/N$ 是典范同态.

特别, 当子模 $N = \mathrm{Ker} f$ 时, 同态 $\tilde{f}$ 是单同态; 当同态 f 是满射时, $\tilde{f}$ 是满同态. 因此, 总有 R-模的同构: $M_1/\mathrm{Ker} f \simeq \mathrm{Im} f$.

证明 考虑 R-模 M_1 关于其子模 N 的商模, 并定义下列映射

$$\tilde{f} : M_1/N \to M_2, \quad [x] \mapsto f(x).$$

若 $[x] = [y] \in M_1/N$, 由等价关系 $\sim$ 的定义, 必有 $x - y \in N \subset \mathrm{Ker} f$. 从而有等式: $f(x) = f(y)$. 即, 映射 $\tilde{f}$ 的定义是合理的. 由于映射 $\tilde{f}$ 是由模同态 f 诱导的映射, 它自然也保持加法与作用运算

$$\tilde{f}([x] + [y]) = \tilde{f}([x + y]) = f(x + y)$$
$$= f(x) + f(y) = \tilde{f}([x]) + \tilde{f}([y]),$$

$$\tilde{f}(r[x]) = \tilde{f}([rx]) = f(rx) = rf(x) = r\tilde{f}([x]),$$

这里元素 $x, y \in M, r \in R$. 于是, 映射 $\tilde{f}$ 是一个 R-模的同态. 另外, 由定义直接得到等式: $\tilde{f}\pi = f$. 唯一性是显然的; 其他结论也成立.

注记 6.20 (子模的运算) 设 R 是交换环, M 是一个 R-模, N_1, N_2 是 M 的任意子模, 定义它们的和与交如下

$$N_1 + N_2 = \{x_1 + x_2; \ x_1 \in N_1, x_2 \in N_2\},$$

$$N_1 \cap N_2 = \{x \in M;\ x \in N_1, x \in N_2\}.$$

特别, 若 $N_1 + N_2$ 中的每个元素的分解式是唯一的, 则称 $N_1 + N_2$ 为子模的直和, 也记为 $N_1 \oplus N_2$. 类似地, 可以定义任意多个子模的和、直和与交. 比如, 对 R-模 M 的一些子模 $N_i (i \in I)$, 定义它们的和为

$$\sum_{i \in I} N_i = \left\{ \sum_{i \in I} x_i;\, x_i \in N_i, \text{且只有有限个指标对应非零元素} \right\}.$$

引理 6.21　设 R 是任意的交换环, M 是给定的 R-模, 则 M 的任意多个子模的交与和还是 M 的子模.

证明　由定义不难直接验证, 留作读者练习.

命题 6.22　术语如上, 设 N_1, N_2 是 R-模 M 的子模, 则有 R-模的典范同构

$$\tilde{\theta} : N_1/(N_1 \cap N_2) \to (N_1 + N_2)/N_2,$$

$$[x_1] \mapsto [x_1],$$

这里元素 $x_1 \in N_1$, 等价类 $[x_1]$ 同时表示两个商模中对应的元素.

证明　容易看出: $N_1 \cap N_2$ 是 N_1 的子模, N_2 是 $N_1 + N_2$ 的子模, 从而有相应的商模. 定义映射 $\theta : N_1 \to (N_1 + N_2)/N_2, x_1 \to [x_1]$. 不难验证: 这是 R-模的满同态, 且 $\mathrm{Ker}\theta = N_1 \cap N_2$. 由同态基本定理, 必有 R-模的同构

$$\tilde{\theta} : N_1/(N_1 \cap N_2) \to (N_1 + N_2)/N_2,$$

$$[x_1] \mapsto [x_1].$$

命题 6.23　设 R 是交换环, M 是一个 R-模, N 是 M 的子模, 则商模 M/N 的子模构成的集合 B 与 M 的包含 N 的子模构成的集合 A 之间有 1-1 对应. 特别, 商模 M/N 的子模形如: L/N, 这里 L 是 M 的包含 N 的子模.

证明　类似于引理 2.25 的证明, 也可以参考文献 [2] 中的证明: 这里从略.

在同一个可换群 M 上能否定义不同交换环的作用呢? 答案是肯定的. 下面将讨论两种特殊情形: 给定 R-模 M, 定义 R 的子环在 M 上的限制作用, 还定义某种商环在 M 上的诱导作用, 这就是下面的引理 6.24 与引理 6.26.

引理 6.24　设 $f : S \to R$ 是非零交换环的同态, M 是一个 R-模, 则在可换群 M 上存在唯一的 S-模结构, 使得 $s \cdot x = f(s) \cdot x$, $\forall s \in S$, $\forall x \in M$.

特别, 当 S 是交换环 R 的子环时, 任何 R-模 M 都可以看成是 S 上的模, 其作用为 R 的作用在子环 S 上的限制.

证明　只需验证 S-模定义中的四个作用相容性条件, 具体说明如下:

(1) $1 \cdot x = f(1) \cdot x = 1 \cdot x = x$;

(2) $(s_1 s_2) \cdot x = f(s_1 s_2) \cdot x = (f(s_1) f(s_2)) \cdot x = s_1 \cdot (s_2 \cdot x)$;

(3) $s \cdot (x_1 + x_2) = f(s) \cdot (x_1 + x_2) = f(s) \cdot x_1 + f(s) \cdot x_2 = s \cdot x_1 + s \cdot x_2$;

(4) $(s_1 + s_2) \cdot x = f(s_1 + s_2) \cdot x = f(s_1) \cdot x + f(s_2) \cdot x = s_1 \cdot x + s_2 \cdot x$,

这里元素 $s, s_1, s_2 \in S, x, x_1, x_2 \in M$, 1 是交换环 S 或 R 的单位元. 在上述推导过程中, 我们用到交换环同态 f 及 R-模 M 的定义条件.

引理 6.25 设 R 是给定的交换环, M 是一个 R-模, 定义 R 的子集

$$J = \{r \in R;\ r \cdot x = 0,\ \forall x \in M\},$$

则 J 是交换环 R 的理想, 称其为 R-模 M 的零化理想, 通常记为 $\mathrm{Ann}(M)$.

证明 由练习 6.4 可知, $0 \in J$, 从而 J 是 R 的非空子集. 容易验证: 子集 J 也满足理想定义中的两个封闭性条件. 因此, J 是 R 的理想.

引理 6.26 设 I 是交换环 R 的理想, M 是一个 R-模, 并且满足条件: 理想 I 平凡作用在 M 上 (也称 I 零化 M), 或等价地: $I \subset \mathrm{Ann}(M)$, 则在可换群 M 上存在唯一的 R/I-模结构, 其作用方式由下式 (自然) 给出

$$[r] \cdot x = r \cdot x, \quad \forall r \in R,\ \forall x \in M.$$

特别, 如果零化理想 $I = \mathrm{Ann}(M)$ 是交换环 R 的一个极大理想, 那么相应的商环 R/I 构成域. 此时, R-模 M 可以看成域 R/I 上的一个向量空间.

证明 定义商环 R/I 在可换群 M 上的 "典范作用" 映射如下

$$R/I \times M \to M, \quad ([r], x) \to [r]x = rx.$$

若 $r_1, r_2 \in R$, 使得 $[r_1] = [r_2]$, 则有 $r_1 - r_2 \in I$, 必有 $r_1 x = r_2 x, \forall x \in M$. 于是, 上述作用映射与代表元的具体选取无关, 作用的定义是合理的. 下面只需要验证: R/I-模定义中的四个作用相容性条件成立. 事实上, 有

(1) $[1] \cdot x = 1 \cdot x = x$;

(2) $([r_1][r_2]) \cdot x = ([r_1 r_2]) \cdot x = (r_1 r_2) \cdot x = [r_1] \cdot ([r_2] \cdot x)$;

(3) $[r] \cdot (x_1 + x_2) = r \cdot (x_1 + x_2) = r \cdot x_1 + r \cdot x_2 = [r] \cdot x_1 + [r] \cdot x_2$;

(4) $([r_1] + [r_2]) \cdot x = ([r_1 + r_2]) \cdot x = (r_1 + r_2) \cdot x = [r_1] \cdot x + [r_2] \cdot x$,

这里元素 $r, r_1, r_2 \in R, x, x_1, x_2 \in M$, $[1]$ 是交换环 R 的单位元 1 的等价类. 在上述推导过程中, 我们用到等价类的运算及 R-模 M 的定义条件.

定义 6.27 设 R 是给定的交换环, M 是一个 R-模, S 是 M 的子集. 由 S 生成的子模是指: R-模 M 的所有包含 S 的子模的交, 记为 (S).

当 $S = \{x_1, x_2, \cdots, x_n\}$ 为 M 的有限子集时, 由 S 生成的子模也记为

$$(S) = (x_1, x_2, \cdots, x_n).$$

当 $S=\{x\}$ 是单点集时, 称 (x) 是由元素 x 生成的 M 的循环子模.

当 $M=(S)$ 时, 称子集 S 是 R-模 M 的生成元集. 特别, 若 R-模 M 存在有限生成元集 S, 则称 R-模 M 是有限生成的. 若存在元素 x, 使得 $M=(x)$, 则称 M 是一个循环 R-模.

引理 6.28　设 R 是给定的交换环, M 是一个 R-模, S 是 M 的子集. 由 S 生成的子模 (S) 的一般元素可以写成下列形式

$$y=r_1x_1+r_2x_2+\cdots+r_mx_m,$$

其中元素 $r_i\in R, x_i\in S, 1\leqslant i\leqslant m, m\geqslant 1$. 特别, 当 $S=\{x_1,x_2,\cdots,x_n\}$ 为有限集时, $(S)=Rx_1+Rx_2+\cdots+Rx_n$, 其中 $Rx_i=\{rx_i; r\in R\}=(x_i)$, 从而又有等式: $(S)=(x_1)+(x_2)+\cdots+(x_n)$.

证明　用 N 表示由所有上述形式的元素 y 构成的 M 的子集, 它关于模的加法运算封闭, 关于交换环 R 的作用封闭, 从而它是 M 的子模, 且包含子集 S.

另一方面, 若 L 是包含子集 S 的子模, 根据定义它对加法运算封闭, 对 R 的作用封闭, 它必包含所有上述形式的元素 y. 由此推出: 它包含子模 N.

综上所述, N 是包含子集 S 的 M 的最小子模, 它必是由子集 S 生成的子模.

定义 6.29　设 R 是给定的交换环, M 是一个 R-模. 若 M 的任何子模都是有限生成的, 则称 R-模 M 是一个 Noether-模.

由此可知, Noether-模可以看成 Noether-环的某种推广: 任何 Noether-环作为它本身的 (正则) 模都是一个 Noether-模.

练习 6.30　设 R 是给定的交换环, M 是一个 R-模, 则下列条件是等价的:

(1) M 的任何子模都是有限生成的, 即 M 是一个 Noether-模;

(2) M 的任何子模的升链都是稳定的 (其含义类似于引理 4.26(2));

(3) M 的任何子模的非空集合必含有极大元 (子集包含关系的意义下).

为了研究 Noether-模的一些基本性质, 需要引入 R-模的直和的概念.

定义 6.31　设 R 是交换环, $M_1,M_2,\cdots,M_n$ 是 R-模, 构造如下集合

$$M_1\oplus M_2\oplus\cdots\oplus M_n=\{x_1+x_2+\cdots+x_n; x_i\in M_i, 1\leqslant i\leqslant n\},$$

其中元素 $x_1+x_2+\cdots+x_n$ 是 "形式表达式": 两个形式表达式相等是指它们看起来就是同一个元素. 即, 如果还有 $y_i\in M_i, 1\leqslant i\leqslant n$, 那么

$$x_1+x_2+\cdots+x_n=y_1+y_2+\cdots+y_n$$

$$\Leftrightarrow x_i=y_i,\quad 1\leqslant i\leqslant n.$$

为了给出集合 $M_1 \oplus M_2 \oplus \cdots \oplus M_n$ 上的 R-模结构, 我们按照自然的方式定义其加法运算以及环 R 的作用如下

$$(x_1 + x_2 + \cdots + x_n) + (y_1 + y_2 + \cdots + y_n)$$

$$= (x_1 + y_1) + (x_2 + y_2) + \cdots + (x_n + y_n),$$

$$r(x_1 + x_2 + \cdots + x_n)$$

$$= (rx_1) + (rx_2) + \cdots + (rx_n),$$

其中元素 $x_i, y_i \in M_i, 1 \leqslant i \leqslant n, r \in R$. 不难验证: $M_1 \oplus M_2 \oplus \cdots \oplus M_n$ 关于上述运算满足 R-模定义的条件, 从而它是一个 R-模, 称其为 R-模 $M_1, M_2, \cdots, M_n$ 的直和. 此时, R-模 M_i 可以自然看成直和 $M_1 \oplus M_2 \oplus \cdots \oplus M_n$ 的一个子模, 这是因为有下列 R-模的单射同态

$$M_i \to M_1 \oplus M_2 \oplus \cdots \oplus M_n, \quad x_i \mapsto x_i.$$

前面主要给出了 R-模的一些简单性质与基本研究方法, 我们需要一个非平凡的具体 R-模的实例, 下面的构造是典范的.

例 6.32 设 R 是交换环, R 本身看成正则的 R-模. 令 $R^n = R \oplus R \oplus \cdots \oplus R$ 是模的 n 次直和, 它也是一个 R-模, 还是有限生成的. 在许多场合, R-模 R^n 的元素写成下列向量的形式是方便的

$$(r_1, r_2, \cdots, r_n), \quad r_i \in R, \quad 1 \leqslant i \leqslant n.$$

练习 6.33 设 R 是任意交换环, M, N 是两个 R-模, $f : M \to N$ 是 R-模的满同态. 证明: 若 M 是有限生成的 R-模, 则 N 也是有限生成的 R-模.

引理 6.34 关于交换环 R 的 Noether-模的一些基本性质:

(1) Noether-模的任何子模与商模, 还是 Noether-模;

(2) 若 M 的子模 N 及相应商模 M/N 都是 Noether-模, 则 M 也是 Noether-模;

(3) 两个 Noether-模的直和, 还是 Noether-模;

(4) 若 R 是 Noether-环, 则任何有限生成的 R-模, 都是 Noether-模.

证明 (1) 易知, 模 M 的子模 N 的子模, 也是 M 的子模, 且商模 M/N 的子模与 M 的包含 N 的子模有双射对应关系 (见命题 6.23). 再应用前面练习 6.33 的结果, 不难推出: 所需的结论成立.

(2) 对 M 的任意子模 L, 子模 $N \cap L$ 与商模 $L/(N \cap L) \simeq (L + N)/N$ 都是有限生成的, 分别取它们的有限生成元的集合

$$x_1, \cdots, x_r \in L \cap N, \quad [y_1], \cdots, [y_s] \in L/(N \cap L).$$

对任意元素 $y \in L$, 有 $[y] = a_1[y_1] + \cdots + a_s[y_s] \in L/(N \cap L)$, $a_i \in R$, $1 \leqslant i \leqslant s$. 从而有下列等式

$$y - (a_1y_1 + \cdots + a_sy_s) = b_1x_1 + \cdots + b_rx_r,$$

$$y = a_1y_1 + \cdots + a_sy_s + b_1x_1 + \cdots + b_rx_r,$$

其中元素 $b_i \in R, 1 \leqslant i \leqslant r$. 因此, $x_1, \cdots, x_r, y_1, \cdots, y_s$ 构成子模 L 的有限生成元集, 从而子模 L 是有限生成的.

(3) 设 M, N 是 Noether-模, 构造它们的直和 $M \oplus N$, 并考虑下列典范映射

$$p : M \oplus N \to N, \ x + y \mapsto y, \ x \in M, y \in N.$$

根据 R-模直和的定义, 容易看出: 映射 p 是 R-模的满同态. 另外, 由定义不难验证: $\mathrm{Ker}\, p = M$. 利用同态基本定理, 必有 R-模的同构

$$(M \oplus N)/M \simeq N,$$

从而可以应用 (2) 中的结论推出: R-模的直和 $M \oplus N$ 也是 Noether-模.

(4) 根据 R-模直和的定义, 模 R^n 有典范生成元集 $e_1, e_2, \cdots, e_n$, 这里 e_i 表示第 i 个分量为 1, 其他分量为 0 的向量, 从而任何元素都可以写成如下形式

$$r_1e_1 + r_2e_2 + \cdots + r_ne_n, \quad r_i \in R, \ 1 \leqslant i \leqslant n.$$

设 M 是给定的有限生成的 R-模, 不妨设它有生成元集 $x_1, x_2, \cdots, x_n$, 由此定义如下映射

$$f : R^n \to M,$$

$$f(r_1e_1 + \cdots + r_ne_n) = r_1x_1 + \cdots + r_nx_n,$$

其中系数 $r_i \in R, 1 \leqslant i \leqslant n$. 容易验证: 映射 f 是 R-模的满同态. 利用同态基本定理可以推出: 模 M 同构于 R^n 的商模. 但 R 是 Noether-环, 正则模 R 必为 Noether-模, 从而 R^n 是 Noether-模, M 也是 Noether-模.

定理 6.35 (Nakayama 引理) 设 R 是交换环, M 是有限生成的 R-模, I 是交换环 R 的理想, 它包含于大根 $j(R)$ (R 的所有极大理想的交, 见定义 4.36), 且满足条件: $IM = M$, 则 $M = 0$ (这里 IM 是 M 的子集, 它由形如

$$a_1x_1 + a_2x_2 + \cdots + a_nx_n$$

的元素构成, 其中元素 $a_i \in I$, $x_i \in M$, $1 \leqslant i \leqslant n$, $n \geqslant 1$).

证明   反证. 假设 $M \neq 0$. 由条件 R-模 M 是有限生成的, 可以取到极小生成元集 $x_1, x_2, \cdots, x_n \in M$. 利用等式 $IM = M$, 得到下列方程

$$x_n = a_1 x_1 + a_2 x_2 + \cdots + a_n x_n,$$

其中 $a_i \in I \subset j(R), 1 \leqslant i \leqslant n$. 从而, 有下列等式

$$(1 - a_n) x_n = a_1 x_1 + a_2 x_2 + \cdots + a_{n-1} x_{n-1}.$$

利用引理 4.37 的结论, 元素 $1 - a_n$ 是 R 的可逆元. 因此, $x_n \in \sum_{i=1}^{n-1} R x_i$, 这与极小生成元 $x_1, x_2, \cdots, x_n$ 的选取相矛盾.

推论 6.36   术语如上. 若 N 是 R-模 M 的子模, I 是包含于 $j(R)$ 的交换环 R 的理想, 并且满足条件: $M = N + IM$, 则有 $M = N$.

证明   利用等式 $M/N = I(M/N)$ 及定理 6.35 不难看出: 推论结论成立.

练习 6.37   设 R 是任意的交换环, M, N 是两个 R-模, 用 $\text{Hom}_R(M, N)$ 表示由 R-模 M 到 N 的所有 R-模同态构成的集合, 试定义集合 $\text{Hom}_R(M, N)$ 上的加法运算以及 R 在其上的作用, 使其成为一个 R-模.

提示   按照下列自然的方式定义加法与作用运算, 并验证所需的条件:

$$(f + g)(x) = f(x) + g(x), \quad \forall f, g \in \text{Hom}_R(M, N), \quad \forall x \in M,$$

$$(rf)(x) = rf(x) = f(rx), \quad \forall f \in \text{Hom}_R(M, N), \forall x \in M, \forall r \in R.$$

例 6.38   设 $R[x_1, x_2, \cdots, x_n]$ 是交换环 R 上的 n-元多项式环, 它包含 R 作为其子环, 从而它可以看成一个 R-模. 作为 R-模, 它不是有限生成的 (任意有限个多项式的次数是有界的). 容易验证: 下列单项式的 (无限) 子集是它的一组生成元集, 也称其为标准生成元集

$$x_1^{i_1} x_2^{i_2} \cdots x_n^{i_n}, \ i_1, i_2, \cdots, i_n \in \mathbb{N}.$$

注记 6.39   在例 6.38 中, 所有上述形式的单项式构成的标准生成元集是 "线性无关" 的: 它们的 R-线性组合为零当且仅当所有的系数全为零. 此时, 也称它们构成 R-模 $R[x_1, x_2, \cdots, x_n]$ 的一组基, 而这种存在基的 R-模, 也称为自由 R-模. 关于线性无关性、R-模的基、自由模等概念的严格定义, 以及一些相关问题的研究, 正是下一讲要介绍的内容.

第 7 讲　自由模及其自同态环

在注记 6.39 中, 我们曾经提到 "线性无关" 一词. 通俗来讲, 线性无关是指不存在线性关系, 要判定某些元素之间是否存在线性关系, 必然要涉及相应的运算, 因为线性关系正是由加法与作用这两个运算所定义的. 比如, 在交换环上的模中定义元素之间的线性关系, 要用到可换群的加法运算以及交换环在可换群上的作用, 把这两个运算有限次施加到有限个元素上去, 产生的合理表达式为一个线性组合式; 当存在不全为零的系数, 使某些元素的线性组合式为零时, 这些元素之间有线性关系.

交换环上模的线性无关子集和自由变元是同义词, 尤其是在考虑赋值映射的情形下, 这种想法的严格表述导致下列自由模概念的出现.

定义 7.1 (自由模)　设 R 是交换环, X 是任意的非空集合, $R(X)$ 是相应的 R-模, 且满足下列泛性质 (1)—(2), 则称 $R(X)$ 为集合 X 上的自由 R-模 (或由自由变元集合 X 生成的自由 R-模).

(1) X 是 $R(X)$ 的子集;

(2) 对任意的 R-模 M 及任意的集合映射 $\varphi : X \to M$, 必存在唯一的 R-模的同态 $\tilde{\varphi} : R(X) \to M$, 使得 $\tilde{\varphi}(x) = \varphi(x), \forall x \in X$.

引理 7.2　术语如上. 自由 R-模 $R(X)$ 存在, 且在同构的意义下是唯一的.

证明　通过交换环 R 与集合 X, 构造下列 "形式表达式" 的全体 (读者可回忆由任意非空集合构造以此为基的向量空间的过程, 其方法是一样的)

$$R(X) = \{a_1x_1 + a_2x_2 + \cdots + a_nx_n; a_i \in R, x_i \in X, 1 \leqslant i \leqslant n, n \geqslant 1\}.$$

对元素 $\alpha = a_1x_1 + a_2x_2 + \cdots + a_nx_n, \beta = b_1x_1 + b_2x_2 + \cdots + b_nx_n \in R(X)$, 规定: $\alpha = \beta \Leftrightarrow a_i = b_i, 1 \leqslant i \leqslant n$ (即两个 "形式表达式" 相等是指: 它们的对应系数相等或形式上完全相同).

现定义集合 $R(X)$ 上的加法运算及交换环 R 在 $R(X)$ 上的作用如下

$$(a_1x_1 + a_2x_2 + \cdots + a_nx_n) + (b_1x_1 + b_2x_2 + \cdots + b_nx_n)$$

$$= (a_1 + b_1)x_1 + (a_2 + b_2)x_2 + \cdots + (a_n + b_n)x_n;$$

$$r(a_1x_1 + a_2x_2 + \cdots + a_nx_n)$$

$$= (ra_1)x_1 + (ra_2)x_2 + \cdots + (ra_n)x_n,$$

其中元素 $r, a_i, b_i \in R, x_i \in X, 1 \leqslant i \leqslant n$. 由定义可以验证: 集合 $R(X)$ 关于上述加法运算构成一个可换群, 其零元素为系数全为零的形式表达式; 集合 $R(X)$ 关于加法运算与 R 的作用映射

$$R \times R(X) \to R(X), \ (r, \alpha) \mapsto r \cdot \alpha = r\alpha,$$

还满足 R-模的下列条件:

(1) $1 \cdot \alpha = \alpha$;

(2) $(r_1 r_2) \cdot \alpha = r_1 \cdot (r_2 \cdot \alpha)$;

(3) $r \cdot (\alpha_1 + \alpha_2) = r \cdot \alpha_1 + r \cdot \alpha_2$;

(4) $(r_1 + r_2) \cdot \alpha = r_1 \cdot \alpha + r_2 \cdot \alpha$,

其中元素 $\alpha, \alpha_1, \alpha_2 \in R(X), r, r_1, r_2 \in R$. 即, 关于交换环 R 上的模的四个定义条件均满足 (见定义 6.3). 因此, 集合 $R(X)$ 成为一个 R-模.

设 M 是任意给定的 R-模, $\varphi : X \to M$ 是任意的集合映射, 把映射 φ 线性扩充到整个 $R(X)$ 上去. 即, 定义模之间的映射 $\tilde{\varphi} : R(X) \to M$, 使得

$$\tilde{\varphi}(a_1 x_1 + a_2 x_2 + \cdots + a_n x_n)$$
$$= a_1 \varphi(x_1) + a_2 \varphi(x_2) + \cdots + a_n \varphi(x_n).$$

不难验证: 映射 $\tilde{\varphi}$ 保持上述加法运算, 也保持交换环 R 的作用, 从而它是 R-模的同态. 另外, 还有 $\tilde{\varphi}(x) = \varphi(x), \forall x \in X$. 由于 R-模的同态由其在生成元集上的值所唯一确定, 满足所要求条件的 R-模同态是唯一的.

自由 R-模的唯一性 若还有一个 R-模 L, 它也满足自由模定义中的两条泛性质, 要证明: L 与 $R(X)$ 是同构的 R-模. 一方面, 利用 $R(X)$ 的泛性质, 必存在 R-模的同态 $f : R(X) \to L$, 使得 $f(x) = x, \forall x \in X$. 另一方面, 又可以利用 R-模 L 的泛性质, 存在 R-模的同态 $g : L \to R(X)$, 使得 $g(x) = x, \forall x \in X$. 再利用泛性质中的唯一性, 进一步得到所要求的下列等式

$$gf = \mathrm{Id}_{R(X)}, \quad fg = \mathrm{Id}_L.$$

因此, 自由 R-模 $R(X)$ 与 R-模 L 是同构的, 唯一性成立.

注记 7.3 如上所述, 自由模 $R(X)$ 的子集 X 满足下面两个条件:

(1) X 是 $R(X)$ 的线性无关子集. 即, 对 X 的任意有限子集 $\{x_1, x_2, \cdots, x_n\}$, 若有线性组合式

$$a_1 x_1 + a_2 x_2 + \cdots + a_n x_n = 0, \quad a_1, \cdots, a_n \in R,$$

则所有这些系数全为零. 即, 有 $a_1 = a_2 = \cdots = a_n = 0$.

(2) $R(X)$ 中的任何元素 α 都可以写成 X 中某有限个元素线性组合的形式

$$\alpha = a_1 x_1 + a_2 x_2 + \cdots + a_n x_n, \quad a_1, \cdots, a_n \in R.$$

此时, 也称生成元集 X 为 R-模 $R(X)$ 的一组基. 自由 R-模的概念也可以按照下面等价的方式给出, 这就是定义 7.4 的内容.

定义 7.4　设 R 是给定的交换环, M 是一个 R-模, B 是 M 的非空子集. 称子集 B 是 R-模 M 的一组基, 如果它满足下面两个条件

(1) 线性无关性: 对 B 的任意有限子集 $\{x_1, x_2, \cdots, x_m\}$, 若有线性组合式

$$a_1 x_1 + a_2 x_2 + \cdots + a_m x_m = 0, \quad a_1, \cdots, a_m \in R,$$

则所有这些系数全为零, 即, 有 $a_1 = a_2 = \cdots = a_m = 0$ (模 M 的具有线性无关性的子集, 也称为线性无关子集; 否则, 称为线性相关子集或线性相关的);

(2) 生成性: R-模 M 中的任何元素 α 都可以写成子集 B 中某有限个元素的线性组合的形式

$$\alpha = a_1 x_1 + a_2 x_2 + \cdots + a_m x_m, \quad a_1, \cdots, a_m \in R.$$

特别, 若 R-模 M 包含一组有限基 $B = \{x_1, x_2, \cdots, x_n\}$, 则称 M 是具有有限基的自由 R-模, 或称 M 是有限秩的自由 R-模; 关于自由 R-模秩的定义的相关讨论, 见定理 7.8 及其后面的补充说明 (也可参考例 7.20).

练习 7.5　R-模 M 是其子集 X 上的自由模当且仅当 X 是 R-模 M 的一组基.

例 7.6　对任意的交换环 R 及正整数 n, 在例 6.32 中给出的 R-模 R^n 是有限秩的自由 R-模, 它有一组标准基: $e_1, e_2, \cdots, e_n$, 具体定义如下

$$e_i = (0, \cdots, 1_i, \cdots, 0), \quad 1_i = 1, \ 1 \leqslant i \leqslant n.$$

子集 $E = \{e_1, e_2, \cdots, e_n\}$ 确实满足基的定义条件: 这由 R-模 R^n 的定义可以直接看出. 标准基 E 中的元素, 也称为 n-维单位向量.

多项式环 $R[x_1, x_2, \cdots, x_n]$ 作为 R-模是无限秩的自由 R-模 (读者自行思考其准确含义), 它的一组标准基由变量 $x_1, x_2, \cdots, x_n$ 的所有标准单项式构成 (参考例 6.38 中关于作用的具体描述)

$$x_1^{i_1} x_2^{i_2} \cdots x_n^{i_n}, \quad i_1, i_2, \cdots, i_n \in \mathbb{N}.$$

它确实满足基的两个定义条件: 线性无关性与生成性, 其原因在于交换环上多元多项式作为形式表达式的本质含义.

引理 7.7　设 R 是交换环, M 是任意有限秩的自由 R-模, 则有正整数 n, 使得 R-模 M 同构于上述标准的自由 R-模 R^n.

证明 由引理给出的条件, 可以取定 R-模 M 的一组基 $x_1, x_2, \cdots, x_n$, 定义模同态 $f : R^n \to M$, 使得 $f(e_i) = x_i, 1 \leqslant i \leqslant n$, 并且通过线性扩充的方式定义到模 R^n 的任意元素上去. 此时, 有一般的定义表达式

$$f\left(\sum_{i=1}^n r_i e_i\right) = \sum_{i=1}^n r_i f(e_i), \quad \forall r_i \in R.$$

不难看出: 这样定义的映射 f 自然保持加法与作用运算, 它是 R-模的同态.

再根据基的两个定义条件: 线性无关性与生成性, 容易验证: 映射 f 既是单射, 又是满射. 从而它是 R-模的同构映射.

能否定义有限秩自由 R-模的秩, 使得任意两个同构的有限秩自由 R-模具有相同的秩? 下面的定理 7.8 说明: 至少对交换环来说, 有限秩自由模的秩是可以按照自然方式给出的.

定理 7.8 设 R 是任意非零交换环, M 是有限秩的自由 R-模, 则 M 的任何两组基必包含有相同个数的元素.

证明 (1) 模 M 的任意一组基必包含有限个元素: 因 M 具有有限基, 不妨设 $y_1, \cdots, y_n$ 是它的生成元集, 而 B 是 M 的任意一组基, 那么 $y_1, \cdots, y_n$ 可表示为 B 中有限个元素 $x_1, \cdots, x_m$ 的线性组合, 从而 M 中任何元素都可以表示为 $x_1, \cdots, x_m$ 的线性组合. 如果 B 是一个无限集, 取 $y \in B$, 但 $y \neq x_1, \cdots, x_m$, 易知 $x_1, \cdots, x_m, y$ 是线性相关的, 导致矛盾.

(2) 设 $x_1, \cdots, x_m, y_1, \cdots, y_n$ 是自由 R-模 M 的两组基, 由引理 7.7 可知, R-模 M 同时同构于 R^m 和 R^n. 即, 作为 R-模, 有同构 $R^m \simeq R^n$.

(3) 取定交换环 R 的某个极大理想 I, 且 IR^m 是 R^m 的子模 (参考定理 6.35 中的定义). 由此不难看出: 在上述某个 R-模同构 $R^m \simeq R^n$ 的对应下, 也有子模的同构: $IR^m \simeq IR^n$, 从而又有相应商模的同构

$$R^m / IR^m \simeq R^n / IR^n.$$

进一步, 考虑下列作为 R-模同态的典范映射

$$R^m \to R/I \oplus \cdots \oplus R/I \ (m \text{ 次直和}),$$

$$(r_1, \cdots, r_m) \mapsto ([r_1], \cdots, [r_m]).$$

利用同态基本定理, 可以推出: $R^m / IR^m \simeq F^m$, 这个同构也可以看成 F-模的同构, 其中 $F = R/I$ 是商域 (参考引理 6.26 的结论). 因此, 我们最终将得到域 F 上的向量空间的同构映射: $F^m \simeq F^n$.

(4) 若 $m \neq n$, 不妨设 $m > n$, 任取向量空间 F^m 的一组基 $x_1, \cdots, x_m$ 及 F^n 的一组基 $y_1, \cdots, y_n$. 在某个同构映射 $F^m \to F^n$ 的对应下, 元素 $x_1, \cdots, x_m$ 的

像也是向量空间 F^n 的一组基, 仍记为 $x_1, \cdots, x_m$. 下面将说明: $x_1, \cdots, x_m$ 是线性相关的, 从而导致矛盾.

把 $x_1, \cdots, x_m \in F^n$ 中的每个元素写成基元素 $y_1, \cdots, y_n$ 的 F-线性组合

$$x_i = a_{i1}y_1 + a_{i2}y_2 + \cdots + a_{in}y_n, \quad a_{ij} \in F,\ 1 \leqslant j \leqslant n,\ 1 \leqslant i \leqslant m.$$

只要说明: 存在不全为零的 $k_1, \cdots, k_m \in F$, 使得 $k_1 x_1 + \cdots + k_m x_m = 0$. 把 x_i 的上述表达式代入此方程, 并利用 $y_1, \cdots, y_n$ 的线性无关性, 将得到一个变量 $k_1, \cdots, k_m$ 的齐次线性方程组, 且方程的个数 n 小于未知量的个数 m, 从而可以用初等的方法说明它有非零解 (见参考文献 [2]).

对任意的交换环 R 及有限秩的自由 R-模 M, 定义 M 的秩为它的任何一组基所包含元素的个数. 由定理 7.8 可知, 这个定义是合理的. 另外, 为了以后讨论的方便, 特别规定: 平凡 R-模 0 也看成是自由 R-模, 它的秩为零.

后面将具体描述秩为 n 的自由 R-模的自同态的表现形式, 这种自同态由其在一组基上的值所唯一确定, 而这些值将构成一个由 R 中元素所排列的正方形表格, 称其为 R 上的 n 阶矩阵 (见定义 7.21).

一般地, 对任意的 R-模 M, 它的所有自同态构成的集合上带有一个自然的代数结构: 加法与乘法两个运算, 若干运算规则, 这就是下面的引理 7.9.

引理 7.9　设 R 是交换环, M 是任意的 R-模, 用 $\mathrm{End}M$ 表示 R-模 M 的所有自同态构成的集合. 定义集合 $\mathrm{End}M$ 上的加法与乘法运算如下

$$(\mathbb{A} + \mathbb{B})(x) = \mathbb{A}(x) + \mathbb{B}(x);$$

$$(\mathbb{A}\mathbb{B})(x) = \mathbb{A}(\mathbb{B}(x)),$$

其中 $\mathbb{A}, \mathbb{B} \in \mathrm{End}M, x \in M$, 则映射 $\mathbb{A} + \mathbb{B}, \mathbb{A}\mathbb{B}$ 也是 M 的自同态. 集合 $\mathrm{End}M$ 上的这两个运算还满足下列运算规则: 对 $\mathbb{A}, \mathbb{B}, \mathbb{C} \in \mathrm{End}M$, 有

(1) 加法结合律: $(\mathbb{A} + \mathbb{B}) + \mathbb{C} = \mathbb{A} + (\mathbb{B} + \mathbb{C})$;

(2) 加法交换律: $\mathbb{A} + \mathbb{B} = \mathbb{B} + \mathbb{A}$;

(3) 有零元素: 存在 $0 \in \mathrm{End}M$, 使得 $\mathbb{A} + 0 = 0 + \mathbb{A}$;

(4) 有负元素: 存在 $-\mathbb{A} \in \mathrm{End}M$, 使得 $\mathbb{A} + (-\mathbb{A}) = (-\mathbb{A}) + \mathbb{A} = 0$;

(5) 乘法结合律: $(\mathbb{A}\mathbb{B})\mathbb{C} = \mathbb{A}(\mathbb{B}\mathbb{C})$;

(6) 有单位元: 存在 $1 \in \mathrm{End}M$, 使得 $\mathbb{A}1 = 1\mathbb{A} = \mathbb{A}$;

(7) 乘法与加法的分配律: $\mathbb{A}(\mathbb{B} + \mathbb{C}) = \mathbb{A}\mathbb{B} + \mathbb{A}\mathbb{C}, (\mathbb{B} + \mathbb{C})\mathbb{A} = \mathbb{B}\mathbb{A} + \mathbb{C}\mathbb{A}$.

此时, 称 $\mathrm{End}M$ 为 R-模 M 的自同态环, 它是下面将要定义的有单位元的环的具体例子. 特别注意: 交换律一般不成立. 因此, 它不是一个交换环.

证明　不难看出: 前面给出的加法与乘法运算的定义合理. 关于上述这七条运算规则的验证, 主要是说明等式两边所代表的映射相等, 只要证明它们在每个

元素上取到相同的值. 为此, 把任意元素 $x \in M$ 代入等式两边, 相应的等式在 R-模 M 中成立, 或者该等式可由映射乘积的定义直接得到. 因此, 所有这些运算规则都成立.

比如, 验证乘法与加法的分配律中的第一个等式, 具体说明如下

$$(\mathbb{A}(\mathbb{B} + \mathbb{C}))(x) = \mathbb{A}(\mathbb{B}(x) + \mathbb{C}(x))$$
$$= \mathbb{A}(\mathbb{B}(x)) + \mathbb{A}(\mathbb{C}(x)), \ \forall x,$$
$$(\mathbb{A}\mathbb{B} + \mathbb{A}\mathbb{C})(x) = (\mathbb{A}\mathbb{B})(x) + (\mathbb{A}\mathbb{C})(x)$$
$$= \mathbb{A}(\mathbb{B}(x)) + \mathbb{A}(\mathbb{C}(x)), \ \forall x.$$

最后注意到: 零元素为 M 到其自身的零映射 0, 使得 $0(x) = 0, \forall x \in M$; 单位元为 M 的恒等映射 $1 = \mathrm{Id}_M$, 使得 $\mathrm{Id}_M(x) = x, \ \forall x \in M$.

现在我们可以把上述 R-模 M 的自同态环 $\mathrm{End} M$ "抽象化", 并得到另一个抽象代数学中的基本概念: 有单位元的环, 这就是下面的定义 7.10.

定义 7.10 设 R 是一个非空集合, 在 R 上定义了两个运算: 加法与乘法. 若集合 R 关于加法构成一个可换群, 关于加法与乘法满足下列三条规则, 则称 R 是一个有单位元的环, 简称为环.

(1) 乘法结合律: $(ab)c = a(bc)$;

(2) 乘法单位元: 存在 $1 \in R$, 使得 $a1 = 1a = a$;

(3) 乘法与加法的分配律: $a(b + c) = ab + ac, (b + c)a = ba + ca$,

这里元素 $a, b, c \in R$, 称元素 1 是环 R 的单位元. 进一步, 当环 R 中的乘法满足交换律时, 这就是前面所讨论的交换环的概念.

注记 7.11 类似于交换环的情形, 两个环之间的同态定义为保持加法、乘法及单位元的映射; 环的同构映射 (简称为同构) 是指双射同态; 称两个环是同构的, 如果它们之间至少存在一个同构映射. 进一步, 还可以按照通常的方式定义环的单同态与满同态的概念.

一个环 R 的子环是指包含单位元 1, 且对加法、减法与乘法三个运算封闭的子集, 这里减法的定义也是自然的

$$a - b = a + (-b), \quad \forall a, b \in R.$$

定义 7.12 设 R 是一个环, I 是 R 的非空子集, 如果它满足下列两个封闭性条件, 则称子集 I 是环 R 的左 (右) 理想

$$\forall a, b \in I \Rightarrow a + b \in I,$$

$$\forall a \in R, \forall b \in I \Rightarrow ab \in I \ (ba \in I).$$

若环 R 的子集 I, 既是环 R 的左理想, 又是 R 的右理想, 则称 I 为环 R 的双边理想, 也简称为 R 的理想. 特别, 当 R 是交换环时, 左理想、右理想以及理想这三个概念是一致的 (见定义 1.29).

引理 7.13　设映射 $f : R \to S$ 是环 R 与 S 之间的同态, 令

$$\mathrm{Ker} f = \{a \in R; f(a) = 0\}, \ \mathrm{Im} f = \{f(a) \in S; a \in R\},$$

则子集 $\mathrm{Ker} f$ 是环 R 的理想, 子集 $\mathrm{Im} f$ 是环 S 的子环. 此时, 也称 $\mathrm{Ker} f$ 为同态 f 的核, 称 $\mathrm{Im} f$ 为同态 f 的像.

证明　由定义不难直接验证, 留作读者练习 (参考引理 2.16).

引入环 R 的理想的概念, 其主要目的在于构造 R 的商环, 从而可以讨论环的同态与做商的关系等等, 正像对交换环情形所做的那样. 在此提醒读者关注整个过程的相似之处: 方法上没有什么差别!

定义 7.14　设 I 是环 R 的理想, 定义集合 R 上的一个二元关系如下

$$\sim : a \sim b \Longleftrightarrow a - b \in I, \forall a, b \in R.$$

不难验证: 它是集合 R 上的等价关系, 从而有商集 $R/\sim = R/I = \{[a]; a \in R\}$. 在集合 R/I 上定义加法与乘法运算

$$[a] + [b] = [a + b], \ [a][b] = [ab], \forall a, b \in R.$$

根据理想的定义可以证明: 这两个运算的定义是合理的. 由于等价类的运算是由代表元的运算导出的, 而代表元的运算正是环 R 中的运算, 有相应的运算规则. 由此不难推出: R/I 满足环的所有运算规则. 因此, 商集 R/I 是一个有单位元的环, 称其为环 R 关于其理想 I 的商环.

练习 7.15　上述加法与乘法的运算定义合理: 与代表元的具体选取无关.

推论 7.16　设 I 是环 R 的一个理想, R/I 是相应于 I 的商环, 则有环的典范满同态 $\pi : R \to R/I, a \mapsto [a]$, 使得 $I = \mathrm{Ker} \pi$.

证明　由商环及映射 π 的定义不难直接验证: 推论的结论成立.

定理 7.17 (同态基本定理)　设 $f : R \to S$ 是环 R 与 S 之间的同态, I 是环 R 的理想, 并且 $I \subset \mathrm{Ker} f$, 则存在唯一的环同态 $\tilde{f} : R/I \to S$, 使得 $\tilde{f} \pi = f$, 这里映射 $\pi : R \to R/I \ (a \mapsto [a])$ 是典范满同态.

特别, 当理想 $I = \mathrm{Ker} f$ 时, $\tilde{f}$ 是单同态; 当映射 f 是满射时, $\tilde{f}$ 是满同态. 因此, 总有环的同构映射: $R/\mathrm{Ker} f \to \mathrm{Im} f$.

证明　类似于交换环情形的证明 (见定理 2.24), 可以推出结论成立.

练习 7.18 设 R 是一个环, I 是 R 的理想, 则商环 R/I 的所有理想构成的集合 B 与 R 的所有包含 I 的理想构成的集合 A 之间有 1-1 对应. 特别, 商环 R/I 的理想形如: J/I, 这里 J 是 R 的包含 I 的理想.

提示 完全按照交换环情形的证明方法讨论即可 (见引理 2.25).

注记 7.19 关于交换环的许多结论都可以平移到一般环的情形, 其处理方法也是类似的. 前面我们只是给出了这些类似概念与性质的一部分, 还有一些其他概念与结论也可以进行类比. 比如, 环的有限直积, 环的左模 (从左边去作用, 也简称为环的模)、右模 (从右边去作用)、自由模、各种模的同态以及模同态的基本定理等等, 都可以建立起来.

特别, 环 R 本身可以看成 R 的左模, 其作用由环 R 中的乘法导出, 这个模也称为环 R 的正则模. 此时, R 的子模与左理想本质上是一样的 (读者练习).

下面的例子说明: 并非关于交换环的所有结论对一般的环都成立.

例 7.20 考虑整数集合 $\mathbb{Z}$ 的无穷直积

$$M = \{(a_1, a_2, a_3, \cdots);\ a_i \in \mathbb{Z},\ 1 \leqslant i < \infty\}.$$

按照自然方式定义两个无穷向量的和: 对应分量相加. 由此确定集合 M 上的加法运算, 并满足通常的运算规则, 使其成为一个可换群.

设 $R = \mathrm{End}M$ 是可换群 M 作为 $\mathbb{Z}$-模的自同态环, 它是一个有单位元的非交换环. 具体构造 R 的两个元素 φ_1, φ_2 如下

$$\varphi_1, \varphi_2 : M \to M,$$

$$a = (a_1, a_2, \cdots) \mapsto \varphi_1(a),\ \varphi_2(a),$$

$$\varphi_1(a) = (a_1, a_3, a_5, \cdots),$$

$$\varphi_2(a) = (a_2, a_4, a_6, \cdots).$$

下面将说明: 元素 φ_1, φ_2 构成正则 R-模 R 的一组基. 从而, 作为非交换环 R 的自由模, R 与 R^2 是两个同构的模 (与定理 7.8 的结论进行比较).

构造映射 $\psi_1, \psi_2 : M \to M, a = (a_1, a_2, \cdots) \mapsto \psi_1(a),\ \psi_2(a)$, 使得

$$\psi_1(a) = (a_1, 0, a_2, 0, \cdots),$$

$$\psi_2(a) = (0, a_1, 0, a_2, \cdots).$$

根据定义容易验证下面的等式

$$\varphi_i \psi_i = 1, \quad i = 1, 2, \quad \varphi_1 \psi_2 = 0, \quad \varphi_2 \psi_1 = 0,$$

$$\psi_1\varphi_1 + \psi_2\varphi_2 = 1,$$

其中 1 表示 R 的单位元, 它是 M 的恒等自同态. 由此不难推出: 元素 φ_1, φ_2 满足线性无关性与生成性, 它是 R-模 R 的基.

现在我们重新回到交换环的情形, 继续讨论有关模的自同态问题, 并由此导出交换环上 n 阶矩阵的概念 (线性代数中的域上矩阵概念的推广).

定义 7.21　设 R 是一个交换环, M 是秩为 n 的自由 R-模, $\mathrm{End}M$ 是 M 的自同态环. 取定 M 的一组基: $e_1, e_2, \cdots, e_n$, 对自同态 $\mathbb{A} \in \mathrm{End}M$, 有下列等式

$$\begin{cases} \mathbb{A}(e_1) = a_{11}e_1 + a_{21}e_2 + \cdots + a_{n1}e_n, \\ \mathbb{A}(e_2) = a_{12}e_1 + a_{22}e_2 + \cdots + a_{n2}e_n, \\ \qquad\qquad \cdots\cdots \\ \mathbb{A}(e_n) = a_{1n}e_1 + a_{2n}e_2 + \cdots + a_{nn}e_n, \end{cases}$$

这些等式也可以简写为下列 "乘积" 的形式 (请读者思考其确切含义)

$$\mathbb{A}(e_1, e_2, \cdots, e_n) = (\mathbb{A}(e_1), \mathbb{A}(e_2), \cdots, \mathbb{A}(e_n))$$

$$= (e_1, e_2, \cdots, e_n)A,$$

这里 $A = (a_{ij})$ 是如下 n 行、n 列的 "形式" 表格, 其 n^2 个元素取自交换环 R:

$$A = (a_{ij}; 1 \leqslant i \leqslant n, 1 \leqslant j \leqslant n) = \begin{pmatrix} a_{11} & a_{12} & \cdots & a_{1n} \\ a_{21} & a_{22} & \cdots & a_{2n} \\ \vdots & \vdots & & \vdots \\ a_{n1} & a_{n2} & \cdots & a_{nn} \end{pmatrix}.$$

称 A 是交换环 R 上的 $n \times n$ 矩阵 (或 R 上的 n 阶矩阵、n 阶方阵), 所有这种 $n \times n$ 矩阵的全体, 记为 $M_n(R)$.

根据前面的讨论, 取定自由 R-模 M 的一组基 $e_1, e_2, \cdots, e_n$ 之后, M 的任何自同态 $\mathbb{A}$ 确定一个 n 阶矩阵 A (也称为 $\mathbb{A}$ 在基 $e_1, e_2, \cdots, e_n$ 下的矩阵), 由此得到一个自然的映射

$$\sigma : \mathrm{End}M \to M_n(R), \quad \mathbb{A} \mapsto A.$$

根据自由模的定义条件可以验证: 映射 σ 是集合之间的双射, 通过它可以把 $\mathrm{End}M$ 上的环结构移植到矩阵集合 $M_n(R)$ 上去, 使得自由 R-模 M 的自同态与交换环 R 上的 n 阶矩阵等同起来, 由自同态的加法与乘法运算导出矩阵的加法与乘法运算, 并且运算规则也是一致的.

设 $\mathbb{A}, \mathbb{B} \in \mathrm{End}M$, 使得 $\sigma(\mathbb{A}) = A \in M_n(R), \sigma(\mathbb{B}) = B \in M_n(R)$, 于是有

$$\mathbb{A}(e_1, e_2, \cdots, e_n) = (e_1, e_2, \cdots, e_n)A,$$

$$\mathbb{B}(e_1, e_2, \cdots, e_n) = (e_1, e_2, \cdots, e_n)B,$$

$$(\mathbb{A} + \mathbb{B})(e_1, e_2, \cdots, e_n) = (e_1, e_2, \cdots, e_n)(A + B),$$

$$(\mathbb{A}\mathbb{B})(e_1, e_2, \cdots, e_n) = (e_1, e_2, \cdots, e_n)(AB),$$

其中 $A = (a_{ij}), B = (b_{ij}), A + B = (a_{ij} + b_{ij}), AB = (c_{ij}), c_{ij} = \sum_k a_{ik}b_{kj}$. 称 $A + B$ 为矩阵 A 与 B 的和, 它的元素是 A 与 B 的对应元素之和; 称 AB 为矩阵 A 与 B 的乘积, 其 (ij) 元素是矩阵 A 的第 i 行与矩阵 B 的第 j 列的对应元素乘积之和. 于是, 在 n 阶矩阵集合 $M_n(R)$ 上确定了两个运算, 它和自同态环 $\mathrm{End}M$ 中的加法与乘法运算是相容的:

$$\sigma(\mathbb{A} + \mathbb{B}) = \sigma(\mathbb{A}) + \sigma(\mathbb{B}),$$

$$\sigma(\mathbb{A}\mathbb{B}) = \sigma(\mathbb{A})\sigma(\mathbb{B}),$$

$$\sigma(\mathrm{Id}_M) = E.$$

这里 Id_M 是 R-模 M 的恒等自同态, 也是自同态环 $\mathrm{End}M$ 的单位元, $E = (\delta_{ij})$ 是单位矩阵, 其中 $\delta_{ii} = 1; \delta_{ij} = 0, i \neq j$ (即 E 是对角线上元素全为 1, 其余元素全为零的 n 阶矩阵).

练习 7.22 (1) 按照定义 7.21 的思路, 系统描述 R 上 n 阶矩阵集合 $M_n(R)$ 的加法与乘法运算, 并直接验证: 关于这两个运算, 集合 $M_n(R)$ 成为一个有单位元的环, 其单位元为单位矩阵 E. 称 $M_n(R)$ 为交换环 R 上的 n 阶矩阵环.

(2) 证明: 前面给出的自然映射 $\sigma : \mathrm{End}M \to M_n(R)$ 是环的同构映射.

(3) 术语如 (1), 定义交换环 R 在可换群 $M_n(R)$ 上的自然的作用, 使其成为一个自由 R-模, 它的一组基可取为矩阵集合

$$\{E_{ij}; 1 \leqslant i \leqslant n, 1 \leqslant j \leqslant n\},$$

其中 E_{ij} 表示 (i,j) 位置上为 1, 其余位置上为 0 的矩阵 (也称为矩阵单位).

例 7.23 对任意非零交换环 R 及正整数 $n \geqslant 2$, 矩阵环 $M_n(R)$ 不是交换环. 比如, 对 $n = 2$ 的情形, 下列二阶矩阵的乘积不可交换

$$\begin{pmatrix} 0 & 1 \\ 0 & 0 \end{pmatrix} \begin{pmatrix} 1 & 1 \\ 0 & 0 \end{pmatrix} = \begin{pmatrix} 0 & 0 \\ 0 & 0 \end{pmatrix},$$

$$\begin{pmatrix} 1 & 1 \\ 0 & 0 \end{pmatrix} \begin{pmatrix} 0 & 1 \\ 0 & 0 \end{pmatrix} = \begin{pmatrix} 0 & 1 \\ 0 & 0 \end{pmatrix}.$$

对一般整数 $n > 2$ 的情形, 不难给出合适的不可交换矩阵的例子, 读者思考.

练习 7.24　设 I 是交换环 R 的任意理想, 定义 $M_n(R)$ 的下列子集

$$M_n(I) = \{A = (a_{ij}) \in M_n(R); a_{ij} \in I, 1 \leqslant i, j \leqslant n\}.$$

证明: 子集 $M_n(I)$ 是矩阵环 $M_n(R)$ 的理想, 并计算商环: $M_n(R)/M_n(I)$.

练习 7.25　设 R 是任意的非零交换环, $T_k(R)$ $(1 \leqslant k \leqslant n)$ 是矩阵环 $M_n(R)$ 的子集, 它由所有下列形式的矩阵构成

$$A = (a_{ij}), \quad a_{ij} = 0, \quad j \leqslant k.$$

证明: 子集 $T_k(R)$ 是矩阵环 $M_n(R)$ 的左理想, 并举例说明它一般不是右理想.

定理 7.26　设 F 是任意域, 则矩阵环 $M_n(F)$ 是一个单环. 即, 它只有两个平凡的理想: 零理想 0 与整个理想 $M_n(F)$.

证明　设 I 是环 $M_n(F)$ 的非零理想, 取非零元素 $\sum_{kl} a_{kl}E_{kl} \in I$, 这里 E_{ij} 是矩阵单位. 由矩阵乘法的定义, 不难直接验证下列等式

$$E_{ij}E_{kl} = \delta_{jk}E_{il}, \quad 1 \leqslant i, j, k, \ l \leqslant n,$$

从而有式子

$$E_{ij}\sum_{kl} a_{kl}E_{kl}E_{ij} = a_{ji}E_{ij}, \quad \forall i, j.$$

由此可知: 理想 I 至少包含某个矩阵单位 E_{ij}. 再利用上述矩阵乘积的等式可以验证, 理想 I 包含所有的矩阵单位, 从而有 $I = M_n(F)$.

注记 7.27　根据练习 7.25 与定理 7.26 的结论, 可以粗略回答这样一个问题: 一个非交换环的左理想与理想之间的区别到底有多大? 一个环可以有许多左理想, 但却只有两个平凡的理想 (单环), 这是完全可能的. 实际上, 这也是交换环与非交换环的主要区别之一.

总结 7.28　对任意的交换环 R 及正整数 n, 我们定义了 R 上的所有 n 阶矩阵构成的集合 $M_n(R)$. 关于矩阵的通常加法运算, $M_n(R)$ 是一个可换群; 关于矩阵的加法与乘法运算, 它又构成一个有单位元的环, 称为交换环 R 上的 n 阶矩阵环. 一般来说, $M_n(R)$ 不是交换环. 实际上, 它是非交换环的最典型的例子.

在可换群 $M_n(R)$ 上, 还可以定义交换环 R 的自然作用, 使其成为一个自由 R-模, 这是一个秩为 n^2 的自由模, 矩阵单位构成它的一组基. 最后, $M_n(R)$ 也可以看成它本身的正则模, 并有如下分解式

$$M_n(R) = M_n(R)e_1 + M_n(R)e_2 + \cdots + M_n(R)e_n,$$

其中 $e_i = E_{ii}$ 是一些矩阵单位 (参见练习 7.22), $1 \leqslant i \leqslant n$, 而 $M_n(R)e_i$ 是由单个元素 e_i 生成的模 $M_n(R)$ 的循环子模.

练习 7.29   对总结 7.28 中的分解式进行解释和验证, 并由此确定矩阵环 $M_n(R)$ 的一些左理想, 把这些左理想和练习 7.25 中的左理想进行比较.

练习 7.30   设 R 是任意的环, M 是一个 (左) R-模, N 是 R-模 M 的子模, 并有如下子模的直和分解式

$$M = M_1 \oplus M_2 \oplus \cdots \oplus M_r, \quad N = N_1 \oplus N_2 \oplus \cdots \oplus N_r,$$

其中 $N_i \subset M_i$, $1 \leqslant i \leqslant r$, 则有下列典范映射, 它是 R-模之间的同构

$$\sigma : \frac{M}{N} \to \frac{M_1}{N_1} \oplus \frac{M_2}{N_2} \oplus \cdots \oplus \frac{M_r}{N_r}.$$

练习 7.31   设 R 是一个环, M 是一个可换群, 则 M 是一个 R-模当且仅当存在环的同态 $\rho : R \to \mathrm{End}M$, 使得下列等式成立

$$\rho(r)(x) = r \cdot x, \quad \forall r \in R, \, \forall x \in M.$$

注记 7.32   由前面的讨论可知 (见定理 7.8), 对交换环 R 上的有限秩的自由模, 它的秩和具体基的选取无关. 而对一般的有单位元的环, 有限秩的自由模可以包含两组基, 它们包含元素的个数却不相同 (见例 7.20).

一般来说, 具有良好性质的环, 其模的结构也会更清楚. 特别, 域上的模就是向量空间, 其结构是平凡的. 在下一讲, 我们研究主理想整环上的模, 将会看到关于环的精确信息是如何用于模的具体结构的讨论的.

第 8 讲　主理想整环上的模

主理想整环是一类很常见的环, 它包括整数环 $\mathbb{Z}$、高斯整数环 $\mathbb{Z}[i]$ 以及任意域 F 上的一元多项式环 $F[x]$ 为其典型实例. 根据定义, 它是没有零因子的交换环, 并且它的任何理想都是由一个元素生成的. 主理想整环又可以推广为更一般的 Noether-环, 它的任何理想都是有限生成的. 进一步, 还有 Noether-模的概念, 它的任何子模都是有限生成的 (参见定义 6.29 及引理 6.34).

本讲对主理想整环上的模进行深入讨论, 主要研究主理想整环上有限生成模的结构, 给出它分解为一些特殊类型的循环子模的具体表达式. 作为这种讨论的直接应用, 我们将得到有限生成可换群的结构定理; 还将得到关于有限维向量空间线性变换的有理标准形与若尔当标准形的基本结果.

任何有限生成的 R-模都是某个自由 R-模的同态像 (参见引理 6.34(4) 的证明过程), 为了研究有限生成模的结构, 首先需要对自由模及其子模等相关问题有一个清晰的理解, 下面的两个引理给出了一些基本事实.

引理 8.1　设 R 是任意整环, M 是秩为 n 的自由 R-模, 则 M 中的任何 $n+1$ 个元素都是线性相关的.

证明　取自由 R-模 M 的一组基 $x_1, x_2, \cdots, x_n$, 此时, M 可以写成它的一些循环子模的直和

$$M = Rx_1 \oplus Rx_2 \oplus \cdots \oplus Rx_n.$$

设 F 是整环 R 的分式域, 构造 F 上的向量空间 V, 它以 $x_1, x_2, \cdots, x_n$ 为基. 即 $V = Fx_1 \oplus Fx_2 \oplus \cdots \oplus Fx_n$ 是一些向量空间的直和, 它作为 F 上的模是秩为 n 的自由模, 也称 n 为向量空间 V 的维数. 此时, R-模 M 可以自然看成向量空间 V 的子集, 而 M 中的任何 $n+1$ 个元素 $y_1, y_2, \cdots, y_{n+1}$ 可以看成向量空间 V 中的 $n+1$ 个向量, 从而可以利用定理 7.8 的证明过程, 并推出: $y_1, y_2, \cdots, y_{n+1}$ 在域 F 上线性相关. 即, 存在不全为零的元素 $b_1, b_2, \cdots, b_{n+1} \in F$, 使得

$$b_1 y_1 + b_2 y_2 + \cdots + b_{n+1} y_{n+1} = 0.$$

在上述线性组合式中出现的每个元素 b_i, 都可以写成整环 R 中两个元素之比的形式, 必存在 R 的某个非零元素 a, 使得 $ab_i = a_i \in R, 1 \leqslant i \leqslant n+1$, 从而有下列等式

$$a_1 y_1 + a_2 y_2 + \cdots + a_{n+1} y_{n+1} = 0,$$

其中 $a_1, a_2, \cdots, a_{n+1}$ 是 R 中不全为零的元素. 即, 元素 $y_1, y_2, \cdots, y_{n+1}$ 在环 R 上是线性相关的, 引理结论成立.

引理 8.2 设 R 是主理想整环, M 是秩为 n 的自由 R-模, 则有下列结论:

(1) M 的任何子模 N 也是自由 R-模, 且它的秩 m 不超过 n;

(2) 给定 M 的子模 N, 必存在 M 的一组基 $y_1, y_2, \cdots, y_n$, 使得下列元素

$$a_1 y_1, a_2 y_2, \cdots, a_m y_m$$

是子模 N 的一组基, 这里 $a_1, a_2, \cdots, a_m$ 是环 R 中的非零元素, 并满足如下的依次整除关系

$$a_1 | a_2 | \cdots | a_m.$$

证明 不妨设 $N \neq 0$, 对任何 R-模同态 $\varphi : M \to R$, $\varphi(N)$ 是 R 作为正则 R-模的子模, 从而它是 R 的主理想, 必形如 (a_φ), $a_\varphi \in R$. 令

$$\Sigma = \{(a_\varphi) \subset R; \ \varphi \in \mathrm{Hom}_R(M, R)\}.$$

不难看出: Σ 是 R 的理想的非空集合, 必有极大元 (a_ν), 其中 $\nu : M \to R$ 是 R-模的同态, 且 $\nu(N) = (a_\nu)$. 令 $a_1 = a_\nu$, 并取 $y \in N$, 使得 $\nu(y) = a_1$.

断言 1 元素 a_1 是整环 R 的非零元.

取自由 R-模 M 的一组基 $x_1, x_2, \cdots, x_n$, 使得 $M = Rx_1 \oplus Rx_2 \oplus \cdots \oplus Rx_n$, 映射 $\pi_i : M \to R$ 是相应的典范投影, 具体定义为

$$\pi_i(r_1 x_1 + r_2 x_2 + \cdots + r_n x_n) = r_i \in R.$$

不难看出: π_i 是 R-模的同态, $1 \leqslant i \leqslant n$. 由于子模 $N \neq 0$, 必存在某个 π_i, 使得像集 $\pi_i(N) \neq 0$. 即, Σ 中存在 R 的非零理想, 于是理想 $(a_1) \neq 0$, 从而其生成元 $a_1 \neq 0$, 断言 1 成立.

断言 2 元素 a_1, y 如上, 必有整除关系: $a_1 | \varphi(y), \forall \varphi \in \mathrm{Hom}_R(M, R)$.

设 $Ra_1 + R\varphi(y)$ 是由元素 $a_1, \varphi(y)$ 生成的主理想整环 R 的非零理想, 它必为主理想, 且形如 (d), $d = r_1 a_1 + r_2 \varphi(y)$, $\exists r_1, r_2 \in R$. 构造 R-模的同态如下

$$\psi = r_1 \nu + r_2 \varphi : M \to R,$$

$$z \mapsto r_1 \nu(z) + r_2 \varphi(z).$$

此时, $\psi(y) = r_1 \nu(y) + r_2 \varphi(y) = r_1 a_1 + r_2 \varphi(y) = d$. 于是, $d \in \psi(N)$. 显然有整除关系 $d | a_1$, 从而有理想的包含关系

$$(a_1) \subset (d) \subset \psi(N).$$

但是, 理想 (a_1) 是集合 Σ 中的极大元, 必有等式成立: $(a_1) = \psi(N)$, 从而有等式 $(a_1) = (d)$. 即, 有依次整除关系: $a_1 | d | \varphi(y)$, 断言 2 成立.

在断言 2 中取同态 φ 为典范投影 π_i, 可以推出: 对任意的 i, 都有 $a_1 | \pi_i(y)$. 取元素 $b_i \in R$, 使得 $\pi_i(y) = a_1 b_i, 1 \leqslant i \leqslant n$, 令

$$y_1 = b_1 x_1 + b_2 x_2 + \cdots + b_n x_n \in M.$$

此时, 有 $a_1 y_1 = y$. 再考虑到 $a_1 = \nu(y) = \nu(a_1 y_1) = a_1 \nu(y_1)$, 必有 $\nu(y_1) = 1$, 这里用到 R 是整环, 它没有零因子.

断言 3　有下列子模的直和分解式

$$\text{(a)}\ M = Ry_1 \oplus \text{Ker}\nu; \quad \text{(b)}\ N = Ra_1 y_1 \oplus (N \cap \text{Ker}\nu).$$

事实上, 对任意元素 $x \in M$, 有分解式: $x = \nu(x)y_1 + (x - \nu(x)y_1)$. 再根据前面得到的等式: $\nu(y_1) = 1$, 有下列式子

$$\nu(x - \nu(x)y_1) = \nu(x) - \nu(x)\nu(y_1) = \nu(x) - \nu(x) = 0.$$

于是有: $M = Ry_1 + \text{Ker}\nu$. 若 $ry_1 \in Ry_1 \cap \text{Ker}\nu$, 则 $\nu(ry_1) = r\nu(y_1) = r = 0$. 因此, 有直和分解式: $M = Ry_1 \oplus \text{Ker}\nu$, 断言 3(a) 得证.

对任意元素 $z \in N$, 首先有下列分解式

$$z = \nu(z)y_1 + (z - \nu(z)y_1).$$

另外, 由元素 a_1 的定义直接推出: 存在元素 $b \in R$, 使得 $\nu(z) = ba_1$, 从而有 $\nu(z)y_1 = ba_1 y_1 \in Ra_1 y_1$. 由此进一步推出: $N = Ra_1 y_1 + (N \cap \text{Ker}\nu)$, 这显然也是直和, 断言 3(b) 得证.

(1) 的证明: 由引理 8.1 可知, 子模 N 中任何 $n+1$ 个元素必线性相关, 从而子模 N 中任何极大的线性无关向量组只包含有限多个元素, 所有这种元素个数的最大者记为 $m \leqslant n$, 也称其为 R-模 N 的秩. 再由于 R 是整环, 任何非零元是线性无关的 (参考定理 8.1 的证明过程), 必有 $m > 0$.

利用前面等式 $\nu(y_1) = 1$ 可以得到结论: 元素 $y_1 \in M$ 是线性无关的. 再根据断言 3(b) 中子模 N 的分解式

$$N = Ra_1 y_1 \oplus (N \cap \text{Ker}\nu),$$

容易看出: 子模 $N \cap \text{Ker}\nu$ 具有较小的秩, 由归纳假设, 它是自由 R-模, 其秩不超过 $m - 1$. 因此, 子模 N 是自由 R-模, 其秩不超过 $m \leqslant n$.

(2) 的证明: 对自由 R-模 M 的秩 n 进行归纳. 当 $n = 0$ 或 1 时, 引理结论自动成立. 假设 $n > 1$, 且对秩为 $n - 1$ 的情形结论已成立. 现考虑秩 n 的情形, 利用模 M 的直和分解式

$$M = Ry_1 \oplus \mathrm{Ker}\nu$$

及 (1) 中的结论, 子模 $\mathrm{Ker}\nu$ 是 M 的秩为 $n - 1$ 的自由模, $N \cap \mathrm{Ker}\nu$ 是 $\mathrm{Ker}\nu$ 的子模, 其秩为 $m - 1$. 根据归纳假设, 存在 $\mathrm{Ker}\nu$ 的一组基 $y_2, \cdots, y_n$ 及 $N \cap \mathrm{Ker}\nu$ 的一组基 $a_2y_2, \cdots, a_my_m$, 其中 $a_2, \cdots, a_m$ 是 R 的非零元素, 并且满足下列的依次整除关系

$$a_2 | a_3 | \cdots | a_m.$$

此时, 由断言 3 可知, $y_1, y_2, \cdots, y_n$ 是 M 的一组基, $a_1y_1, a_2y_2, \cdots, a_my_m$ 是 N 的一组基, 只要再证明整除关系: $a_1 | a_2$, 就可以完成 (2) 的证明.

定义 R-模的同态 $\varphi : M \to R$, 使得

$$\varphi(y_1) = \varphi(y_2) = 1, \quad \varphi(y_i) = 0, \quad 3 \leqslant i \leqslant n.$$

同态 φ 的定义是合理的: 这是因为元素 $y_1, y_2, \cdots, y_n$ 是自由 R-模 M 的一组基. 此时, 有 $a_1 = \varphi(a_1y_1) \in \varphi(N)$. 由此推出理想的包含关系

$$(a_1) \subset \varphi(N).$$

但主理想 (a_1) 是理想集合 Σ 中的极大元, 必有等式成立: $(a_1) = \varphi(N)$. 再根据同态 φ 的定义, 还有 $a_2 = \varphi(a_2y_2) \in \varphi(N)$, 于是 $a_1 | a_2$.

注记 8.3 在引理 8.2 的证明过程中, 我们曾经用到这样的事实: 对任意整环 R, 其自由 R-模 M 的任何非零元必线性无关. 这个结论一般是不成立的, 比如, 任何有限可换群 M 作为 $\mathbb{Z}$-模, 它的每个非零元 x 都是线性相关的. 即, 存在正整数 n, 使得 $nx = 0$.

单个元素的线性相关性问题值得细致地讨论, 下面的概念与此密切相关.

定义 8.4 设 R 是给定的整环, M 是任意的 R-模. 令

$$\mathrm{Tor}(M) = \{x \in M;\ rx = 0,\ \exists r \in R,\ r \neq 0\}.$$

不难看出: 子集 $\mathrm{Tor}(M)$ 是 M 的子模, 称为 M 的全挠子模, 它的元素称为 M 的挠元素. 一般地, 由挠元素构成的子模, 称为 M 的挠子模.

有了前面这些准备工作, 我们现在可以叙述并证明本讲的主要结果.

定理 8.5 设 R 是主理想整环, M 是有限生成的 R-模, 则有下列结论:

(1) M 同构于有限个循环 R-模的直和

$$M \simeq R^r \oplus R/(a_1) \oplus R/(a_2) \oplus \cdots \oplus R/(a_s),$$

其中 r, s 是非负整数, $a_1, a_2, \cdots, a_s$ 是 R 的非零、非单位的元素, 并满足下列的依次整除关系

$$a_1 | a_2 | \cdots | a_s;$$

(2) M 是无挠 R-模 (即 $\mathrm{Tor}(M) = 0$) 当且仅当它是自由 R-模;

(3) 在上述 (1) 的分解式中, 直和项 R^r 是模 M 的自由部分, 而后面 s 项的直和为 M 的全挠子模. 即, 有下列同构

$$\mathrm{Tor}(M) \simeq R/(a_1) \oplus R/(a_2) \oplus \cdots \oplus R/(a_s).$$

证明　设 $x_1, x_2, \cdots, x_n$ 是有限生成 R-模 M 的极小生成元集, R^n 是秩为 n 的自由 R-模, 并带有标准基 $e_1, e_2, \cdots, e_n$. 定义 R-模的同态

$$\pi : R^n \to M, \ y \mapsto \pi(y),$$

使得 $\pi(e_i) = x_i$, $1 \leqslant i \leqslant n$, 这是一个满同态. 由同态基本定理可知, 存在 R-模的同构映射: $R^n / \mathrm{Ker}\pi \to M$.

此时, $\mathrm{Ker}\pi$ 是自由 R-模 R^n 的子模, 应用前面引理 8.2, 必存在 R^n 的一组基 $y_1, y_2, \cdots, y_n$ 及子模 $\mathrm{Ker}\pi$ 的一组基 $a_1 y_1, a_2 y_2, \cdots, a_m y_m$, 其中 $a_1, a_2, \cdots, a_m$ 是环 R 的非零元素, 且有依次整除关系

$$a_1 | a_2 | \cdots | a_m.$$

由此可以推出: 下列同构式成立 (参考练习 7.30)

$$M \simeq (Ry_1 \oplus Ry_2 \oplus \cdots \oplus Ry_n)/(Ra_1 y_1 \oplus Ra_2 y_2 \oplus \cdots \oplus Ra_m y_m)$$

$$\simeq R/(a_1) \oplus R/(a_2) \oplus \cdots \oplus R/(a_m) \oplus R^{n-m}.$$

当 a_i 是 R 中的单位时, 有 $R/(a_i) = 0$. 此时, 在上述同构式中可以去掉相应的直和项, 适当调整记号与顺序后得到所要求的同构式, (1) 成立.

(2)—(3)　由 (1) 中 R-模 M 的同构式不难看出: (3) 中关于全挠子模 $\mathrm{Tor}(M)$ 的同构式成立, 从而结论 (2) 也成立.

推论 8.6　设 R 是主理想整环, M 是有限生成的 R-模, 则 M 同构于有限个循环 R-模的直和

$$M \simeq R^r \oplus R/(p_1^{s_1}) \oplus R/(p_2^{s_2}) \oplus \cdots \oplus R/(p_t^{s_t}),$$

其中, r, t 是非负整数, $s_1, s_2, \cdots, s_t$ 是正整数, $p_1, p_2, \cdots, p_t$ 是环 R 中的素元.

证明　由条件 R 是主理想整环, 它是唯一分解整环, 任何元素 $a \in R$ 都可以唯一分解为有限个素元 q_i 的方幂的乘积

$$a = q_1^{\alpha_1} q_2^{\alpha_2} \cdots q_m^{\alpha_m},$$

其中 $\alpha_1, \alpha_2, \cdots, \alpha_m$ 是正整数, m 是非负整数 (不妨设 $a \neq 0$, 也非单位).

因主理想整环 R 中不同素元的方幂是两两互素的, 相应的主理想也是两两互素的, 从而可以利用中国剩余定理 (定理 2.35) 对 R-模 $R/(a)$ 进行分解. 再注意到前面定理 8.5(1) 中的分解式, 不难看出: 推论中的同构式成立.

下面我们将讨论 R-模 M 的分解式的唯一性, 首先给出一个引理.

引理 8.7 设 R 是主理想整环, M 是任意的 R-模, 则有下列结论:

(1) 对任意的元素 $p \in R$, 令 $M(p) = \{x \in M;\ p^k x = 0, \exists k \in \mathbb{N}\}$, 则子集 $M(p)$ 是 M 的子模. 当 $p \neq 0$ 时, 它是 M 的挠子模. 即, $M(p) \subset \mathrm{Tor}(M)$.

(2) 若 $p_1, p_2, \cdots, p_n$ 是环 R 中两两不相伴的素元, 则有下列子模的直和

$$M(p_1) \oplus M(p_2) \oplus \cdots \oplus M(p_n).$$

特别, 对环 R 中的两个素元 p, q, 子模 $M(p) = M(q)$ 当且仅当 p, q 是相伴的.

(3) 若 M 是有限生成的 R-模, 且全挠子模 $\mathrm{Tor}(M) \neq 0$, 则有环 R 中的有限个素元 $p_1, p_2, \cdots, p_n$, 它们是两两不相伴的, 使得 $\mathrm{Tor}(M)$ 可以分解为所有这些子模 $M(p_i)$ 的直和

$$\mathrm{Tor}(M) = M(p_1) \oplus M(p_2) \oplus \cdots \oplus M(p_n).$$

此时, 子模 $M(p_i)(1 \leqslant i \leqslant n)$ 也是有限生成的 R-模, 且有如下分解式

$$M(p_i) \simeq R/(p_i^{l_{i1}}) \oplus R/(p_i^{l_{i2}}) \oplus \cdots \oplus R/(p_i^{l_{im_i}}),$$

其中指标 l_{ij} 是正整数, $1 \leqslant j \leqslant m_i$, $1 \leqslant i \leqslant n$.

证明 (1) 由定义可以直接验证: 子集 $M(p)$ 关于加法与作用运算是封闭的, 从而它是 M 的子模. 由条件 R 是主理想整环, 当元素 p 非零时, 它的任何方幂也非零. 因此, 子模 $M(p)$ 由挠元素构成.

(2) 对素元的个数 n 归纳证明, 当 $n = 1$ 时, 结论自动成立. 假设 $n > 1$, 且对 $n - 1$ 的情形结论已成立. 设 $y_1 + y_2 + \cdots + y_n = 0, y_i \in M(p_i), 1 \leqslant i \leqslant n$, 只要证明: $y_i = 0, 1 \leqslant i \leqslant n$.

由子模 $M(p_1)$ 的定义, 必存在正整数 k, 使得 $p_1^k y_1 = 0$, 从而有下列等式

$$p_1^k y_2 + \cdots + p_1^k y_n = p_1^k y_1 + p_1^k y_2 + \cdots + p_1^k y_n = 0.$$

根据归纳假设, 有直和式: $M(p_2) \oplus \cdots \oplus M(p_n)$. 于是, 有下列式子

$$p_1^k y_i = 0, \quad 2 \leqslant i \leqslant n.$$

另外, 由于元素 $y_i \in M(p_i)$, 必存在正整数 k_i, 使得 $p_i^{k_i} y_i = 0$. 由给定的条件, $p_1, p_i \in R$ 是不相伴的素元, 它们在环 R 中互素, 从而有元素 $s_1, s_i \in R$, 使得等式 $s_1 p_1 + s_i p_i = 1$ 成立. 因此, 下列所要求的式子成立

$$y_i = (s_1 p_1 + s_i p_i)^{k+k_i}(y_i)$$
$$= \sum_j \binom{k+k_i}{j} s_1^{k+k_i-j} p_1^{k+k_i-j} s_i^j p_i^j (y_i) = 0, \quad \forall i \geqslant 2.$$

最后, 由上述直和分解式不难看出: $M(p) = M(q)$ 当且仅当 p, q 是相伴的.

(3) 根据有限生成 R-模的分解式 (推论 8.6), 不难推出: 存在环 R 中的有限个素元 $p_1, p_2, \cdots, p_n$, 正整数 $m_i, l_{ij}, 1 \leqslant j \leqslant m_i, 1 \leqslant i \leqslant n$, 使得下面的两个式子同时成立

$$\text{Tor}(M) = M(p_1) \oplus M(p_2) \oplus \cdots \oplus M(p_n),$$
$$M(p_i) \simeq R/(p_i^{l_{i1}}) \oplus R/(p_i^{l_{i2}}) \oplus \cdots \oplus R/(p_i^{l_{im_i}}).$$

定理 8.8 设 R 是主理想整环, M, N 是两个有限生成的 R-模, 并有分解式

$$M = R^r \oplus R/(p_1^{u_1}) \oplus \cdots \oplus R/(p_m^{u_m}),$$
$$N = R^s \oplus R/(q_1^{v_1}) \oplus \cdots \oplus R/(q_n^{v_n}),$$

其中 $p_1, \cdots, p_m, q_1, \cdots, q_n$ 是环 R 中的素元, r, s, m, n 是非负整数, u_i, v_j 是正整数, $1 \leqslant i \leqslant m, 1 \leqslant j \leqslant n$, 则 R-模 M 同构于 N 当且仅当 $r = s, m = n$, 并且适当调整指标顺序之后, 元素 p_i 与 q_i 相伴, 且 $u_i = v_i, 1 \leqslant i \leqslant m = n$.

证明 当定理给出的条件满足时, 显然有 R-模的同构: $M \simeq N$. 现假设有 R-模的同构映射 $\sigma : M \to N$, 首先不难验证: $\sigma(\text{Tor}(M)) = \text{Tor}(N)$, 从而有下列 R-模的同构映射

$$R^r \simeq M/\text{Tor}(M) \to N/\text{Tor}(N) \simeq R^s.$$

再利用定理 7.8 的结论, 可以推出: $r = s$. 因此, 在下面的证明过程中, 不妨假设 $M = \text{Tor}(M), N = \text{Tor}(N)$ 都是挠模.

此时, 有下列诱导的同构映射

$$\sigma : R/(p_1^{u_1}) \oplus \cdots \oplus R/(p_m^{u_m}) \to R/(q_1^{v_1}) \oplus \cdots \oplus R/(q_n^{v_n}).$$

利用引理 8.7, R-模 M 可以写成形如 $M(p)$ 的有限个子模直和的形式, 这里 p 是环 R 中的素元, 并且在同构映射 σ 的作用下, 有 $\sigma(M(p)) = N(p)$. 从而, 可以进一步假设 R-模 M, N 具有下列简单的形式

$$M = R/(p^{u_1}) \oplus \cdots \oplus R/(p^{u_m}),$$

$$N = R/(p^{v_1}) \oplus \cdots \oplus R/(p^{v_n}).$$

只要证明: $m = n$, 且适当调整指标顺序之后 (比如, 可以按照自然升序重新排列这些 u_i, v_j), 有等式: $u_i = v_i, 1 \leqslant i \leqslant m$.

对任意非负整数 j, 定义 R-模 M 的子模 $p^j M \subset M$, 从而有式子

$$p^j M = p^j R/(p^{u_1}) \oplus \cdots \oplus p^j R/(p^{u_m}) = \bigoplus_{j < u_k} p^j R/(p^{u_k})$$

$$\supset p^{j+1} M = \bigoplus_{j < u_k} p^{j+1} R/(p^{u_k}).$$

另外, 把 R-模 $p^j M$ 关于其子模 $p^{j+1} M$ 做商模, 又将得到下列同构式

$$p^j M/p^{j+1} M \simeq \bigoplus_{j < u_k} (p^j R/p^{u_k} R)/(p^{j+1} R/p^{u_k} R)$$

$$\simeq \bigoplus_{j < u_k} p^j R/p^{j+1} R.$$

根据引理 6.26 提供的方法, 此同构式的两端都可以看成域 $F = R/(p)$ 上的向量空间, 其维数为

$$|\{k; j < u_k\}| \dim_F p^j R/p^{j+1} R.$$

由于 $R/(p)$ 上的向量空间 $p^j R/p^{j+1} R$ 是一维的: 它有基 $[p^j] \in p^j R/p^{j+1} R$, 上述向量空间的维数实际为 $|\{k; j < u_k\}|$.

类似的讨论还可以说明: 商模 $p^j N/p^{j+1} N$ 也可以看成域 $F = R/(p)$ 上的向量空间, 它的维数为 $|\{k; j < v_k\}|$. 根据定理的条件, 必有下列等式

$$|\{k; j < u_k\}| = |\{k; j < v_k\}|, \ \forall j \in \mathbb{N}.$$

因此, m 和 n 只能相等, 并且 $u_i = v_i, \ 1 \leqslant i \leqslant m$.

注记 8.9   在定理 8.8 的证明过程中, 曾用到关于主理想整环 R 的一些基本性质, 建议读者对前面的相关内容做一个复习. 比如, 任何两个元素 $a, b \in R$ 的最大公因式 (a, b) 必存在, 并且可以写成 a, b 的组合的形式, 这是因为 a, b 生成的理想一定是某个主理想 (d); 再比如, 当元素 p 是环 R 的素元时, 主理想 (p) 是环 R 的极大理想, 从而商环 $R/(p)$ 是一个域.

练习 8.10   验证注记 8.9 中关于最大公因式与极大理想的结论.

注记 8.11   由于任何可换群都可以看成整数环上的模, 并且整数环 $\mathbb{Z}$ 是主理想整环, 前面关于主理想整环上有限生成模的具体描述, 均可以应用于有限生成可换群结构的讨论, 并得到相应的结构定理, 详见定理 11.1.

例 8.12 (线性变换的有理标准形)　设 V 是域 F 上的 n 维向量空间, $\mathbb{A}$ 是 V 的线性变换, $R = F[x]$ 是域 F 上变量 x 的一元多项式环, 它是一个主理想整环 (参见命题 5.3). 现考虑环 R 在可换群 V 上的如下作用

$$R \times V \to V,$$

$$(f(x), v) \mapsto f(x) \cdot v = f(\mathbb{A})(v).$$

由定义不难验证: 上述作用是合理的, 向量空间 V 成为一个 R-模. 比如, 关于作用的分配律与结合律, 具体验证如下

$$\begin{aligned}
(f(x) + g(x)) \cdot v &= (f(\mathbb{A}) + g(\mathbb{A}))(v) \\
&= f(\mathbb{A})(v) + g(\mathbb{A})(v) \\
&= f(x) \cdot v + g(x) \cdot v, \\
(f(x)g(x)) \cdot v &= (f(\mathbb{A})g(\mathbb{A}))(v) \\
&= f(\mathbb{A})(g(\mathbb{A})(v)) \\
&= f(x) \cdot (g(x) \cdot v),
\end{aligned}$$

其中元素 $f(x), g(x) \in R = F[x]$, $v \in V$.

作为主理想整环 R 上的模, n-维向量空间 V 自然是有限生成的, 从而可以应用定理 8.5 的结论, 并得到下列 R-模的同构映射

$$V \to R/(d_1(x)) \oplus R/(d_2(x)) \oplus \cdots \oplus R/(d_r(x)),$$

其中 $d_1(x), d_2(x), \cdots, d_r(x)$ 是 $R = F[x]$ 中的首项系数为 1 的多项式, 并且满足依次整除关系

$$d_1(x) | d_2(x) | \cdots | d_r(x).$$

因为域 F 是交换环 $R = F[x]$ 的子环 (也是子域), 上述 R-模的同构映射也可以看成域 F 上向量空间的同构映射. 设 V_i 是向量空间 V 的子空间, 它对应于子空间 $R/(d_i(x))$, 从而有子空间的直和分解

$$V = V_1 \oplus V_2 \oplus \cdots \oplus V_r.$$

不难看出: 子空间 V_i 在线性变换 $\mathbb{A}$ 的作用下是不变的, 也称其为 $\mathbb{A}$ 的不变子空间. 取子空间 V_i 的基 $e_{i1}, e_{i2}, \cdots, e_{in_i}$, 使它对应于子空间 $R/(d_i(x))$ 的基

$$1, x, \cdots, x^{n_i - 1},$$

这里 $n_i = \deg(d_i(x))$ 是多项式 $d_i(x)$ 的次数, 且有下列式子

$$d_i(x) = b_0^i + b_1^i x + \cdots + b_{n_i}^i x^{n_i} \in R = F[x],$$

其中系数 $b_0^i, b_1^i, \cdots, b_{n_i}^i \in F$, 且有 $b_{n_i}^i = 1, i = 1, 2, \cdots, r$.

为了确定线性变换 $\mathbb{A}$ 的矩阵 A, 只需计算出它在每个不变子空间 V_i 上的矩阵 A_i. 它在基 $e_{i1}, e_{i2}, \cdots, e_{in_i}$ 上的作用, 可以具体描述如下

$$\mathbb{A}e_{i1} = x \cdot e_{i1} \mapsto x \cdot 1 = x \mapsto e_{i2},$$
$$\mathbb{A}e_{i2} = x \cdot e_{i2} \mapsto x \cdot x = x^2 \mapsto e_{i3},$$
$$\cdots\cdots$$
$$\mathbb{A}e_{in_i} = x \cdot e_{in_i} \mapsto x \cdot x^{n_i-1} = x^{n_i}$$
$$= -b_0^i - b_1^i x - \cdots - b_{n_i-1}^i x^{n_i-1}$$
$$\mapsto -b_0^i e_{i1} - b_1^i e_{i2} - \cdots - b_{n_i-1}^i e_{in_i}.$$

于是, 有 $\mathbb{A}(e_{i1}, \cdots, e_{in_i}) = (e_{i1}, \cdots, e_{in_i})A_i$, 其中 A_i 是下列形式的 n_i 阶矩阵

$$A_i = \begin{pmatrix} 0 & 0 & \cdots & 0 & -b_0^i \\ 1 & 0 & \cdots & 0 & -b_1^i \\ \vdots & \vdots & & \vdots & \vdots \\ 0 & 0 & \cdots & 0 & -b_{n_i-2}^i \\ 0 & 0 & \cdots & 1 & -b_{n_i-1}^i \end{pmatrix}.$$

最后, 把所有这些不变子空间 V_i 的基合并, 将得到向量空间 V 的一组基, 而线性变换 $\mathbb{A}$ 在这组基下的矩阵为下列 r 阶准对角矩阵

$$A = \mathrm{diag}\{A_1, A_2, \cdots, A_r\}.$$

例 8.13 (线性变换的若尔当标准形) 术语如例 8.12, 并假定 F 是代数闭域: 多项式环 $F[x]$ 中的任何非常数多项式在 F 中都有根, 或 $F[x]$ 中的任何不可约多项式都是一次的. 此时, 主理想整环 $R = F[x]$ 中的素元均为一次多项式, 本质上形如: $x - \lambda$, 这里 $\lambda \in F$. 于是, 根据推论 8.6 的结论, 必存在下列形式的 R-模的同构映射

$$V \simeq R/((x - \lambda_1)^{n_1}) \oplus R/((x - \lambda_2)^{n_2}) \oplus \cdots \oplus R/((x - \lambda_r)^{n_r}).$$

类似于例 8.12 的说明, 上述 R-模的同构映射可以看成域 F 上向量空间的同构映射. 设 V_i 是 V 的子空间, 它对应于 n_i-维子空间 $R/((x - \lambda_i)^{n_i})$, 从而有下列

子空间的直和分解

$$V = V_1 \oplus V_2 \oplus \cdots \oplus V_r.$$

此时, V_i 也是线性变换 $\mathbb{A}$ 的不变子空间. 取 V_i 的基 $e_{i1}, e_{i2}, \cdots, e_{in_i}$, 它对应于子空间 $R/((x - \lambda_i)^{n_i})$ 的基: $1, (x - \lambda_i), \cdots, (x - \lambda_i)^{n_i-1}$.

下面确定线性变换 $\mathbb{A}$ 的矩阵 A, 只需计算出它在每个不变子空间 V_i 上的矩阵 A_i. 它在基 $e_{i1}, e_{i2}, \cdots, e_{in_i}$ 上的作用, 可以具体描述如下

$$\mathbb{A}e_{i1} = x \cdot e_{i1} \mapsto x \cdot 1 = \lambda_i + (x - \lambda_i) \mapsto \lambda_i e_{i1} + e_{i2},$$

$$\mathbb{A}e_{i2} = x \cdot e_{i2} \mapsto x \cdot (x - \lambda_i) = \lambda_i(x - \lambda_i) + (x - \lambda_i)^2 \mapsto \lambda_i e_{i2} + e_{i3},$$

$$\cdots\cdots$$

$$\mathbb{A}e_{in_i} = x \cdot e_{in_i} \mapsto x \cdot (x - \lambda_i)^{n_i-1} = \lambda_i(x - \lambda_i)^{n_i-1}.$$

于是, 有 $\mathbb{A}(e_{i1}, e_{i2}, \cdots, e_{in_i}) = (e_{i1}, e_{i2}, \cdots, e_{in_i})A_i$, 其中 A_i 是下列形式的 n_i 阶矩阵

$$A_i = \begin{pmatrix} \lambda_i & 0 & \cdots & 0 & 0 \\ 1 & \lambda_i & \cdots & 0 & 0 \\ \vdots & \vdots & & \vdots & \vdots \\ 0 & 0 & \cdots & \lambda_i & 0 \\ 0 & 0 & \cdots & 1 & \lambda_i \end{pmatrix}.$$

最后, 把所有这些不变子空间 V_i 的基合并, 将得到向量空间 V 的一组基, 而线性变换 $\mathbb{A}$ 在这组基下的矩阵为下列 r 阶准对角矩阵

$$A = \mathrm{diag}\{A_1, A_2, \cdots, A_r\}.$$

练习 8.14 设 R 是给定的整环, M 是有限秩的 R-模, N 是 M 的子模, 则有下列等式

$$\mathrm{rank}(M) = \mathrm{rank}(N) + \mathrm{rank}(M/N),$$

这里 $\mathrm{rank}(L)$ 表示 R-模 L 的秩: L 中线性无关向量组包含元素的个数的最大值 (对照主理想整环上模的情形, 见引理 8.2(1) 的证明中的相关说明).

提示 设 $N, M/N$ 的秩分别为 r, s, 取 N 的无关向量组 $x_1, \cdots, x_r$ 及 M/N 的无关向量组的原像 $x_{r+1}, \cdots, x_{r+s}$, 只要证明: M 的秩为 $n = r + s$; 令 L 是由元素 $x_1, \cdots, x_n$ 生成的子模, 易证: M/L 是挠模; 任取 $y_1, \cdots, y_n, y_{n+1}$, 必存在非零元素 $a_i \in R$, 使得 $a_i y_i (1 \leqslant i \leqslant n+1)$ 可以写成 $x_1, \cdots, x_n$ 的线性组合. 由此容易推出: $y_1, \cdots, y_n, y_{n+1}$ 是线性相关的.

练习 8.15 设 $R = \mathbb{Z}[x]$ 是整数环 $\mathbb{Z}$ 上的一元多项式环, $M = (2, x)$ 是由元素 $2, x$ 生成的 R 的理想. 证明下列结论: 作为 R-模, M 不是自由模; 元素 $2, x$ 是线性相关的; R-模 M 的秩为 1.

注记 8.16 本讲的最后两个例子分别讨论了线性变换的矩阵的两种典型的化简问题: 有理标准形与若尔当标准形. 给定 n-维向量空间的一组基, 任何线性变换在这组基下对应一个 n 阶矩阵. 一般来说, 不同基的选取对应的矩阵差别很大. 所谓线性变换矩阵的化简是指: 选取合适的基, 使得对应的矩阵具有尽可能简单 (比如对角矩阵) 的形式.

前面例 8.12 说明: 任意给定线性变换, 都可以选取合适的基, 使得该线性变换在这组基下的矩阵为有理形式 (这个结果对域没有任何限制, 即使对有理数域也成立). 例 8.13 给出了线性变换矩阵的另一简单形式: 若尔当形矩阵 (这里要求域是代数闭的, 以保证多项式根的存在性).

值得注意的是: 这两个例子给出的结果都是初步的、理论上的, 具体的矩阵计算及确定的问题涉及关于线性变换、矩阵的其他细致的性质. 比如, 要用到特征值、特征向量、特征多项式等概念. 关于这方面的讨论, 在线性代数的内容中有系统的描述, 见参考文献 [4–5] 等.

第 9 讲　集合上的对称群

前面讨论的交换环或一般的环是这样一种代数结构: 它包括一个非空的基础集合 R, 带有两个运算 (加法与乘法), 还要满足若干运算规则. 前面还给出了可换群的定义 (定义 1.9), 并且任何一个交换环或环 R 关于其加法运算构成一个可换群. 如果在可换群的定义中, 去掉 "可换性" 条件, 同时把加法运算换成 "抽象的" 乘法运算, 就得到一般的抽象群的概念.

现在开始对抽象群 (简称为群) 进行系统研究, 我们将使用研究环的一些基本方法进行讨论. 首先, 从一个具体且典型的例子入手.

例 9.1　设 X 是任意非空集合, 用 $\mathrm{Sym}(X)$ 表示由 X 到其自身的所有双射构成的集合, 映射的合成确定了集合 $\mathrm{Sym}(X)$ 上的一个二元运算

$$\circ : \mathrm{Sym}(X) \times \mathrm{Sym}(X) \to \mathrm{Sym}(X), \ (f, g) \mapsto f \circ g,$$

使得 $(f \circ g)(x) = f(g(x)), \forall x \in X$. 由映射合成的定义, 不难验证下列性质:

(1) 结合律: $(f \circ g) \circ h = f \circ (g \circ h)$;

(2) 单位元: 存在 $\mathrm{Id}_X \in \mathrm{Sym}(X)$, 使得 $f \circ \mathrm{Id}_X = \mathrm{Id}_X \circ f = f$;

(3) 逆元素: 存在 $f^{-1} \in \mathrm{Sym}(X)$, 使得 $f \circ f^{-1} = f^{-1} \circ f = \mathrm{Id}_X$,

这里元素 $f, g, h \in \mathrm{Sym}(X)$, Id_X 是 X 上的恒等映射: $\mathrm{Id}_X(x) = x, \forall x \in X$, 而 f^{-1} 表示映射 f 的逆映射

$$f^{-1}(y) = x \Leftrightarrow f(x) = y, \quad \forall x, y \in X.$$

此时, 称集合 $\mathrm{Sym}(X)$ 关于上述合成运算 (考虑到它所具有的三条性质) 构成集合 X 上的对称群, 它是一般群的一个具体例子, 见定义 9.3.

注记 9.2　根据定义两个映射相等当且仅当它们对应的像相等. 即, 它们在自变量的任意合理取值的情况下, 对应的值都完全一样. 因此, 两个映射相等的判定问题可以转化为在另一个集合中的对应元素相等的判定问题.

比如, 对映射 $f, g \in \mathrm{Sym}(X)$, 有 $f = g \Leftrightarrow f(x) = g(x), \forall x \in X$.

定义 9.3　设 G 是一个非空集合, 它带有一个二元运算或有一个映射

$$\circ : G \times G \to G, \ (g, h) \mapsto g \circ h,$$

并且满足下列三条规则, 则称 G 是一个群 (乘积 $g \circ h$ 有时也记为 $g \cdot h$ 或 gh).

(1) 结合律: $(f \circ g) \circ h = f \circ (g \circ h)$;

(2) 单位元: 存在 $e \in G$, 使得 $f \circ e = e \circ f = f$;

(3) 逆元素: 存在 $f^{-1} \in G$, 使得 $f \circ f^{-1} = f^{-1} \circ f = e$,

其中 $f, g, h \in G$; 称元素 e 是群 G 的单位元, 有时也记为 1; f^{-1} 是 f 的逆元素.

练习 9.4 证明: 在任何群 G 中, 单位元与任何元素的逆元素都是唯一的.

注记 9.5 若群 G 的乘法运算还满足交换律, 即, $g \circ h = h \circ g, \forall g, h \in G$, 则称 G 是一个交换群. 按照通常做法, 交换群 G 的运算用加号表示, 单位元变成零元素, 逆元素变成负元素. 此时, 也称 G 为可换群 (见定义 1.9). 特别, 若给定的群 G 只包含一个元素, 也称 G 为零群 (自然是可换群).

定义 9.6 设 G 是一个群, H 是 G 的非空子集, 称其为群 G 的子群, 如果它满足封闭性条件: $gh^{-1} \in H, \forall g, h \in H$(它等价于对乘法及取逆运算封闭).

引理 9.7 设 H 是群 G 的非空子集, 则 H 是群 G 的子群当且仅当它满足条件: 对任意元素 $g, h \in H$, 必有 $gh, h^{-1} \in H$.

证明 若 H 是群 G 的子群, 且 $g, h \in H$, 由定义 $gh^{-1} \in H$. 取元素 g 为群 G 的单位元 1, 由此推出: $h^{-1} \in H$. 进而推出: $g(h^{-1})^{-1} = gh \in H$.

反之, 若引理的条件成立, 对任意元素 $g, h \in H$, 首先有 $h^{-1} \in H$, 由此推出: $gh^{-1} \in H$. 于是, H 是群 G 的子群.

例 9.8 由例 9.1 可知, 非空集合 X 上的对称群 $\mathrm{Sym}(X)$ 是一个群; 它的任何子群也称为集合 X 上的变换群 (由 X 的某些双射构成的群). 当集合 X 是有限集时, 也称对称群 $\mathrm{Sym}(X)$ 为集合 X 的置换群, 其中的元素称为 X 的置换.

特别, 当有限集 $X = \{1, 2, \cdots, n\}$ 时, 也记 $\mathrm{Sym}(X) = S_n$, 其元素 σ 对应一个 n 级排列 (按照自然方式理解)

$$i_1 i_2 \cdots i_n.$$

此时, 置换 $\sigma \in S_n$ 可以具体描述为 $\sigma(s) = i_s, 1 \leqslant s \leqslant n$.

练习 9.9 证明: 置换群 S_n 恰好包含 $n!$ 个元素.

定义 9.10 设 $\sigma \in S_n$, 称其为长度为 $t-1$ 的循环, 并记为 $l(\sigma) = t-1$, 如果存在非空子集

$$S(\sigma) = \{i_1, i_2, \cdots, i_t\} \subset \{1, 2, \cdots, n\},$$

它满足下面的条件 (循环的含义):

$$\sigma(i_j) = i_{j+1}, \ 1 \leqslant j \leqslant t-1; \quad \sigma(i_t) = i_1; \quad \sigma(k) = k, \ \forall k \notin S(\sigma).$$

此时, 也记为 $\sigma = (i_1 i_2 \cdots i_t) \in S_n$(注意此表示与排列 $i_1 i_2 \cdots i_n$ 的区别).

置换群 S_n 中长度为 1 的循环, 称为一个对换. 比如 (ij) 是一个对换, 它把元素 i, j 互换, 把异于 i, j 的元素保持不动. 另外, S_n 中长度为 0 的循环正是 S_n 的单位元, 它是集合 $\{1, 2, \cdots, n\}$ 的恒等映射, 也记为 (1).

对两个循环 $\sigma, \tau \in S_n$, 若有 $S(\sigma) \cap S(\tau) = \varnothing$, 则称它们是不相交的.

引理 9.11 (1) 置换群 S_n 中的任意两个不相交的循环的乘积符合交换律;

(2) 置换群 S_n 中的任意置换都可以分解为一些互不相交的循环的乘积.

证明 (1) 设 $\sigma = (i_1 i_2 \cdots i_s), \tau = (j_1 j_2 \cdots j_t)$ 是不相交的循环, 要证明等式

$$(i_1 i_2 \cdots i_s) \cdot (j_1 j_2 \cdots j_t) = (j_1 j_2 \cdots j_t) \cdot (i_1 i_2 \cdots i_s).$$

对任意元素 k, 只要证明上式两边的映射作用在 k 上都取相同的值. 可区分三种情形进行讨论: $k \in S(\sigma); k \in S(\tau); k \notin S(\sigma) \cup S(\tau)$, 读者自行验证.

(2) 设 $\sigma \in S_n$, 不妨设 $\sigma \neq (1)$, 必存在元素 i, 使得 $\sigma(i) \neq i$. 取这样的某个元素, 并记为 i_1, 用置换 σ 不断作用到该元素上, 有

$$i_1 = \sigma^0(i_1), i_2 = \sigma(i_1), \cdots, i_s = \sigma^{s-1}(i_1),$$

其中 s 是最小的正整数, 使得 i_{s+1} 与前面的某个 i_t 相同, $1 \leqslant t \leqslant s$. 此时, 有

$$\sigma^s(i_1) = i_{s+1} = i_t = \sigma^{t-1}(i_1) \Rightarrow \sigma^{s-t+1}(i_1) = i_1.$$

再由正整数 s 的取法可以推出, $t = 1$. 由此得到第 1 个循环: $(i_1 i_2 \cdots i_s)$.

若 $s = n$, 则 $\sigma = (i_1 i_2 \cdots i_n)$, 结论成立. 否则, 取元素 $j_1 \notin \{i_1, \cdots, i_s\}$, 并按照上述同样的方法进行讨论, 又得到一个循环 $(j_1 j_2 \cdots j_t)$. 若 $s + t = n$, 则有 $\sigma = (i_1 i_2 \cdots i_s) \cdot (j_1 j_2 \cdots j_t)$. 否则, 再取其他元素进行类似讨论, 最终将得到置换 σ 的一个分解式

$$\sigma = (i_1 i_2 \cdots i_s) \cdot (j_1 j_2 \cdots j_t) \cdot \cdots \cdot (k_1 k_2 \cdots k_r).$$

根据上述做法也不难看出: 这些循环是两两不相交的 (也是唯一确定的).

引理 9.12 S_n 中的任意元素 σ 可以表示成一些对换的乘积, 并且在 σ 的所有可能的表示中出现的对换个数的奇偶性保持不变.

证明 任给循环 $(i_1 i_2 \cdots i_t) \in S_n$, 根据置换乘积的定义, 不难验证等式

$$(i_1 i_2 \cdots i_t) = (i_1 i_t)(i_1 i_{t-1}) \cdots (i_1 i_3)(i_1 i_2).$$

再利用引理 9.11, 可以推出: 任何置换 σ 都可以表示成一些对换的乘积.

下面证明关于奇偶性的结论. 对两两不相交的循环 $(c_1 \cdots c_h), (d_1 \cdots d_k)$ 及对换 (ab), 考虑下列等式

$$(ab)(ac_1 \cdots c_h bd_1 \cdots d_k) = (bd_1 \cdots d_k)(ac_1 \cdots c_h).$$

由于等式两边的置换作用于每个元素上, 得到同样的值, 因此, 该等式成立. 两边同乘以 (ab) 得到

$$(ab)(bd_1\cdots d_k)(ac_1\cdots c_h) = (ac_1\cdots c_h bd_1\cdots d_k).$$

这两个式子说明: 用对换 $\alpha = (ab)$ 去左乘置换 σ, 该置换的长度 $l(\sigma)$(表示成不相交循环的乘积中的循环的长度之和) 增加 1 或减少 1: $l(\alpha\sigma) = l(\sigma)\mp 1$, 总是改变奇偶性.

比如, 把置换 σ 写成不相交循环的乘积: $\gamma_1\gamma_2\cdots\gamma_t$, 其长度为

$$l(\sigma) = l(\gamma_1) + l(\gamma_2)\cdots + l(\gamma_t).$$

当元素 $a,b \in S(\gamma_1)$, 且 $\alpha = (ab)$ 时, 令 $\sigma_1 = \alpha\sigma = (ab)\gamma_1(\gamma_2\cdots\gamma_t)$, 利用前面的第 1 个等式, 不难得出: $l((ab)\gamma_1) = l(\gamma_1) - 1$, 从而有 $l(\sigma_1) = l(\sigma) - 1$.

若 σ 是一些对换的乘积, 当用一系列合适的对换左乘置换 σ, 使其变成恒等映射时, 所用对换的个数与置换的长度 $l(\sigma)$ 具有相同的奇偶性. 即, 一个置换表示成一些对换的乘积时, 所用对换个数的奇偶性保持不变.

例 9.13 取置换群 S_9 中的元素 σ, 它对应的 9 级排列为: 351672498. 此时, 它按下述唯一的方式表示成不相交循环的乘积 (见引理 9.11(2)):

$$\sigma = (13)(25746)(89),$$

由此可以得到它分解为对换的乘积的表达式如下:

$$\sigma = (13)(26)(24)(27)(25)(89).$$

此表达式中共出现 6 个对换, 而 σ 的长度为: $l(\sigma) = 1 + 4 + 1 = 6$.

定义 9.14 设 $\sigma \in S_n$, 称 σ 是偶置换, 如果它可以表示成偶数个对换的乘积; 否则称其为奇置换. 定义置换 σ 的符号: $\mathrm{sign}(\sigma) = (-1)^{|\sigma|}$, 这里 $|\sigma|$ 是指置换 σ 的对换乘积表达式中对换的个数.

练习 9.15 (1) 术语如上, 验证下列等式

$$\mathrm{sign}(\sigma\tau) = \mathrm{sign}(\sigma)\cdot\mathrm{sign}(\tau), \quad \forall\sigma,\tau \in S_n.$$

(2) 设置换 $\sigma = (i_1i_2)(j_1j_2)\cdots(k_1k_2)$ 是一些对换的乘积, 证明: 置换 σ^{-1} 可以按下列方式计算 (特别, 任何对换的逆为它本身):

$$\sigma^{-1} = (k_1k_2)\cdots(j_1j_2)(i_1i_2).$$

注记 9.16 由练习 9.15 不难看出: 置换群 S_n 中的所有偶置换构成的子集关于置换的乘法与取逆运算封闭, 它是 S_n 的一个子群, 记为 A_n. 于是, A_n 是一

个变换群, 这是一类非常重要的有限群, 称为交错有限单群 $(n \geqslant 5)$, 它和高次方程的求根问题密切相关.

上面提到的有限群是指包含有限个元素的群. 任何有限群 G 所包含元素的个数, 也称为群 G 的阶, 记为 $|G|$; 单群是指它只有两个平凡的正规子群, 关于正规子群的具体含义, 见下面的定义 9.17.

定义 9.17 设 N 是群 G 的子群, 称 N 是群 G 的正规子群或不变子群, 如果它满足下列封闭性条件

$$g \cdot h \cdot g^{-1} \in N, \ \forall g \in G, \ \forall h \in N.$$

称群 G 是一个单群, 如果 $G \neq \{1\}$, 且它只有两个平凡的正规子群: $\{1\}$ 与 G.

注记 9.18 任意给定群 G, 定义集合 G 上的一个二元关系 $\sim$ 如下

$$h_1 \sim h_2 \Leftrightarrow h_2 = gh_1g^{-1}, \ \exists g \in G.$$

容易验证: 这是集合 G 上的一个等价关系, 元素 g 所在的等价类记为 $[g]$. 当两个元素 h_1, h_2 等价时, 也称它们是共轭的, 元素的等价类也称为共轭类.

练习 9.19 证明: 对群 G 的子群 N, 它是正规子群当且仅当它是一些共轭类的不交并. 也就是说, 当元素 $h \in N$ 时, 必有共轭类 $[h] \subset N$.

共轭类的概念不仅和正规子群、单群的讨论有关, 它在群的表示理论中也起着非常基本的作用, 见相关参考文献, 比如文献 [2] 等. 下面的引理 9.20 描述了置换群 S_n 的共轭类的具体构造, 并计算了其共轭类数.

引理 9.20 置换群 S_n 的共轭类个数为 $p(n)$, 这里 $p(n)$ 是正整数 n 的所有划分的个数. 正整数 n 的一个划分是指: 它表示为正整数之和的一个有序分解式

$$n = n_1 + n_2 + \cdots + n_r, \quad n_1 \geqslant \cdots \geqslant n_r \geqslant 1.$$

特别, $p(3) = 3$ (读者验证). 因此, 置换群 S_3 共有三个共轭类.

证明 对任意置换 $\beta \in S_n$ 及任意循环 $(i_1 \cdots i_r) \in S_n$, 由定义可以直接验证下列等式成立

$$\beta(i_1 \cdots i_r)\beta^{-1} = (\beta(i_1) \cdots \beta(i_r)).$$

若 $\alpha = (i_1 \cdots i_{n_1}) \cdots (j_1 \cdots j_{n_s})$ 是一些不相交的循环的乘积, 由上式又可以推出

$$\beta\alpha\beta^{-1} = (\beta(i_1) \cdots \beta(i_{n_1})) \cdots (\beta(j_1) \cdots \beta(j_{n_s})).$$

由此不难说明: 两个置换是共轭的当且仅当它们分解为不相交的循环的乘积的 "形状" 是一致的. 由于这种 "形状" 恰好对应于正整数 n 的划分, 共轭类的个数与 n 的划分的个数相等, 从而引理结论成立.

注记 9.21 任何群 G 本质上都可以看成某个变换群 (某种同构的意义下): 考虑群 G (作为集合) 上的对称群 $\mathrm{Sym}(G)$, 建立 G 与 $\mathrm{Sym}(G)$ 之间的联系, 使得群 G 可以等同于 $\mathrm{Sym}(G)$ 的一个子群. 为此, 考虑由群 G 的 "左乘运算" 诱导的映射 L 如下

$$L : G \to \mathrm{Sym}(G), \ g \mapsto L_g,$$

$$L_g : G \to G, \ h \mapsto L_g(h) = gh.$$

(1) 对 $g \in G$, L_g 是 G 的一个双射: $L_{g^{-1}}$ 是它的逆映射, 这是因为下列等式

$$L_g L_{g^{-1}}(h) = g(g^{-1}h) = (gg^{-1})h = eh = h, \quad \forall h \in G,$$

$$L_{g^{-1}} L_g(h) = g^{-1}(gh) = (g^{-1}g)h = eh = h, \quad \forall h \in G.$$

(2) 子集 $L(G) = \{L_g; g \in G\}$ 是对称群 $\mathrm{Sym}(G)$ 的一个子群. 事实上, 有

$$L_{g_1} L_{g_2}(h) = g_1(g_2 h) = (g_1 g_2)h = L_{g_1 g_2}(h), \quad \forall g_1, \forall g_2, \forall h \in G,$$

$$L_{g^{-1}} L_g(h) = h, \forall h \in G \Rightarrow L_g{}^{-1} = L_{g^{-1}} \in L(G), \quad \forall g \in G.$$

(3) 映射 $L : G \to L(G)$ 是一个双射, 只需说明 L 是单射: 若有群 G 中的两个元素 g_1, g_2, 使得 $L_{g_1} = L_{g_2}$, 则有 $L_{g_1}(e) = L_{g_2}(e)$. 由此推出: $g_1 = g_2$.

(4) 映射 L 保持群的乘法运算: $L_{g_1 g_2} = L_{g_1} L_{g_2}, \forall g_1, \forall g_2 \in G$: 由 (2) 得到.

在所有上述四条成立的意义下, 抽象群 G 可以等同于非空集合 X 上的变换群: $L(G) \subset \mathrm{Sym}(G)$. 即, 在这两个群之间存在保持乘法运算的双射 L, 这种映射也称为群的同构映射, 这就是下面的定义 9.22.

定义 9.22 设 G, H 是两个群, 称映射 $\varphi : G \to H$ 是群的同构映射, 如果它是集合之间的双射, 并且它保持群的乘法运算

$$\varphi(g_1 g_2) = \varphi(g_1)\varphi(g_2), \quad \forall g_1, \forall g_2 \in G.$$

称给定的群 G, H 是同构的, 或 G 同构于 H, 也记为 $G \simeq H$, 如果它们之间至少存在一个同构映射.

特别, 当 $G = H$ 时, 称同构映射 $\varphi : G \to G$ 为群 G 的一个自同构, 群 G 的所有自同构构成的集合记为 $\mathrm{Aut}(G)$, 也称其为群 G 的自同构群. 由定义可以直接验证: $\mathrm{Aut}(G)$ 确实是一个群 (见练习 9.23).

练习 9.23 证明: 自同构的集合 $\mathrm{Aut}(G)$ 在映射的合成运算下构成一个群.

注记 9.24 前面注记 9.21 中的映射 L, 等价于下列二元映射

$$l : G \times G \to G, (g, h) \mapsto l(g, h) = g \cdot h = L_g(h) = gh.$$

换句话说, 二元映射 l 与映射 L 可以按照上述等式相互唯一确定, 由此不难看出下列两个基本事实成立:

(1) $1 \cdot g = l(1, g) = g$, $\forall g \in G$, 1 是 G 的单位元;

(2) $g_1 \cdot (g_2 \cdot h) = l(g_1, l(g_2, h)) = l(g_1 g_2, h) = (g_1 g_2) \cdot h$, $\forall g_1, g_2, h \in G$.

此时, 也称群 G 作用在集合 G 上. 把集合 G 换成任意的集合 S, 把具体的二元映射 l "抽象" 成一般的二元映射, 就得到下列作用的概念.

定义 9.25 设 G 是给定的群, S 是任意非空集合. 称群 G 作用在集合 S 上, 如果存在一个二元映射

$$G \times S \to S, \quad (g, x) \mapsto g \cdot x = gx,$$

并满足下面两个条件:

(1) $1x = x$, $\forall x \in S$, 这里 $1 \in G$ 是群的单位元 (单位元);

(2) $(gh)x = g(hx)$, $\forall x \in S, \forall g, \forall h \in G$ (结合律).

定义 9.26 设群 G 作用在非空集 S 上. 对 $x \in S$, 令 $Gx = \{gx; \ g \in G\}$, 它是集合 S 的一个子集, 称其为元素 x 所在的轨道.

此时, 在集合 S 上定义一个二元关系 $\sim$, 使得 $x \sim y \Leftrightarrow x, y$ 属于 S 的同一个轨道. 不难验证: 这是一个等价关系, 并且每个等价类相当于一个轨道, 其商集为 $S/\sim = S/G = \{Gx; \ x \in S\}$, 它是所有轨道构成的集合, 而集合 S 可以看成其所有轨道的不交并.

特别, 当集合 $S = Gx$ $(\exists x \in S)$ 本身是一个轨道时, 称相应的作用是可迁的作用. 此时, 对 S 中的任意两个元素 x, y, 必有群元素 $g \in G$, 使得 $gx = y$.

定义 9.27 设群 G 作用在集合 S 上, 对元素 $x \in S$, 定义子集

$$\mathrm{Stab}(x) = \{g \in G; \ gx = x\},$$

它是群 G 的子群 (见下面的练习 9.28), 称其为元素 x 的稳定子群, 也记为 G_x.

练习 9.28 术语如上, 验证: 子集 $\mathrm{Stab}(x)$ 确实是群 G 的子群.

例 9.29 设 G 是任意的群, H 是群 G 的一个子群, 定义 H 在 G 上的左乘作用

$$H \times G \to G, \quad (h, g) \mapsto hg;$$

而子群 H 在 G 上的共轭作用是指下列映射

$$H \times G \to G, \quad (h, g) \mapsto hgh^{-1}.$$

不难看出: 这两个作用的定义是合理的 (见定义 9.25). 左乘作用的轨道称为子群 H 的右陪集, 它形如: $[g] = Hg = \{hg; \ h \in H\}$. 当 $H = G$ 时, 共轭作用的轨道就是共轭类, 它形如: $G \cdot g = \{hgh^{-1}; \ h \in G\}$.

注记 9.30　通过群 G 在其自身上的共轭作用, 可以定义下列映射

$$\mathrm{Ad}: G \to \mathrm{Aut}(G),\quad g \mapsto \mathrm{Ad}(g),$$

其中 $\mathrm{Aut}(G)$ 是群 G 的自同构群, 且映射 $\mathrm{Ad}(g): G \to G,\ h \mapsto ghg^{-1}$. 由定义容易看出: $\forall g_1, g_2 \in G$, 有下列式子

$$\mathrm{Ad}(g_1 g_2)(h) = g_1 g_2 h g_2^{-1} g^{-1}$$

$$= \mathrm{Ad}(g_1)\mathrm{Ad}(g_2)(h),\quad \forall h \in G.$$

由此可知: $\mathrm{Ad}(g_1 g_2) = \mathrm{Ad}(g_1)\mathrm{Ad}(g_2), \forall g_1, g_2 \in G$. 此时, 也称映射 Ad 保持群的乘法运算. 另外, 还有 $\mathrm{Ad}(1) = \mathrm{Id}_G$, 从而又有 $(\mathrm{Ad}(g))^{-1} = \mathrm{Ad}(g^{-1})$. 由此推出: $\mathrm{Im Ad} = \mathrm{Ad}G$ 是 $\mathrm{Aut}(G)$ 的子群, 称其为群 G 的内自同构群. 令

$$Z(G) = \mathrm{Ker Ad} = \{g \in G;\ gh = hg, \forall h \in G\},$$

称其为群 G 的中心, 它由与 G 中所有元素可交换的元素构成, 它也是群 G 的正规子群 (可直接验证或参考第 10 讲的内容).

例 9.31　设 H 是群 G 的一个子群, 构造集合: $G/H = \{gH;\ g \in G\}$, 其中的元素 $gH = \{gh;\ h \in H\}$ 称为子群 H 的左陪集. G/H 也称为群 G 关于其子群 H 的左陪集空间. 类似地, 可以定义右陪集 Hg 及右陪集空间 (见例 9.29).

任意两个不同左陪集的交必为空集: 若 $g_1 H \cap g_2 H \neq \varnothing, g_1, g_2 \in G$, 取其中的元素 $g_1 h_1 = g_2 h_2, h_1, h_2 \in H$, 从而有下列包含关系

$$g_1 h = g_1 h_1 h_1^{-1} h = g_2 h_2 h_1^{-1} h \in g_2 H,\quad \forall h \in H.$$

于是, 有 $g_1 H \subset g_2 H$. 类似可证: $g_2 H \subset g_1 H$; 必有等式 $g_1 H = g_2 H$ 成立.

由此可知, 群 G 可以表示为子群 H 的所有不相交的左陪集的并

$$G = \bigcup_{g \in G} gH.$$

进一步, 根据群的定义条件容易验证: 这些左陪集之间还有双射对应 (单射是因为群中的任何元素都存在逆元素)

$$g_1 H \to g_2 H,\quad g_1 h \mapsto g_2 h.$$

特别, 当群 G 是有限群时, 由上述左陪集的分解式立即推出下列等式

$$|G| = [G : H]|H|,$$

其中 $[G : H]$ 是群 G 关于 H 的左陪集的个数, 称其为子群 H 的指数, $|G|, |H|$ 分别表示群 G 与子群 H 的阶数, 此结论也称为 Lagrange 定理.

现在我们定义群 G 在左陪集空间 G/H 上的典范作用如下

$$G \times G/H \to G/H, \quad (g, g_1H) \mapsto gg_1H.$$

不难验证: 这个作用的定义是合理的, 并且元素 $[1] = H \in G/H$ 的稳定子群为 H. 另外, 根据群的定义条件可以推出: 这个作用是可迁的.

定理 9.32 设群 G 可迁地作用在集合 S 上, 且 $H = \mathrm{Stab}(x)$, 这里 $x \in S$, 则群 G 在集合 S 上的作用等价于 G 在左陪集空间 G/H 上的典范作用.

特别, 当 G 是有限群, 且 S 是有限集时, 左陪集空间 G/H 包含元素的个数 $[G:H]$ 与集合 S 包含元素的个数相等: $[G:H] = |S|$.

证明 对给定的 $x \in S$, 考虑映射 $\alpha: G \to S, g \mapsto gx$. 由可迁性, 对 S 中的任意元素 y, 必存在 G 中的元素 g, 使得 $gx = y$. 因此, 映射 α 是一个满射.

按下述方式定义集合 G 上的等价关系 $\sim$

$$g_1 \sim g_2 \Leftrightarrow \alpha(g_1) = \alpha(g_2) \Leftrightarrow g_1 x = g_2 x.$$

由此可见, $g_1 \sim g_2 \Leftrightarrow g_2^{-1} g_1 x = x \Longleftrightarrow g_2^{-1} g_1 \in H \Longleftrightarrow g_1 H = g_2 H$, 从而映射 α 诱导了一个双射

$$\tilde{\alpha}: G/H \to S, \ [g] = gH \mapsto gx.$$

最后, 根据群 G 在左陪集空间 G/H 上典范作用的定义, 有下列等式成立

$$\tilde{\alpha}(g_1[g]) = \tilde{\alpha}[g_1 g] = g_1 g x = g_1 \tilde{\alpha}([g]).$$

即, 映射 $\tilde{\alpha}$ 保持群的作用. 因此, 群 G 在这两个集合上的作用是等价的 (两个作用的等价是指: 存在保持作用的双射).

推论 9.33 设 G 是有限群, 它作用在非空集合 S 上, 且有轨道分解

$$S = Gx_1 \cup Gx_2 \cup \cdots \cup Gx_n, \quad x_1, x_2, \cdots, x_n \in S.$$

则有等式: $|S| = [G:G_{x_1}] + [G:G_{x_2}] + \cdots + [G:G_{x_n}]$, 其中 G_{x_i} 是集合 S 的元素 x_i 的稳定子群, $1 \leqslant i \leqslant n$.

证明 由定义容易验证: 群 G 在集合 S 上的作用限制在每个轨道 Gx_i 上, 将得到集合 Gx_i 上的一个作用, 并且这个作用还是可迁的. 再根据上述定理 9.32 的结论, 有等式: $|Gx_i| = [G:G_{x_i}], 1 \leqslant i \leqslant n$. 因此, 所要求的等式成立.

例 9.34 设有限群 G 共轭作用在 G 本身上, 并有轨道分解如下

$$G = G \cdot x_1 \cup G \cdot x_2 \cup \cdots \cup G \cdot x_n, \quad x_1, x_2, \cdots, x_n \in G.$$

这里 $G \cdot x_i = \{gx_ig^{-1}; g \in G\}$ 是集合 G 中元素 x_i 所在的共轭类, 它是共轭作用的轨道 (见例 9.29). 此时, 显然有下列等式

$$|G| = \sum_{i=1}^{n} |G \cdot x_i|.$$

不难看出: 元素 x_i 含于群 G 的中心 $Z(G)$ 当且仅当 $G \cdot x_i$ 是单点集, 并且稳定子群

$$G_{x_j} = C_G(x_j) = \{g \in G; gx_j = x_jg\}$$

由所有同 x_j 可交换的元素构成, 也称其为 x_j 的中心化子. 此时, 有下列式子

$$|G| = |Z(G)| + \sum_{j} [G : C_G(x_j)],$$

这里和式中出现的指标 j 满足条件: $[G : C_G(x_j)] \geqslant 2$; 这个等式也称为有限群的类方程, 它在有限群的研究中起着基本的作用.

例 9.35　设 G 是有限群, $|G| = p^n$, 其中 p 是某个素数, n 是正整数; 这种群也称为有限 p 群. 下面用类方程说明: G 的中心 $Z(G)$ 至少包含 p 个元素, 从而群 G 具有非零的中心.

根据例 9.34 的结论, 有下列所谓类方程的等式成立

$$|G| = |Z(G)| + \sum_{j} [G : C_G(x_j)],$$

其中 $[G : C_G(x_j)] \geqslant 2$. 由 Lagrange 定理可知, $[G : C_G(x_j)]$ 是 $|G| = p^n$ 的正整数因子, 从而它是素数 p 的某个正整数方幂. 由此推出: $p|[G : C_G(x_j)]$. 再利用上述等式, 最终得到 $p||Z(G)|$.

命题 9.36　设 G 是有限群, H 是 G 的子群, 且 $[G : H] = n > 1$, 则群 G 含有一个指数整除 $n!$ 的非零正规子群, 或者 G 同构于置换群 S_n 的某个子群.

证明　考虑群 G 在左陪集空间 $G/H = \{g_1H; g_1 \in G\}$ 上的典范作用如下

$$\sigma : G \times G/H \to G/H, \quad (g, g_1H) \mapsto gg_1H,$$

它诱导了群 G 到对称群 $\mathrm{Sym}(G/H)$ 的映射 $\tau : G \to \mathrm{Sym}(G/H)$, $g \mapsto \tau(g)$, 其中映射 $\tau(g)$ 的定义如下给出

$$\tau(g) : G/H \to G/H, \quad g_1H \mapsto gg_1H.$$

置换 $\tau(g)$ 的合理性: 对任意的元素 $g_1 \in G$, 有 $\tau(g)(g^{-1}g_1H) = g_1H$, 从而映射 $\tau(g)$ 是满射, 它也必为双射. 此时, 由定义还不难看出

$$\tau(1) = \mathrm{Id}, \quad \tau(g_1g_2) = \tau(g_1)\tau(g_2), \quad \forall g_1, g_2 \in G.$$

由此推出: 映射 τ 的像集 $\mathrm{Im}\tau = \{\tau(g);\ g \in G\}$ 满足子群的封闭性条件, 从而它是对称群 $\mathrm{Sym}(G/H)$ 的子群.

若映射 τ 是单射, 则群 G 同构于 $\mathrm{Im}\tau$, 它可以看成 S_n 的一个子群.

若映射 τ 不是单射, 定义 G 上的二元关系 $\sim$ 如下

$$g_1 \sim g_2 \Leftrightarrow \tau(g_1) = \tau(g_2) \Leftrightarrow \tau(g_2^{-1}g_1) = \mathrm{Id}.$$

令 $\mathrm{Ker}\tau = \{g \in G;\ \tau(g) = \mathrm{Id}\}$, 容易验证: $\mathrm{Ker}\tau$ 是群 G 的非零正规子群, 并且关于子群 $\mathrm{Ker}\tau$ 的左陪集空间正是上述等价关系的商集, 从而映射 τ 诱导了下列集合之间的双射

$$\tilde{\tau} : G/\mathrm{Ker}\tau \to \mathrm{Im}\tau,\ g\mathrm{Ker}\tau \mapsto \tau(g).$$

由此可知, 非零正规子群 $\mathrm{Ker}\tau$ 的指数是 $n!$ 的因子, 它满足命题的要求.

练习 9.37　设 G 是有限群, p 为 $|G|$ 的最小素因子. 证明: G 的指数为 p 的子群必是正规子群 (提示: 按照命题 9.36 的证明思路进行讨论).

注记 9.38　在前面的命题 9.36 及其相关问题的描述中, 我们采用了一些以前曾经使用过的、比较熟悉的符号 (如 $\mathrm{Im}\tau$ 或 $\mathrm{Ker}\tau$), 用于表示群 G 的某种特定的子群等, 这绝非偶然. 在第 10 讲, 我们给出关于一般群的一些基本概念与性质之后, 就能很好地理解现在所用符号与术语的含义.

第 10 讲　群的基本性质

在第 9 讲我们给出了群的一个重要例子: 非空集合 X 上的对称群 $\mathrm{Sym}(X)$. 特别, 对有限集上的置换群 S_n 的元素进行了相对细致的分析与研究; 给出了奇偶置换的概念, 并引入了 S_n 的一个特殊子群 A_n: 交错有限单群 (在参考文献 [2] 中给出了群 A_5 的一个详细的单性证明). 在这一讲, 我们讨论抽象群的一些基本概念与方法, 就像对交换环或一般的环所做的那样. 比如, 可以定义群的同态, 相应有群同态的基本定理, 还可以构造商群等等.

类似于交换环的情形, 我们面临的一个首要问题是: 如何判定两个给定的群是否相同或不同? 前面已经给出了群的同构的概念, 两个群同构是指: 它们之间存在同构映射, 同构映射是保持群的乘法运算的双射. 若两个群同构 (代数结构相同), 它们可以等同起来, 甚至在相关讨论中, 一个群可以用与它同构的群来替换, 而不影响讨论的主要结果.

若 G 与 H 是两个不同构的群, 我们仍然可以研究它们之间的关系, 并期望得到某些相关的群之间的同构, 见同态基本定理: 定理 10.13. 为此, 我们需要一个比群的同构更广泛的概念, 这就是群的同态, 见下面的定义 (读者可参考注记 9.30 中的讨论).

定义 10.1　设 G, H 是两个给定的群, 称映射 $\varphi : G \to H$ 是群的同态, 如果它保持群的乘法运算

$$\varphi(g_1 g_2) = \varphi(g_1)\varphi(g_2), \quad \forall g_1, g_2 \in G.$$

特别, 当群 $G = H$ 时, 称同态 $\varphi : G \to G$ 为群 G 的一个自同态, 群 G 的所有自同态构成的集合记为 $\mathrm{End}(G)$. 当同态 φ 是单射时, 称其为单同态; 当同态 φ 是满射时, 称其为满同态; 当 φ 是双射时, 它就是同构映射.

练习 10.2　设 $\varphi : G \to H$ 是群的同态, 则它保持群的单位元及逆元素. 换句话说, 它满足等式 $\varphi(1) = 1$, $\varphi(g^{-1}) = \varphi(g)^{-1}, \forall g \in G$.

练习 10.3　证明: 群 G 到它自身的恒等映射是一个群的同态; 两个同态 φ, ψ 的合成 $\psi \circ \varphi$ 还是群的同态, 其中 $\varphi : G \to H, \psi : H \to K$ 都是同态.

引理 10.4　给定两个群 G, H, 设映射 $\varphi : G \to H$ 是它们之间的同态, 令

$$\mathrm{Ker}\varphi = \{g \in G; \varphi(g) = 1\}, \quad \mathrm{Im}\varphi = \{\varphi(g) \in H; g \in G\},$$

则子集 $\mathrm{Ker}\varphi$ 是群 G 的正规子群, 称为同态 φ 的核; 子集 $\mathrm{Im}\varphi$ 是群 H 的子群, 称为同态 φ 的像.

证明　(1) $\mathrm{Ker}\varphi$ 是 G 的正规子群: 对 $g, h \in \mathrm{Ker}\varphi$, 由定义知 $\varphi(g) = \varphi(h) = 1$. 再由同态的定义及练习 10.2, 直接得到下列等式

$$\varphi(gh^{-1}) = \varphi(g)\varphi(h^{-1}) = \varphi(g)\varphi(h)^{-1} = 1,$$

即有 $gh^{-1} \in \mathrm{Ker}\varphi$, 从而 $\mathrm{Ker}\varphi$ 满足子群的封闭性条件: 它是 G 的子群.

任取元素 $h \in \mathrm{Ker}\varphi, g \in G$, 又有下列等式

$$\varphi(ghg^{-1}) = \varphi(g)\varphi(h)\varphi(g^{-1}) = 1,$$

从而有 $ghg^{-1} \in \mathrm{Ker}\varphi$. 由正规子群的定义可知, $\mathrm{Ker}\varphi$ 是群 G 的正规子群.

(2) $\mathrm{Im}\varphi$ 是 H 的子群: 由 $\varphi(1) = 1$ 可知, $\mathrm{Im}\varphi$ 包含 H 的单位元, 它是 H 的非空子集. 另外, 对任意元素 $g, h \in G$, 有 $\varphi(g)\varphi(h)^{-1} = \varphi(gh^{-1}) \in \mathrm{Im}\varphi$, 从而子集 $\mathrm{Im}\varphi$ 满足子群的封闭性条件, 它是 H 的子群.

注记 10.5　设 $\varphi : G \to H$ 是群的同态, 它也可以看成到群 H 的子群 $\mathrm{Im}\varphi$ 的一个同态, 并且是满同态. 若同态 φ 还是单射, 则有同构映射 $\varphi : G \to \mathrm{Im}\varphi$.

当同态 φ 不是单射时, 要构造同构映射, 需要把对应到同一个像元素的原像进行粘合, 或定义一个等价关系 $\sim$, 使得

$$g \sim h \Leftrightarrow \varphi(g) = \varphi(h), \quad \forall g, h \in G.$$

把等价的元素看成同一个元素, 诱导的映射自然是单射, 这就是做商的原理.

构造 10.6　设 $\varphi : G \to H$ 是群的同态, 定义集合 G 上的二元关系 $\sim$ 如下

$$g_1 \sim g_2 \Leftrightarrow \varphi(g_1) = \varphi(g_2), \quad \forall g_1, g_2 \in G.$$

因二元关系 $\sim$ 是由等式定义的, 它自然是集合 G 上的一个等价关系, 从而可以构造商集

$$G/\sim \; = \{[g]; \; g \in G\},$$

其中 $[g]$ 是元素 $g \in G$ 所在的等价类. 在集合 $G/\sim$ 上定义乘法运算

$$G/\sim \times G/\sim \; \to G/\sim, \quad ([g_1], [g_2]) \to [g_1][g_2] = [g_1 g_2],$$

即两个等价类相乘定义为其代表元相乘, 再取等价类. 下面说明, 关于此运算商集 $G/\sim$ 构成一个群.

(1) 乘法定义的合理性: 假设 $[g_1] = [h_1], [g_2] = [h_2], g_1, g_2, h_1, h_2 \in G$, 只要证明等式 $[g_1 g_2] = [h_1 h_2]$, 这是因为有下列式子

$$\varphi(g_1 g_2) = \varphi(g_1)\varphi(g_2) = \varphi(h_1)\varphi(h_2) = \varphi(h_1 h_2).$$

(2) 乘法满足结合律: 对任意元素 $g_1, g_2, g_3 \in G$, 有下列等式

$$([g_1][g_2])[g_3] = [g_1g_2][g_3] = [(g_1g_2)g_3] = [g_1g_2g_3],$$

$$[g_1]([g_2][g_3]) = [g_1][g_2g_3] = [g_1(g_2g_3)] = [g_1g_2g_3].$$

(3) 有单位元: $[g][1] = [g1] = [g] = [1g] = [1][g], \forall g \in G$, 1 是 G 的单位元.

(4) 有逆元素: 对 $[g] \in G/\sim$, 有 $[g^{-1}] \in G/\sim$, 并且满足下列等式

$$[g][g^{-1}] = [gg^{-1}] = [1] = [g^{-1}g] = [g^{-1}][g].$$

综上所述, 在商集 $G/\sim$ 中给出的上述乘法运算定义合理, 且满足群的定义所要求的三条运算规则, 从而它构成一个群, 称其为群 G 关于同态 φ 的商群.

注记 10.7　不难看出: 在前面构造的商集中, 群 G 的单位元 1 所在的等价类为同态 φ 的核: $N = [1] = \mathrm{Ker}\varphi$, 它是群 G 的正规子群. 此时, 有下列关系

$$g_1 \sim g_2 \Leftrightarrow \varphi(g_1^{-1}g_2) = 1 \Leftrightarrow g_1^{-1}g_2 \in N.$$

练习 10.8　设 G 是任意群, N 是 G 的正规子群, 定义 G 上的二元关系

$$g_1 \sim g_2 \Leftrightarrow g_1^{-1}g_2 \in N, \quad \forall g_1, g_2 \in G.$$

(1) 验证: 上述二元关系是一个等价关系;

(2) 构造商集 $G/N = \{[g]; g \in G\}$, 并说明 $[g] = gN = \{gh; h \in N\}$;

(3) 定义乘法运算: $g_1N \cdot g_2N = g_1g_2N, \forall g_1, g_2 \in G$, 说明此乘法运算的定义是合理的: 与代表元的选取无关; 并验证群的定义所要求的运算规则.

由此得到结论: 商集 G/N 关于上述运算构成一个群, 称其为群 G 关于其正规子群 N 的商群 (类比交换环或环关于其理想的商环的定义).

引理 10.9　术语如上, 下列典范映射是群的满同态

$$\pi: G \to G/N, \quad g \mapsto [g],$$

这里映射 π 把一个元素 $g \in G$ 对应到它本身所在的等价类 $[g]$, 这就是典范映射的具体含义. 此时, 还有等式 $N = \mathrm{Ker}\pi$.

证明　根据商群 G/N 中乘法运算的定义不难看出, 引理结论成立.

注记 10.10　由此可知, 群 G 的任何正规子群 N 必形如 $\mathrm{Ker}\varphi$, 这里 φ 是从群 G 出发的某个群同态, 这也说明前面按照群的同态定义商群与按照正规子群定义商群的两种方式本质上是一样的.

例 10.11　设 $\mathbb{Q}$ 是有理数加法群, $\mathbb{Z}$ 是其整数加法子群, 也是 $\mathbb{Q}$ 的正规子群, 从而有商群

$$\mathbb{Q}/\mathbb{Z} = \{[q]; q \in \mathbb{Q}\} = \{[q]; q \in \mathbb{Q}, 0 \leqslant q < 1\}.$$

商群 $\mathbb{Q}/\mathbb{Z}$ 中的非零元的集合可以看成 $0,1$ 之间的有理数的全体.

例 10.12　设 $\mathbb{R}$ 是实数加法群, $\mathbb{Q}$ 是其有理数加法子群, 也是 $\mathbb{R}$ 的正规子群, 从而有商群

$$\mathbb{R}/\mathbb{Q} = \{[r];\ r \in \mathbb{R}\} = \{[r];\ r \in \mathbb{R}, 0 \leqslant r < 1\}.$$

商群 $\mathbb{R}/\mathbb{Q}$ 中的非零元的集合对应实数中的哪些无理数?

定理 10.13 (同态基本定理)　设 $\varphi : G \to H$ 是群之间的同态, N 是群 G 的正规子群, 且 $N \subset \mathrm{Ker}\varphi$, 则有唯一的群同态 $\tilde{\varphi} : G/N \to H$, 使得 $\tilde{\varphi}\pi = \varphi$. 这里映射 $\pi : G \to G/N$ 是典范同态.

特别, 当 $N = \mathrm{Ker}\varphi$ 时, 同态 $\tilde{\varphi}$ 是单同态; 当同态 φ 是满射时, 同态 $\tilde{\varphi}$ 是满同态. 因此, 总有群的同构映射: $G/\mathrm{Ker}\varphi \to \mathrm{Im}\varphi, [g] \mapsto \varphi(g)$.

证明　定义映射 $\tilde{\varphi} : G/N \to H, [g] \to \varphi(g)$. 若 $[g] = [h] \in G/N$, 由等价关系的定义, 必有 $g^{-1}h \in N \subset \mathrm{Ker}\varphi$. 从而有 $\varphi(g) = \varphi(h)$. 即, 映射 $\tilde{\varphi}$ 的定义是合理的. 另外, 不难看出, 下列式子成立

$$\tilde{\varphi}([g_1][g_2]) = \tilde{\varphi}([g_1])\tilde{\varphi}([g_2]).$$

即, 它是一个群的同态. 由定义还可以直接得到: $\tilde{\varphi}\pi = \varphi$; 所求同态的唯一性以及其他结论也是显然的.

引理 10.14　设 G 是给定的群, N 是 G 的正规子群, 则商群 G/N 的子群构成的集合 B 与 G 的包含 N 的子群构成的集合 A 之间有一一对应. 特别, 商群 G/N 的子群形如: H/N, 这里 H 是 G 的包含 N 的子群.

证明　考虑典范的群同态 $\pi : G \to G/N, g \mapsto [g]$, 由此定义集合的映射

$$\sigma : A \to B, \quad H \mapsto \sigma(H) = \pi(H) = H/N.$$

(1) σ 是定义合理的映射: 若 H 是群 G 的包含 N 的子群, 则子集 H/N 是商群 G/H 的子群, 这是因为有下列式子

$$h_1 N (h_2 N)^{-1} = h_1 N h_2^{-1} N = h_1 h_2^{-1} N, \quad \forall h_1, h_2 \in H.$$

(2) σ 是单射: 设子群 $H_1, H_2 \in A$, 且有 $H_1/N = H_2/N$, 要证明 $H_1 = H_2$. 对任意的元素 $h_1 \in H_1$, 必有 $[h_1] \in H_2/N$. 因此, 存在某个元素 $h_2 \in H_2$, 使得 $[h_1] = [h_2] \in G/N$. 于是, $h_1^{-1}h_2 \in N \subset H_2$. 从而, 有 $H_1 \subset H_2$. 类似可以证明: $H_2 \subset H_1$, 即 $H_1 = H_2$.

(3) σ 是满射: 任取 $K \in B$, 令 $H = \pi^{-1}(K)$, 首先证明: $H \in A$. 对任意的元素 $g, h \in H$, 有下列关系式

$$\pi(gh) = \pi(g)\pi(h) \in K.$$

从而有 $gh \in H$. 对任意的元素 $h \in H$, 由定义有 $\pi(h^{-1}) = \pi(h)^{-1} \in K$, 从而又有 $h^{-1} \in H$. 因此, H 是 G 的子群.

另外, 不难看出: H 还是包含 N 的 G 的子群, 即 $H \in A$. 最后, 由于典范映射 π 是满射, 必有 $H/N = \pi\pi^{-1}(K) = K$, 即 σ 是满射.

练习 10.15   证明: 关于引理 10.14 中给出的映射 σ, 正规子群与正规子群对应. 特别, 商群 G/N 的任何正规子群形如 H/N, 其中 H 是群 G 的包含正规子群 N 的正规子群.

注记 10.16   设 G 是给定的群, A, B 是群 G 的非空子集, 令

$$AB = \{ab \in G;\ a \in A,\ b \in B\},$$

称其为子集 A 与 B 的乘积. 特别, 当 $A = \{a\}$ 是群 G 的单点集时, 乘积 AB 也简记为: aB. 进一步, 若 B 是 G 的子群, 则 aB 是关于子群 B 的左陪集.

引理 10.17   设 H 是群 G 的子群, N 是 G 的正规子群, 则有下列结论:

(1) $HN = NH$ 是 G 的子群, N 是群 HN 的正规子群, 从而有商群 HN/N;

(2) $H \cap N$ 是群 H 的正规子群, 从而有商群 $H/H \cap N$;

(3) 有群的典范同构映射: $H/H \cap N \to HN/N, [h] \mapsto [h]$.

证明   (1) 对任意元素 $h \in H, n \in N$, 由于 $hnh^{-1} \in N$, 必有

$$hn = hnh^{-1}h \in NH,$$

从而有: $HN \subset NH$. 类似有, $NH \subset HN$. 因此, 等式 $HN = NH$ 成立.

对任意 $h_1n_1, h_2n_2 \in HN$, 由下列式子推出 HN 是 G 的子群, 即 (1) 成立.

$$\begin{aligned} h_1n_1(h_2n_2)^{-1} &= h_1n_1n_2^{-1}h_2^{-1} \\ &= h_1h_2^{-1}h_2(n_1n_2^{-1})h_2^{-1} \in HN. \end{aligned}$$

(2) 由于 N 是群 G 的正规子群, 它满足所要求的封闭性条件, $H \cap N$ 作为群 H 的子群, 它也满足所要求的封闭性条件, 即 (2) 成立.

(3) 考虑下列典范映射

$$\sigma : H \to HN/N,\ h \mapsto [h].$$

它可以看成是两个群同态的合成, 必是群的同态. 显然, 它也是满射. 另外, 由定义不难看出: 同态的核 $\operatorname{Ker}\sigma = H \cap N$, 从而由同态基本定理可知, 存在群的典范同构 $H/H \cap N \to HN/N$, 即 (3) 成立.

定义 10.18   设 S 是群 G 的子集 (也可以是空子集), 群 G 的包含 S 的所有子群的交, 还是 G 的子群, 称为由子集 S 生成的子群, 记为 (S).

当 $S = \{s_1, s_2, \cdots, s_n\}$ 为 G 的有限子集时, 也记为 $(S) = (s_1, s_2, \cdots, s_n)$. 特别, 当 $S = \{s\}$ 是单点集时, 称 (s) 是由元素 s 生成的 G 的循环子群.

当 $G = (S)$ 时, 称 S 是群 G 的生成元集. 特别, 若群 G 存在有限生成子集, 则称群 G 是有限生成的. 若有元素 s, 使得 $G = (s)$, 则称 G 是一个循环群.

引理 10.19 设 S 是群 G 的子集, 则子群 (S) 由所有下列形式的元素构成

$$s_1^{\epsilon_1} s_2^{\epsilon_2} \cdots s_n^{\epsilon_n}, \quad s_i \in S, \quad \epsilon_i = \pm 1, 1 \leqslant i \leqslant n, n \geqslant 0,$$

这个乘积表达式包含 $n = 0$ 的情形. 此时, 按惯例约定其值为单位元 $1 \in G$.

证明 不难看出: 所有上述形式的元素构成的集合满足子群关于运算的封闭性要求, 它确实是 G 的一个子群, 也包含着子集 S. 另一方面, 任何包含子集 S 的子群必包含所有上述形式的元素. 从而, 引理的结论成立.

推论 10.20 设 $G = (s)$ 是由元素 s 生成的循环群, 则有下列式子

$$G = \{\cdots, s^{-2}, s^{-1}, s^0 = 1, s^1, s^2, \cdots\}.$$

例 10.21 整数加法群 $\mathbb{Z}$ 是一个循环群, 它由整数 1 所生成. 另外, 根据子群与理想的定义, 不难验证: 子集 I 是整数加法群 $\mathbb{Z}$ 的子群当且仅当 I 是整数环 $\mathbb{Z}$ 的理想. 由此可知, $\mathbb{Z}$ 的子群形如: (m), 它由非负整数 m 的所有倍数构成.

例 10.22 剩余类加法群 $\mathbb{Z}/(m)$ 是一个循环群, 它由剩余类 $[1]$ 所生成.

定理 10.23 (分类) (1) 若 G 是无限循环群, 则 G 同构于整数加法群 $\mathbb{Z}$;

(2) 若 G 是有限循环群, 则有正整数 m, 使得 G 同构于剩余类加法群 $\mathbb{Z}/(m)$.

证明 设 $G = (a)$ 是由元素 a 生成的循环群, 考虑如下映射

$$f : \mathbb{Z} \to G, \ n \mapsto a^n,$$

其中 a^n 是元素 a 的整数方幂: 当 n 是正整数时, 它的含义按通常方式理解; 当 $n = 0$ 时, $a^n = 1$ 为群 G 的单位元; 当 $n < 0$ 时, 规定: $a^n = (a^{-n})^{-1} \in G$. 不难验证: f 是从整数加法群 $\mathbb{Z}$ 到循环群 G 的满同态, 由同态基本定理, 必有群的同构映射 $\tilde{f} : \mathbb{Z}/\mathrm{Ker}f \mapsto G$.

(1) 若 G 是无限循环群, 利用上述映射 $\tilde{f}$, $\mathbb{Z}/\mathrm{Ker}f$ 必是一个无限集合, 从而有 $\mathrm{Ker}f = \{0\}$. 此时, 循环群 G 同构于整数加法群 $\mathbb{Z}$.

(2) 若 G 是有限循环群, 类似于情形 (1), $\mathbb{Z}/\mathrm{Ker}f$ 必是一个有限集合. 再由于加法群 $\mathbb{Z}$ 的子群相当于交换环 $\mathbb{Z}$ 的理想, 子群 $\mathrm{Ker}f$ 作为 $\mathbb{Z}$ 的理想, 必为某个主理想 (m). 此时, 循环群 G 同构于剩余类加法群 $\mathbb{Z}/(m)$.

注记 10.24 根据前面讨论, 整数加法群 $\mathbb{Z}$ 的子群就是 $\mathbb{Z}$ 作为环的理想, 它们都是主理想, 且形如 $(n), n \in \mathbb{N}$; 剩余类加法群 $\mathbb{Z}/(m)$ 的子群形如

$$(n)/(m),$$

其中 (n) 是 $\mathbb{Z}$ 的包含 (m) 的某个子群, 从而 n 是整数 m 的正整数因子. 再应用定理 10.23 的结论, 任何循环群 G 的子群结构就完全清楚了.

定义 10.25 设 a 是群 G 的元素, 满足 $a^n = 1$ 的最小正整数 n 称为元素 a 的阶, 记为 $o(a) = n$; 当不存在这种 n 时, 称元素 a 的阶为 ∞, 记为 $o(a) = \infty$.

练习 10.26 设 a 是群 G 的元素, 证明: $o(a) = n$ 当且仅当由元素 a 生成的子群 (a) 是群 G 的 n 阶循环子群 (这里 n 可以取 ∞).

练习 10.27 设 a 是群 G 的元素, 并且 $o(a) = n$. 证明: 若存在正整数 t, 使得等式 $a^t = 1$ 成立, 则 t 必为 n 的整数倍数.

引理 10.28 设 G 是交换群, 元素 $a, b \in G$. 若 $o(a) = m$, $o(b) = n$, 且 m, n 是两个互素的正整数, 则有 $o(ab) = mn$.

证明 由引理条件, 群 G 中的元素做乘法满足交换律, 从而有下列等式

$$(ab)^{mn} = a^{mn}b^{mn} = (a^m)^n(b^n)^m = 1 \cdot 1 = 1.$$

另一方面, 若还有正整数 t, 使得 $(ab)^t = 1$, 则有 $a^t = b^{-t}$, 从而又有下列式子

$$1 = (a^m)^t = a^{mt} = b^{-mt}.$$

由于元素 b 的阶为 n, 必有 $n|mt$. 但是 m, n 是两个互素的整数, 必有整数 s_1, s_2, 使得 $s_1 m + s_2 n = 1$, 此式两边同乘以整数 t, 可以推出: $n|t$, 同理有 $m|t$. 不妨假设 $t = nn_1 = mm_1, n_1, m_1 \in \mathbb{Z}$. 前式两边乘以 n_1, 得到下列等式

$$s_1 mn_1 + s_2 nn_1 = s_1 mn_1 + s_2 t = n_1.$$

由此立即推出: $m|n_1$. 因此, $mn|n_1 n = t$, 即 $o(ab) = mn$.

引理 10.29 设 G 是有限交换群, 则 G 中必存在元素 a, 使得 $o(a)$ 是 G 中任何元素的阶的整数倍数.

证明 取群 G 中的最大阶的元素 a, 设它的阶为 $o(a) = m$. 只要证明: 对任意的元素 $b \in G$, 且 $o(b) = n$, 必有 $n|m$.

反证. 假设 $n \nmid m$, 由算术基本定理, 必存在素数 p, 正整数 s, t, 使得

$$n = up^s, \quad m = vp^t,$$

$$(u, p) = 1, \quad (v, p) = 1, \quad s > t, \quad u, v \in \mathbb{Z}_+.$$

由此容易推出: $o(b^u) = p^s, o(a^{p^t}) = v$. 用元素 b^u, a^{p^t} 分别代替引理 10.28 中的元素 a, b, 可以得到不等式 $o(b^u a^{p^t}) = p^s v > p^t v = m$, 这与假设矛盾.

注记 10.30 通过前面两个引理的证明, 我们看到关于整数的分解性质是如何应用于群元素阶的讨论的, 并由此导出交换群的性质. 进一步, 引理 10.29 关于有限交换群的性质还可以用于有限域的研究. 在第 12 讲我们将利用引理 10.29 证明结论: 任何有限域 F 的乘法群 $F^\times$ 必为循环群.

构造 10.31　类似于定义 2.26 中关于交换环直积的情形, 也可以通过集合直积的办法构造新的群. 设 $G_1, G_2, \cdots, G_m$ 是给定的 m 个群, 构造所有这些集合的直积 G, 它由合适的 m 元向量构成, 具体描述为

$$G = G_1 \times G_2 \times \cdots \times G_m = \{(g_1, g_2, \cdots, g_m); g_i \in G_i, 1 \leqslant i \leqslant m\}.$$

在集合 G 上定义乘法运算如下 (对应分量相乘)

$$(g_1, g_2, \cdots, g_m) \cdot (h_1, h_2, \cdots, h_m) = (g_1 \cdot h_1, g_2 \cdot h_2, \cdots, g_m \cdot h_m).$$

由定义可以直接验证: 集合 G 关于上述乘法运算满足群的所有条件, 从而它是一个群, 称其为群 $G_1, G_2, \cdots, G_m$ 的直积. 此时, 群 G 的单位元形如

$$(1_1, 1_2, \cdots, 1_m),$$

其中分量 1_i 是群 G_i 的单位元, $1 \leqslant i \leqslant m$.

命题 10.32　设 G 是任意给定的群, H, K 是 G 的两个正规子群, 并且有乘积分解式 $G = HK$, 则下列四个条件是等价的:

(1) 乘积映射 $\sigma : (h, k) \mapsto hk$ 是直积群 $H \times K$ 到群 G 的同构映射;

(2) 群 G 中的任何元素可以唯一表示为子群 H 与 K 中元素的乘积;

(3) 群 G 中的单位元可以唯一表示为子群 H 与 K 中元素的乘积;

(4) 这两个正规子群的交是平凡的: $H \cap K = \{1\}$.

证明　$(1) \Rightarrow (2)$　设 $g \in G$ 有两个分解式, 即, 存在 $h_1, h_2 \in H, k_1, k_2 \in K$, 使得下列式子成立

$$g = h_1 k_1 = h_2 k_2,$$

从而有等式: $\sigma(h_1, k_1) = h_1 k_1 = h_2 k_2 = \sigma(h_2, k_2)$. 根据给定的条件, 映射 σ 是同构映射, 必有 $h_1 = h_2, k_1 = k_2$.

$(2) \Rightarrow (3)$　显然成立.

$(3) \Rightarrow (4)$　设 $g \in H \cap K$, 则有分解式: $1 = g \cdot g^{-1} = 1 \cdot 1$, 从而有 $g = 1$.

$(4) \Rightarrow (1)$　首先说明 σ 是群的同态, 只要证明: $hk = kh, \forall h \in H, \forall k \in K$. 根据正规子群的定义, 元素 $hkh^{-1}k^{-1} \in H, hkh^{-1}k^{-1} \in K$, 从而有

$$hkh^{-1}k^{-1} \in H \cap K = \{1\} \Rightarrow hk = kh.$$

现在证明: $\mathrm{Ker}\sigma = \{1\}$. 若有 $\sigma(h, k) = 1$, 则 $hk = 1$, 从而 $h = k^{-1}$ 包含于两个群的交: $H \cap K$. 由此推出: $h = k = 1$. 于是, $\mathrm{Ker}\sigma = \{1\}$.

最后, 由给定的分解式容易看出: σ 是满射, 从而它是群的同构映射.

练习 10.33 设 H, K 是群 G 的两个正规子群, 且 $H \cap K = \{1\}$, 证明: 有群的典范单射同态

$$G \to G/K \times G/H, \quad g \mapsto (\bar{g}, \bar{g}).$$

练习 10.34 设 H, K 是群 G 的有限子群, 证明下列子集或子群阶数的等式

$$|HK| = \frac{|H||K|}{|H \cap K|}.$$

提示 用 Lagrange 定理 (见例 9.31), 并考虑下列子群陪集的分解式

$$H = h_1(H \cap K) \cup h_2(H \cap K) \cup \cdots \cup h_m(H \cap K), \quad h_i \in H;$$

$$HK = h_1 K \cup h_2 K \cup \cdots \cup h_m K, \quad h_i K \neq h_j K, \quad i \neq j.$$

在本讲的剩余部分, 我们初步介绍一类特殊的群: 可解群, 并讨论可解群的一些简单性质. 特别是, 给出对称群 S_n 的不可解性的一个说明, 这个结论在研究一般高次方程的根式求解问题中起着基本的作用, 参见文献 [6].

定义 10.35 设 G 是任意给定的群, 定义它的子群序列如下

$$\begin{aligned} G^{(0)} &= G \supset G^{(1)} \\ &= (G^{(0)}, G^{(0)}) \supset \cdots \supset G^{(n+1)} \\ &= (G^{(n)}, G^{(n)}) \supset \cdots, \end{aligned}$$

其中 $G^{(1)} = (G, G)$ 是由子集 $\{(g, h) = ghg^{-1}h^{-1}; \forall g, h \in G\}$ 生成的子群; 一般的子群 $G^{(n+1)}$ 的定义是类似的; $G^{(1)}$ 也称为群 G 的换位子群或导出子群.

若存在正整数 n, 使得 $G^{(n)} = \{1\}$, 则称 G 是一个可解群.

注记 10.36 由定义 10.35 不难看出: 当 G 是交换群时, $G^{(1)} = \{1\}$, 从而换位子群 $G^{(1)} = (G, G)$ 的大小在某种意义下反映了群 G 偏离交换性的程度.

引理 10.37 对任意给定的群 G, 其换位子群 (G, G) 必是 G 的正规子群, 并且商群 $G/(G, G)$ 是交换群. 一般地, 若 H 是群 G 的正规子群, 则商群 G/H 是交换群当且仅当包含关系 $(G, G) \subset H$ 成立.

证明 (1) 对换位子群 (G, G) 的任意生成元 (g, h) 及任意元素 $a \in G$, 只要证明包含关系: $a(g, h)a^{-1} \in (G, G)$, 这是因为有下列式子

$$a(g, h)a^{-1} = aghg^{-1}h^{-1}a^{-1} = (aga^{-1}, aha^{-1}).$$

(2) 对任意元素 $[g], [h] \in G/(G, G)$, 要证明等式 $[g][h] = [h][g]$ 成立, 只要证明等式: $[gh] = [hg]$, 这是因为有下列式子

$$(gh)^{-1}(hg) = h^{-1}g^{-1}hg = (h^{-1}, g^{-1}) \in (G, G).$$

(3) 完全类似于 (2) 的证明过程, 当 $(G, G) \subset H$ 时, 商群 G/H 必为交换群. 反之, 若商群 G/H 是一个交换群, 任取生成元 $(g, h) \in (G, G)$, 只要证明包含关系: $ghg^{-1}h^{-1} \in H$, 这是因为有下列式子

$$[(gh)^{-1}] = [h^{-1}][g^{-1}] = [g^{-1}][h^{-1}] = [g^{-1}h^{-1}].$$

命题 10.38　设 G 是任意群, 则 G 是可解群当且仅当存在 G 的子群序列

$$G_0 = G \supset G_1 \supset \cdots \supset G_s = \{1\},$$

使得 G_{i+1} 是子群 G_i 的正规子群, 且商群 G_i/G_{i+1} 是交换群, $0 \leqslant i \leqslant s-1$.

证明　若 G 是可解群, 由定义存在正整数 n, 使得 $G^{(n)} = \{1\}$, 令

$$G_i = G^{(i)}, \quad 0 \leqslant i \leqslant n,$$

由引理 10.37 的结论, 容易推出: 子群 G_i $(0 \leqslant i \leqslant n)$ 构成的序列满足命题要求.

假设命题的条件满足, 要证明 G 是可解群, 只要证明下列包含关系

$$G^{(i)} \subset G_i, \ \forall i.$$

对自然数 i 归纳进行证明, 当 $i = 0$ 时, 显然有 $G^{(0)} = G_0$. 假设对 i 的情形已经成立, 现考虑 $i+1$ 的情形. 由条件 G_i/G_{i+1} 是交换群, 必有 $(G_i, G_i) \subset G_{i+1}$, 从而有下列包含关系

$$G^{(i+1)} = (G^{(i)}, G^{(i)}) \subset (G_i, G_i) \subset G_{i+1}.$$

根据数学归纳法原理, 对任意 i, 都有 $G^{(i)} \subset G_i$. 因此, G 是可解群.

定理 10.39　对 $n \geqslant 5$, 置换群 S_n 不是可解群, 其正规子群 A_n 是一个单群.

证明　利用引理 10.37 的结论及相关定义, 不难看出: 任何非可换的单群都不是可解群. 因此, 要证明 S_n 不是可解群, 只要证明定理的第二个结论: 交错群 A_n 是一个单群 (用到下面的练习 10.40). 下面将给出本结论证明的思路与主要步骤, 其详细讨论可参考文献 [6] 等.

(1) 设 K 是 A_n 的非零正规子群, 只要证明: $K = A_n$. 取 K 中元素 α, 它不是单位元, 但 α 具有最大个数的不动点数. 一个置换的不动点是指: 在该置换的作用下变到其本身的点.

(2) 说明 (1) 中所取的置换 α 是一个 3-循环 (长度为 2 的循环). 否则, 把它写成有限个两两不交的循环的乘积, 不妨假设它具有下列形式之一

$$\alpha = (123 \cdots) \cdots,$$

$$\alpha = (12)(34)\cdots.$$

对第 1 种情形, 因 α 不可能形如: $(123k)$, 从而它至少还要使另外两个元素发生变换, 不妨设为 $4,5$. 令 $\beta = (345)$, $\alpha_1 = \beta\alpha\beta^{-1}$, 从而有下列式子

$$\alpha_1 = (\beta(1)\beta(2)\beta(3)\cdots)\cdots = (124\cdots)\cdots.$$

对第 2 种情形, 取相同的 $\beta = (345)$ 及 $\alpha_1 = \beta\alpha\beta^{-1}$, 又得到下列式子

$$\alpha_1 = (\beta(1)\beta(2))(\beta(3)\beta(4))\cdots = (12)(45)\cdots.$$

不论哪种情形, 总有 $\alpha_1 \neq \alpha$, 令 $\alpha_2 = \alpha_1\alpha^{-1} = \beta\alpha\beta^{-1}\alpha^{-1} \neq 1$. 由此可以验证: 置换 α_2 是正规子群 K 中的元素, 它比置换 α 有更大的不动点数, 这与假设相矛盾 (若 α 使得大于 5 的某个元素 k 不动, 则 α_2 也使它不动).

(3) 若正规子群 K 包含某个 3-循环 (ijk), 则它将包含所有的 3-循环. 这是因为: 任何两个 3-循环在整个置换群 S_n 中是共轭的 (见引理 9.20 及其证明), 适当调整后, 它们在子群 A_n 中也是共轭的.

(4) 正规子群 A_n 是由置换群 S_n 的所有 3-循环生成的子群, 见文献 [2, 6].

练习 10.40   证明: 给定的可解群的任何子群与商群都是可解群.

命题 10.41   设 G 是给定的有限群, 其阶为 $|G| = p^n$, 这里 p 是素数, n 是正整数, 则 G 必为可解群.

证明   根据例 9.35 的结论, 群 G 的中心 $Z = Z(G)$ 是非零的, 且商群 G/Z 的阶小于 p^n, 它也是素数 p 的方幂 (Lagrange 定理). 对正整数 n 归纳, 可以假设商群 G/Z 是可解群. 此时, 必存在整数 r, 使得下列式子成立

$$(G/Z)^{(r)} = 1.$$

由此不难推出: $G^{(r)} \subset Z$. 因此, $G^{(r+1)} = 1$, 即群 G 是可解群.

练习 10.42   设 G 是有限生成的交换群, 并且它的有限生成元集中的每个元素都是有限阶的. 证明: G 是一个有限群.

练习 10.43   设 G 是交换群, 证明: G 中全体有限阶元素构成 G 的一个子群.

练习 10.44   假设群 G 只有有限多个子群, 证明: G 一定是有限群.

提示   群 G 可以写成它的所有循环子群的并, 不妨假设所有这些循环子群都是有限阶的. 此时, 群 G 可以表示为有限个有限阶循环子群的并.

练习 10.45   证明: 群 G 的 2 阶正规子群必包含于群 G 的中心.

练习 10.46   证明: 群 G 的指数为 2 的子群, 必为正规子群.

练习 10.47   举例说明: 存在某个群 G 的两个同构的正规子群 N_1, N_2, 使得相应的商群不同构: $G/N_1 \not\cong G/N_2$.

提示   整数加法群 $\mathbb{Z}$ 的任何两个非零子群都是同构的, 它们均同构于 $\mathbb{Z}$.

第 11 讲　有限群的子群结构: 西罗子群定理

循环群是最简单的一类群: 任何循环群或者同构于整数加法群 $\mathbb{Z}$, 或者同构于某个剩余类加法群 $\mathbb{Z}/(m)$, 这里 m 是某个正整数 (见引理 10.23). 再由注记 10.24 可知, 循环群的子群情况也很清楚. 特别, 对有限循环群 G 及 $|G|$ 的任意正整数因子 n, 必存在 G 的子群 H, 使得 H 的阶 $|H|$ 等于 n.

在本讲我们主要说明如何把上述结果推广到更一般的群上去: 对尽可能一般的群 G, 能否确定它的所有子群, 或者能否给出它的某些子群? 循环群是由一个元素生成的群, 它自然是可换群. 若 G 是由有限个元素生成的可换群, 其群的运算记为加法, 群 G 的一般元素应该有何种具体表达形式?

设 $X = \{x_1, x_2, \cdots, x_n\}$ 是可换群 G 的有限生成元集, 由定义直接得到群 G 由所有下列形式的元素构成

$$a_1 x_1 + a_2 x_2 + \cdots + a_n x_n,$$

其中 $x_i \in X, a_i \in \mathbb{Z}, 1 \leqslant i \leqslant n$. 此时, 也记 $G = \mathbb{Z}x_1 + \mathbb{Z}x_2 + \cdots + \mathbb{Z}x_n$, 这里的 $\mathbb{Z}x_i$ 是由元素 x_i 生成的群 G 的循环子群. 换句话说, 有限生成的可换群 G 是它的有限个循环子群的和.

这句话可以加强为: 任何有限生成的可换群 G 一定是它的某些特殊类型的循环子群的直和. 此结论是第 8 讲介绍的主理想整环上有限生成模的结构定理之特例, 这是因为: 任何可换群都可以自然地看成整数环 $\mathbb{Z}$ 上的模, 从而有限生成的可换群恰好对应整数环 $\mathbb{Z}$ 上的有限生成的模.

定理 11.1　设 G 是有限生成的可换群, 则 G 同构于有限个循环群的直和

$$G \simeq \mathbb{Z}^r \oplus \mathbb{Z}/(p_1^{s_1}) \oplus \mathbb{Z}/(p_2^{s_2}) \oplus \cdots \oplus \mathbb{Z}/(p_t^{s_t}),$$

其中 r, t 是非负整数, $s_1, s_2, \cdots, s_t$ 是正整数, $p_1, p_2, \cdots, p_t$ 是一些素数, 它们并非两两不同. 当 $r > 0$ 时, 也称直和项 $\mathbb{Z}^r$ 为群 G 的自由部分.

证明　由推论 8.6 直接得到, 或者模仿那里的相关讨论推导得出.

注记 11.2　定理 11.1 中关于可换群直和的含义可以描述如下:

设 $G_1, G_2, \cdots, G_n$ 是任意给定的可换群, 其运算均记为加法, 它们的直和也是一个可换群, 其具体定义如下

$$G_1 \oplus G_2 \oplus \cdots \oplus G_n = \{x_1 + x_2 + \cdots + x_n; x_i \in G_i, 1 \leqslant i \leqslant n\},$$

这里元素 $x_1 + x_2 + \cdots + x_n$ 是形式表达式: 两个形式表达式相等当且仅当它们的对应分量相等; 两个形式表达式相加是指对应分量相加. 此时, 可换群 G_i 可以自然地看成直和 $G_1 \oplus G_2 \oplus \cdots \oplus G_n$ 的子群.

练习 11.3 (1) 对任意给定的群 G, H, 其运算为乘法. 在直积集合 $G \times H$ 上定义自然的乘法运算, 使其成为一个群, 称它为群 G, H 的直积.

(2) 证明: 群 G, H 都可以看成直积群 $G \times H$ 的正规子群.

(3) 证明: 当 G, H 都是有限群时, 直积 $G \times H$ 也是有限群, 且有下列等式

$$|G \times H| = |G||H|.$$

(4) 当群 G, H 可换且运算为加法时, 直积与直和的定义本质上是一致的.

推论 11.4 (1) 设 G 是有限可换群, 则 G 同构于有限个循环群的直和

$$G \simeq \mathbb{Z}/(p_1^{s_1}) \oplus \mathbb{Z}/(p_2^{s_2}) \oplus \cdots \oplus \mathbb{Z}/(p_t^{s_t}),$$

其中 t 是非负整数, $s_1, s_2, \cdots, s_t$ 是正整数, $p_1, p_2, \cdots, p_t$ 是一些素数.

(2) 设有限可换群 G 的阶为 m, 且 $n | m$, 则有 G 的子群 H, 使得 $|H| = n$.

证明 (1) 若 G 是有限可换群, 在定理 11.1 中的相应同构式中, 非负整数 r 必为零, 从而所要求的同构式成立. 此时, 根据练习 11.3(3) 的结论推出: 有限群 G 的阶为 $p_1^{s_1} p_2^{s_2} \cdots p_t^{s_t}$, 注意这里并不要求 $p_1, p_2, \cdots, p_t$ 是两两不同的素数.

(2) 由 (1) 的证明过程可知, 群 G 的阶 m 形如: $p_1^{s_1} p_2^{s_2} \cdots p_t^{s_t}$, 其中 p_i, s_i 分别是素数与正整数, $1 \leqslant i \leqslant t$. 作为 m 的正整数因子, 可以假设

$$n = p_1^{u_1} p_2^{u_2} \cdots p_t^{u_t}, \quad u_i \leqslant s_i, 1 \leqslant i \leqslant t.$$

此时, 有 $p_i^{u_i} | p_i^{s_i}, \forall i$. 取循环群 $\mathbb{Z}/(p_i^{s_i})$ 的子群 H_i, 使得 $|H_i| = p_i^{u_i}, \forall i$, 并构造可换群的直和: $H = H_1 \oplus H_2 \oplus \cdots \oplus H_t$, 则 H 是 G 的子群, 它的阶为 n.

推论 11.5 设 G, H 是两个有限可换群, 并有如下分解式

$$G = \mathbb{Z}/(p_1^{u_1}) \oplus \mathbb{Z}/(p_2^{u_2}) \oplus \cdots \oplus \mathbb{Z}/(p_m^{u_m}),$$

$$H = \mathbb{Z}/(q_1^{v_1}) \oplus \mathbb{Z}/(q_2^{v_2}) \oplus \cdots \oplus \mathbb{Z}/(q_n^{v_n}),$$

其中 $p_1, p_2, \cdots, p_m, q_1, q_2, \cdots, q_n$ 都是素数, m, n 是非负整数, u_i, v_j 是正整数, $1 \leqslant i \leqslant m, 1 \leqslant j \leqslant n$, 则群 G 同构于 H 当且仅当 $m = n$, 并且适当调整指标顺序之后, 有 $p_i = q_i, u_i = v_i, 1 \leqslant i \leqslant m$.

证明 这是定理 8.8 (分解式的唯一性定理) 的直接推论.

注记 11.6 推论 11.4 与推论 11.5 可以用于对给定阶数的有限可换群进行分类, 其主要过程可分为三步: ① 把有限可换群 G 的阶数 n 分解成若干素数方幂

的乘积; ② 根据这些素数方幂的因子确定所有可能的循环群直和项; ③ 构造这些循环群的合适的直和.

例 11.7　确定 36 阶可换群的同构类. 首先, 有分解式: $36 = 2^2 \cdot 3^2$; 所有可能的循环群直和项为 $\mathbb{Z}/(2), \mathbb{Z}/(4), \mathbb{Z}/(3), \mathbb{Z}/(9)$, 从而共有四个同构类

$$\mathbb{Z}/(2) \oplus \mathbb{Z}/(2) \oplus \mathbb{Z}/(3) \oplus \mathbb{Z}/(3),$$

$$\mathbb{Z}/(2) \oplus \mathbb{Z}/(2) \oplus \mathbb{Z}/(9),$$

$$\mathbb{Z}/(4) \oplus \mathbb{Z}/(3) \oplus \mathbb{Z}/(3),$$

$$\mathbb{Z}/(4) \oplus \mathbb{Z}/(9).$$

练习 11.8　确定所有 72 阶可换群的同构类, 并用循环群的直和表示它们.

现在我们考虑一般群 (未必可换) 的情形, 主要研究有限群的某些子群的存在性问题, 其最终目的是证明下面的著名定理: 西罗子群定理 (Sylow subgroup theorem). 为此, 首先给出下列定义.

定义 11.9　设 G 是一个有限群, p 是一个素数.

(1) 若存在正整数 r, 使得 $|G| = p^r$, 则称群 G 是一个 p-群;

(2) 若 H 是群 G 的子群, 且是一个 p-群, 则称 H 是群 G 的 p-子群;

(3) 若有限群 G 的阶为: $|G| = p^\alpha m$, 其中 α, m 是正整数, 且 p 不是 m 的正整数因子, 则称群 G 的任何阶为 p^α 的子群 P 为群 G 的西罗 p-子群;

(4) 用 $\mathrm{Syl}_p(G)$ 表示群 G 的所有西罗 p-子群构成的集合, 用 $n_p(G)$ 表示这个集合的基数. 即, $n_p(G) = |\mathrm{Syl}_p(G)|$ 为群 G 的所有西罗 p-子群的个数.

定理 11.10 (西罗子群定理)　设有限群 G 的阶为: $|G| = p^\alpha m$, 其中 p 是某个素数, α, m 是非负整数, 且 $p \nmid m$, 则有下列结论:

(1) 群 G 的西罗 p-子群必定存在, 即 $\mathrm{Syl}_p(G) \neq \varnothing$;

(2) 若 P 是群 G 的西罗 p-子群, Q 是 G 的任意 p-子群, 则有元素 $g \in G$, 使得子群 $Q \subset gPg^{-1}$. 特别, 群 G 的任何两个西罗 p-子群都是共轭的: 对群 G 的任何两个西罗 p-子群 P, Q, 必有元素 $g \in G$, 使得 $Q = gPg^{-1}$.

(3) 群 G 的西罗 p-子群的个数 $n_p = n_p(G)$, 满足下列同余式方程

$$n_p \equiv 1 \pmod{p}.$$

换句话说, 存在非负整数 k, 使得 $n_p = 1 + kp$. 即, 有等式 $[n_p] = [1] \in \mathbb{Z}/(p)$.

(4) 对群 G 的任意西罗 p-子群 P, 有等式 $n_p = [G : N_G(P)]$, 这里 $N_G(P)$ 表示子群 P 在群 G 中的正规化子

$$N_G(P) = \{g \in G; gPg^{-1} = P\}$$

$$= \{g \in G; ghg^{-1} \in P, \forall h \in P\}.$$

为了证明上述西罗子群定理, 先给出一些相关的引理.

引理 11.11 设 H 是群 G 的子群, $N_G(H) = \{g \in G; ghg^{-1} \in H, \forall h \in H\}$ 为子群 H 在群 G 中的正规化子, 也简称为 H 的正规化子, 则 $N_G(H)$ 也是群 G 的子群, 并且 H 可以看成子群 $N_G(H)$ 的正规子群.

证明 由定义可知, $N_G(H)$ 是 G 的非空子集: 它至少包含群 G 的单位元. 设有元素 $g_1, g_2 \in N_G(H)$, 则有下列式子

$$(g_1 g_2^{-1})h(g_1 g_2^{-1})^{-1} = g_1(g_2^{-1}hg_2)g_1^{-1} \in H, \quad \forall h \in H,$$

从而子集 $N_G(H)$ 满足子群的封闭性条件, 它是群 G 的一个子群. 另外, 引理的第二个结论是显然的.

引理 11.12 设 H, K 是群 G 的两个子群, 且有包含关系: $H \subset N_G(K)$, 则乘积 $KH = \{kh; k \in K, h \in H\} = HK$ 也是 G 的一个子群. 对有限群的情形, 还有下列子群的阶的关系式

$$|KH| = \frac{|K||H|}{|K \cap H|}.$$

特别, 群 G 的一个正规子群 K 与任意子群 H 的乘积 KH, 还是 G 的一个子群.

证明 (1) 乘积 KH 是群 G 的子群: 它首先是 G 的非空子集, 因为它包含群 G 的单位元 $1 = 1 \cdot 1$; 另外, 若有元素 $k_1, k_2 \in K, h_1, h_2 \in H$, 则有下式

$$k_1 h_1 (k_2 h_2)^{-1} = k_1(h_1 h_2^{-1})k_2^{-1}(h_1 h_2^{-1})^{-1}(h_1 h_2^{-1}) \in KH.$$

因此, 子集 KH 满足子群的封闭性条件. 同时, 还有等式 $KH = HK$, 这是因为有下列式子

$$kh = h \cdot h^{-1}kh, \quad hk = hkh^{-1} \cdot h, \quad \forall h \in H, \forall k \in K.$$

(2) 由群的子集乘积的定义, 有 $HK = \bigcup_{h \in H} hK$, 再根据关于左陪集的讨论, 可以看出: $h_1 K = h_2 K$ 当且仅当 $h_2^{-1}h_1 \in K \cap H$, 后者又等价于群 H 关于其子群 $K \cap H$ 的陪集的等式: $h_1(K \cap H) = h_2(K \cap H)$. 于是, 有下列结论

$$|KH| = [KH : K]|K|, \quad [KH : K] = [H : K \cap H]$$

$$\Rightarrow |KH| = \frac{|K||H|}{|K \cap H|}.$$

在此建议感兴趣的读者, 把上述推导与练习 10.34 及其证明提示进行对照.

引理 11.13　设 G 是给定的有限群, P 是 G 的某个西罗 p-子群, Q 是 G 的任意的 p-子群, 则有下列等式

$$Q \cap N_G(P) = Q \cap P.$$

证明　令 $H = Q \cap N_G(P)$, 由包含关系 $P \subset N_G(P)$ 直接推出: $Q \cap P \subset H$. 另一方面, 要证明包含关系: $H \subset Q \cap P$, 只要证明: $H \subset P$.

断言　乘积 PH 是群 G 的包含 P, H 的 p-子群.

事实上, 由引理 11.12 可知, 乘积 PH 是群 G 的包含 P, H 的子群, 并且有阶数的关系式: $|PH| = \dfrac{|P||H|}{|P \cap H|}$, 这里出现的三个阶数 $|P|, |H|, |P \cap H|$ 都是素数 p 的方幂. 从而, $|PH|$ 也是素数 p 的方幂, 断言成立.

由此断言及包含关系 $P \subset PH$, 直接看出: $PH = P$. 因此, $H \subset P$.

西罗子群定理的证明　(1) 对群 G 的阶数 $|G|$ 归纳进行证明. 当 $|G| = 1$ 时, 结论自动成立. 现假设阶数 $|G| > 1, \alpha \geqslant 1$, 且对阶数较小的群结论成立, 要证明对 G 也成立.

若素数 p 整除群 G 的中心 $Z(G)$ 的阶数 $|Z(G)|$, 根据有限可换群的子群结构的讨论 (推论 11.4(2)), 必有群 $Z(G)$ 的 p-阶子群 N, 它是群 G 的正规子群, 从而有相应的商群 $\bar{G} = G/N$. 此时, 有下列阶数的等式

$$|\bar{G}| = |G|/|N| = p^{\alpha-1}m,$$

它小于群 G 的阶数 $|G|$. 由归纳假设, 存在群 $\bar{G}$ 的阶为 $p^{\alpha-1}$ 的子群 $\bar{P}$. 再利用引理 10.14 的结论, 必有群 G 的包含 N 的子群 P, 使得 $\bar{P} = P/N$. 此时, 子群 P 的阶数为: $|P| = |\bar{P}||N| = p^{\alpha}$, 即 P 是群 G 的西罗 p-子群.

若素数 p 不整除群 G 的中心的阶数 $|Z(G)|$, 考虑群 G 的类方程 (例 9.34):

$$|G| = |Z(G)| + \sum_{i=1}^{r}[G : C_G(g_i)],$$

其中 $g_1, g_2, \cdots, g_r$ 是不同的非中心元共轭类的代表元 (中心元的共轭类都是单点集), 而 $C_G(g_i)$ 是元素 g_i 的中心化子

$$C_G(g_i) = \{g \in G; gg_i = g_ig\}.$$

此时, 必有指标 j, 使得 $p \nmid [G : C_G(g_j)]$; 否则, 将导出结论: p 整除 $|Z(G)|$.

令 $H = C_G(g_j)$, 它是群 G 的子群. 由 Lagrange 定理, 有 $|G| = [G : H]|H|$. 由此推出: $|H| = p^{\alpha}k, k < m$, 且 p 不整除 k. 此时, H 是群 G 的真子群, 利用归纳假设, H 有西罗 p-子群 P, 它也是群 G 的西罗 p-子群, 结论 (1) 成立.

(2) 对群 G 的某个固定的西罗 p-子群 P, 通过取共轭的方式, 构造群 G 的子群的集合如下

$$\Sigma = \{gPg^{-1}; g \in G\} = \{P_1, P_2, \cdots, P_r\},$$

它由所有与 P 共轭或 "相似" 的子群组成, 这些子群都同构于子群 P, 且具有相同的阶数, 从而它们都是群 G 的西罗 p-子群.

断言 正整数 r 满足同余式: $r \equiv 1 \pmod p$.

事实上, 再取群 G 的某个固定 p-子群 Q, 它按照共轭方式作用在西罗 p-子群的集合 Σ 上, 即有下列作用映射

$$Q \times \Sigma \to \Sigma,$$

$$(g, P_i) \mapsto gP_ig^{-1}, \quad 1 \leqslant i \leqslant r.$$

在此作用下, 集合 Σ 可以写成它的所有轨道的不交并

$$\Sigma = O_1 \cup O_2 \cup \cdots \cup O_s,$$

$$r = |O_1| + \cdots + |O_s|, \quad s \geqslant 1.$$

适当调整下指标, 总可以假设 $P_i \in O_i, 1 \leqslant i \leqslant s$. 于是, 可以利用定理 9.32 的结果, 得到等式: $|O_i| = [Q : N_Q(P_i)]$, 这里群 Q 在轨道 O_i 上的限制作用是可迁的, 并且 $N_Q(P_i) = N_G(P_i) \cap Q$ 是元素 $P_i \in \Sigma$ 关于 Q 作用的稳定化子.

再由引理 11.13 可知, $Q \cap N_G(P_i) = Q \cap P_i$. 由此得到下列等式

$$|O_i| = [Q : Q \cap P_i], \quad 1 \leqslant i \leqslant s.$$

注意到: 正整数 r 与 p-子群 Q 的选取没有直接关系, 尽管整数 s 依赖于子群 Q 的具体选取. 不妨设 $Q = P_1$, 由上式立即得到: $|O_1| = [Q : Q] = 1$.

对 $i > 1$, 有 $P_1 \neq P_i$, 从而 $P_1 \cap P_i$ 是群 P_1 的真子群. 此时, 子群 $P_1 \cap P_i$ 在群 P_1 中的指数: $[P_1 : P_1 \cap P_i] > 1$. 由此得到下列等式

$$|O_i| = [P_1 : P_1 \cap P_i] > 1, \quad 2 \leqslant i \leqslant s.$$

但 P_1 是群 G 的 p-子群, 其阶数为素数 p 的方幂, 它的所有子群的阶数以及关于它的子群的指数都是素数 p 的方幂. 于是, $p \mid |O_i|, 2 \leqslant i \leqslant s$. 因此, 断言成立.

设 Q 是群 G 的 p-子群, 只要证明: $Q \subset P_i, \exists i \in \{1, 2, \cdots, r\}$. 反证. 假设有 $Q \not\subseteq P_i, \forall i$. 此时, $Q \cap P_i(\forall i)$ 是群 Q 的真子群. 于是, 有下列不等式

$$|O_i| = [Q : Q \cap P_i] > 1, \quad 1 \leqslant i \leqslant s.$$

类似于上述讨论, 必有整除关系: $p||O_i|, 1 \leqslant i \leqslant s$. 于是, $p|r$, 这与上述断言相矛盾. 因此, 存在元素 $g \in G$, 使得 $Q \subset gPg^{-1}$. 另外, 当 Q 也是群 G 的西罗 p-子群时, 必有等式 $Q = gPg^{-1}$ 成立.

(3) 根据 (2) 中讨论, 不难看出: $\Sigma = \mathrm{Syl}_p(G)$. 因此, $n_p = r \equiv 1 \pmod{p}$.

(4) 设 P 是群 G 的西罗 p-子群, $\Sigma = \mathrm{Syl}_p(G)$ 如上. 考虑群 G 在集合 Σ 上的共轭作用, 它是可迁的, 从而可以应用定理 9.32, 并得到下列等式

$$n_p = r = |\Sigma| = [G : N_G(P)],$$

这里 $N_G(P)$ 是元素 $P \in \Sigma$ 关于此共轭作用的稳定化子, 它也是子群 P 在群 G 中的正规化子: $N_G(P) = \{g \in G; gPg^{-1} = P\}$.

命题 11.14　设 G 是 6 阶非交换群, 则 G 同构于对称群 S_3.

证明　因 $|G| = 6 = 3 \cdot 2$, 由西罗子群定理可知, 群 G 包含一个 3 阶子群 K, 包含一个 2 阶子群 H. 但子群 K 的指数为 2, 它必是正规子群.

若 H 也是 G 的正规子群, 由于 $H \cap K = \{1\}$, 由练习 10.34 可知, 有乘积分解式: $G = KH$; 再利用命题 10.32 的结论, 必有群的同构 $G \simeq H \times K$. 但 H, K 都是群 G 的循环子群, 从而直积群 $H \times K$ 是交换群, 这与假设矛盾.

令 $\Omega = \{xH; \ x \in G\}$ 是子群 H 的左陪集空间, 并考虑下列映射

$$\varphi : G \to \mathrm{Sym}\Omega, \ g \mapsto \varphi(g),$$

其中 $\varphi(g) : \Omega \to \Omega$, $xH \mapsto gxH$, $\forall x \in G$. 容易验证: 映射 φ 的定义合理, 它也是群的同态, 下面证明它是单射同态.

任取 $g \in \mathrm{Ker}\varphi$, 必有等式 $\varphi(g)(xH) = xH$, $\forall x \in G$. 特别, 取 G 的单位元 $x = 1$, 可以推出 $g = h \in H$, 不妨设 $h \neq 1$. 再由等式: $hxH = xH$, 有下列集合的等式

$$\{hx, hxh\} = \{x, xh\}.$$

此时, 不难看出: $hx = xh, \forall x \in G$. 因此, H 包含于群 G 的中心 $Z(G)$, 它必是 G 的正规子群, 导致矛盾.

综上所述, 6 阶群 G 同构于对称群 $\mathrm{Sym}\Omega$ 的某个子群. 由于 2 阶子群 H 的指数为 3, 集合 Ω 恰好包含 3 个元素. 因此, 群 G 同构于对称群 S_3.

引理 11.15　设 G 是有限群, $|G| = pq$, 其中 p, q 是两个不相同的素数, 并且满足条件: $p \nmid (q-1), q \nmid (p-1)$, 则 G 是一个循环群.

证明　由定理 11.10(3-4) 可知, 群 G 中西罗 p-子群的个数 n_p 满足两个条件

$$n_p \mid |G|, \quad p \mid (n_p - 1).$$

根据第 1 个整除关系, n_p 的可能取值有四个: $1, p, q, pq$; 再考虑到第 2 个整除关系及引理的条件, n_p 的可能取值缩减为一个: $n_p = 1$. 于是, 群 G 只有一个西罗 p-子群, 记为 P, 且 P 是 G 的正规子群.

同理, 群 G 只有一个西罗 q-子群 Q, 它也是正规子群. 此时, P, Q 是两个不同素数阶的循环群, 必有等式 $P \cap Q = \{1\}$. 再利用练习 10.34 及引理 10.32 的结论, 直接推出: 群 G 同构于 P 与 Q 的直积, 从而它也是循环群.

例 11.16　任何 15 阶的有限群 G 都是循环群, 这是因为: $p = 3, q = 5$, 并且有 $p \nmid (q-1), q \nmid (p-1)$, 从而引理 11.15 的条件满足, G 必为循环群.

练习 11.17　证明: 任何 33 阶或 35 阶的有限群都是循环群.

练习 11.18　设 G 是给定的可换群, n 是任意正整数, 定义下列映射

$$[n] : G \to G, \quad g \mapsto ng.$$

令 $G[n] = \mathrm{Ker}[n]$, 若 $|G[n]| = n^2$, $\forall n$, 则有同构: $G[n] \simeq \mathbb{Z}/(n) \times \mathbb{Z}/(n)$.

提示　由于 $G[n]$ 是有限可换群, 根据相应的结构定理, 它必形如

$$G[n] = \mathbb{Z}/(n_1) \times \mathbb{Z}/(n_2) \times \cdots \times \mathbb{Z}/(n_k), \quad n_1 | \cdots | n_k.$$

(0) 反证. 取最小的正整数 n, 使得同构式不成立;

(1) 若 $n_k \neq n$, 必有 $n_k < n$, 且 $G[n] \subset G[n_k]$, $|G[n_k]| = n_k^2$, 矛盾;

(2) 若 $k \geqslant 3$, 不妨设 $an_1 = n_2, bn_1 = n_3$, 在子群 $\mathbb{Z}/(n_2), \mathbb{Z}/(n_3)$ 中分别有下列形式的元素

$$0, a, 2a, \cdots, (n_1 - 1)a \in \mathrm{Ker}[n_2],$$

$$0, b, 2b, \cdots, (n_1 - 1)b \in \mathrm{Ker}[n_3].$$

由此可知: 子群 $G[n_1]$ 至少包含 n_1^3 个元素, 这与假设矛盾;

(3) 若 $G[n] = \mathbb{Z}/(n_1) \times \mathbb{Z}/(n_2)$, 且 $n_2 = n$, 则必有 $n_1 = n$.

注记 11.19　我们分三讲介绍了群论中的一些基本概念与性质, 包括对称群的初步讨论、有限生成可换群的结构定理以及有限群的西罗子群定理等, 其中的西罗子群定理将用于代数基本定理的证明, 见引理 14.6.

由于篇幅的限制, 群论中的许多其他重要的问题并没有涉及, 对群论课题的学习或研究感兴趣的读者可以查阅相关的参考文献, 比如文献 [7-8] 等.

第 12 讲　域的基本知识

域是一种特殊的非零交换环, 它的每个非零元素都是可逆的. 域的典型例子包括各种数域, 比如, 有理数域 $\mathbb{Q}$、实数域 $\mathbb{R}$ 及复数域 $\mathbb{C}$, 其中有理数域 $\mathbb{Q}$ 包含在任何数域中, 它是最小的数域. 除了数域之外, 还有一般域 F 上的多元多项式环 $F[x_1, x_2, \cdots, x_n]$ 的分式域 $F(x_1, x_2, \cdots, x_n)$ 等等.

实际上, 前面我们已经给出了两种构造域的基本方法:

(1) 对任意的非零交换环 R, 取它的某个极大理想 I, 则商环 R/I 只包含两个平凡理想, 从而它成为一个域: 任意非零元生成的主理想为 R/I;

(2) 对任意的非零整环 R, 有相应的分式域 F, 它由所有的分式 $\dfrac{a}{b}$ 构成, 这里 $a, b \in R$, 且 b 是 R 的非零元素.

例 12.1　设 $F[x]$ 是域 F 上的一元多项式环, $p(x) \in F[x]$ 是某个 n 次不可约多项式. 利用不可约多项式的性质 (引理 5.9), 易证: 主理想 $(p(x))$ 是 $F[x]$ 的极大理想. 因此, 商环 $F[x]/(p(x))$ 是一个域 (引理 3.4), 其元素形如下式

$$a_0 + a_1 \bar{x} + \cdots + a_{n-1} \bar{x}^{n-1}, \quad a_i \in F, \quad 0 \leqslant i \leqslant n - 1,$$

这里域 F 自然看成商域 $F[x]/(p(x))$ 的子域, 这是因为有下列单射同态

$$F \to F[x]/(p(x)), \quad a \mapsto \bar{a},$$

从而域 F 中的元素 a 与它在域 $F[x]/(p(x))$ 中的像元素 $\bar{a}$ 可以等同起来.

特别, 对实数域 $\mathbb{R}$ 上的不可约多项式 $f(x) = x^2 + 1 \in \mathbb{R}[x]$, 它生成的主理想是极大理想, 从而相应的商环 $\mathbb{R}/(x^2 + 1)$ 是一个域. 在典范对应下, 这个域可以等同于复数域 $\mathbb{C}$: $a + b\bar{x} \mapsto a + bi$, $a, b \in \mathbb{R}$, $i^2 = -1$.

对任意的域 E, 它的所有子域的交 F 还是一个子域. 此时, F 是 E 的最小的子域, 称其为 E 的素子域. 当域 E 的特征为零时, 素子域 F 同构于有理数域; 当域 E 的特征为素数 p 时, 素子域 F 同构于剩余类域 $\mathbb{Z}/(p)$. 域 E 作为交换环的特征是指最小的正整数 p, 使得 $p \cdot 1 = 0$; 当这种 p 不存在时, 也称其特征为 0 (可参考第 4 讲首段部分的叙述).

定义 12.2　设 E, F 是两个域, 若 F 是域 E 的子域, 则称 E 是域 F 的扩域, 也记为 E/F. 此时, 通过域中的乘法运算, 可以把 E 看成域 F 上的向量空间, 其维数用符号 $[E : F]$ 表示, 有时也记为通常的形式 $\dim_F E$.

由定义不难看出: 当 F 是域 E 的子域时, 多项式环 $F[x]$ 是 $E[x]$ 的子环, 而多项式环 $E[x]$ 是 $F[x]$ 的扩环, 它们都是域 F 上的无限维向量空间. 比如, 有理数域 $\mathbb{Q}$ 是实数域 $\mathbb{R}$ 的子域, 实数域 $\mathbb{R}$ 是复数域 $\mathbb{C}$ 的子域, 相应有多项式环之间的包含关系: $\mathbb{Q}[x] \subset \mathbb{R}[x] \subset \mathbb{C}[x]$.

注记 12.3 前面曾经讨论过子环在整个交换环上的作用, 并导出了交换环上模的概念. 特别, 子域 F 可以自然地作用在域 E 上, 使得域 E 成为其子域 F 上的向量空间. 当 $\dim_F E < \infty$ 时, 对任意元素 $u \in E$, 必有正整数 n, 使得元素 $1, u, u^2, \cdots, u^n$ 在 F 上线性相关, 即存在 F 中不全为零的元素 $a_0, a_1, \cdots, a_n$, 它们满足等式

$$a_0 + a_1 u + a_2 u^2 + \cdots + a_n u^n = 0.$$

换句话说, 存在非零的多项式 $f(x) = a_0 + a_1 x + a_2 x^2 + \cdots + a_n x^n \in F[x]$, 当用 E 中元素 u 替换变量 x 时, 得到的值 $f(u) = 0$. 此时, 称扩域 E 中的元素 u 是子域 F 上的代数元. 一般地, 有下列定义.

定义 12.4 设 E 是 F 的扩域, 称元素 $\alpha \in E$ 是域 F 上的代数元, 如果存在 F 上的非零多项式 $f(x)$, 使得 $f(\alpha) = 0$. 此时, 也称多项式 $f(x) \in F[x]$ 是元素 α 的零化多项式. 首项系数为 1, 且次数最低的零化多项式, 也称为元素 α 的极小多项式, 它是不可约的. 称元素 $\alpha \in E$ 是域 F 上的超越元, 如果它不是 F 上的代数元. 如果扩域 E 中的每个元素都是域 F 上的代数元, 则称域 E 为域 F 的代数扩域或代数扩张, 否则称 E 为 F 的超越扩张.

特别, 当域 $F = \mathbb{Q}$ 是有理数域、$E = \mathbb{C}$ 是复数域时, 称 $\mathbb{Q}$ 上的代数元为代数数, 称 $\mathbb{Q}$ 上的超越元为超越数.

练习 12.5 证明: 元素 $u \in E$ 是子域 F 上的代数元当且仅当存在一元多项式环 $F[x]$ 中的不可约多项式 $p(x)$, 使得 $p(u) = 0$.

引理 12.6 设 E 是 F 的扩域, 元素 $\alpha \in E$, 令

$$F[\alpha] = \left\{ 有限和式 \sum_i a_i \alpha^i; \ a_i \in F, \ \forall i \right\},$$

它是由子集 F 和元素 α 生成的 E 的子环. 即, 它是 E 的包含子集 F 与元素 α 的最小的子环. 若 α 是域 F 上的超越元, 则 $F[\alpha]$ 同构于多项式环 $F[x]$; 若 α 是域 F 上的代数元, 则 $F[\alpha]$ 是 E 的子域, 且 $[F[\alpha] : F] < \infty$.

证明 若 α 是超越元, 定义映射 $\theta : F[x] \to F[\alpha]$, $f(x) \mapsto f(\alpha)$. 由定义不难直接验证: 这个映射是一个环同态. 另外, 根据超越元的定义, 它是单射. 显然它也是满射. 因此, θ 是一个同构映射.

若 α 是代数元, 取 $F[x]$ 中的某个不可约多项式 $p(x)$, 使得 $p(\alpha) = 0$, 并定义映射 $\theta : F[x] \to F[\alpha]$, $f(x) \mapsto f(\alpha)$. 类似于上述讨论, θ 是一个环同态, 它也是满

射. 由同态基本定理, 必有环的同构映射

$$\tilde{\theta}: F[x]/\mathrm{Ker}\theta \simeq F[\alpha], \ [f(x)] \mapsto f(\alpha).$$

容易看出: 同态的核 $\mathrm{Ker}\theta$ 是由不可约多项式 $p(x)$ 生成的主理想 $(p(x))$, 从而有环的同构 $F[x]/(p(x)) \simeq F[\alpha]$. 由此可以推出: $F[\alpha]$ 是域 E 的子域. 再根据注记 12.3 的讨论可知, 有 $[F[\alpha]:F] < \infty$.

定义 12.7 设 $F \subset E$ 是域的扩张, 且 $[E:F] < \infty$, 则称 E 是 F 的有限扩张.

练习 12.8 证明: 域的任何有限扩张, 必是代数扩张 (参考注记 12.3).

命题 12.9 (传递性) 设 $F \subset E \subset K$ 是域的扩张, 则域 K 是 F 的有限扩张当且仅当 K 是 E 的有限扩张, 且 E 是 F 的有限扩张. 此时, 有下列维数公式

$$[K:F] = [K:E][E:F].$$

证明 设 K 是 F 的有限扩张, 从而有 $[K:F] < \infty$, 由于 E/F 是 K/F 的子空间, 必有 $[E:F] < \infty$. 若 K/F 有基: $u_1, u_2, \cdots, u_n$, 则 K 中的任意元素可以写成它们的 F-线性组合, 它也可以看成一个 E-线性组合, 从而有 $[K:E] < \infty$.

反之, 设 $[K:E] < \infty$, $[E:F] < \infty$, 分别取有限维向量空间 $K/E, E/F$ 的基如下

$$v_1, v_2, \cdots, v_m; \quad w_1, w_2, \cdots, w_l.$$

下面将证明: 向量组 $\{v_i w_j; 1 \leqslant i \leqslant m, 1 \leqslant j \leqslant l\}$ 构成向量空间 K/F 的基, 从而命题的结论成立.

对任意的元素 $z \in K$, 不妨设 $z = \sum_{i=1}^m a_i v_i$, 其中 $a_i \in E, 1 \leqslant i \leqslant m$; 这些系数 a_i 又可以写成 E/F 的基 $w_1, w_2, \cdots, w_l$ 的 F-线性组合: $a_i = \sum_{j=1}^l b_{ij} w_j$, 从而得到所要求的式子: $z = \sum_{i=1}^m \sum_{j=1}^l b_{ij} v_i w_j, b_{ij} \in F$.

最后说明: 向量组 $\{v_i w_j; 1 \leqslant i \leqslant m, 1 \leqslant j \leqslant l\}$ 是 F-线性无关的, 从而它们构成向量空间 K/F 的一组基. 设有元素 $b_{ij} \in F, 1 \leqslant i \leqslant m, 1 \leqslant j \leqslant l$, 使得下列等式成立

$$0 = \sum_{i=1}^m \sum_{j=1}^l b_{ij} v_i w_j = \sum_{i=1}^m \left(\sum_{j=1}^l b_{ij} w_j \right) v_i,$$

则有等式: $\sum_{j=1}^l b_{ij} w_j = 0, 1 \leqslant i \leqslant m$, 从而有 $b_{ij} = 0, 1 \leqslant i \leqslant m, 1 \leqslant j \leqslant l$.

注记 12.10 作为上述讨论的直接应用, 我们现在可以说明: 所有代数数构成的集合 A 是复数域 $\mathbb{C}$ 的子域. 事实上, 任取两个元素 $\alpha, \beta \in A$, 由引理 12.6 可知, 域 $\mathbb{Q}[\alpha], \mathbb{Q}[\alpha][\beta]$ 分别是其子域 $\mathbb{Q}, \mathbb{Q}[\alpha]$ 的有限扩张. 再利用命题 12.9 的结论推出: $\mathbb{Q}[\alpha][\beta]$ 也是域 $\mathbb{Q}$ 的有限扩张, 必为代数扩张 (练习 12.8).

特别, $\alpha \pm \beta$, $\alpha\beta^{-1}(\beta \neq 0)$ 都是代数数. 因此, 复数域 $\mathbb{C}$ 的子集 A 满足子域的封闭性条件, 它确实是 $\mathbb{C}$ 的一个子域.

练习 12.11　讨论域的扩张 $\mathbb{Q} \subset \mathbb{Q}[\sqrt{2}, \sqrt{3}]$, 并计算维数 $[\mathbb{Q}[\sqrt{2}, \sqrt{3}] : \mathbb{Q}]$.

推论 12.12 (传递性)　设 $F \subset E \subset K$ 是域的扩张, 则域 K 是 F 的代数扩张当且仅当 K 是 E 的代数扩张, 且 E 是 F 的代数扩张.

证明　若域 K 是 F 的代数扩张, 显然有: 域 K 是 E 的代数扩张, 且域 E 是 F 的代数扩张. 反之, 假设域 K 是 E 的代数扩张, 并且域 E 是 F 的代数扩张, 下面将证明: 域 K 必是 F 的代数扩张.

任取元素 $z \in K$, 它是域 E 上的代数元, 必有不可约多项式 $p(x) \in E[x]$, 使得 $p(z) = 0$. 不妨设 $p(x) = b_0 + b_1 x + \cdots + b_n x^n$, 其中 n 是不可约多项式 $p(x)$ 的次数, 系数 $b_0, b_1, \cdots, b_n \in E$. 由于所有这些 b_i 都是域 F 上的代数元, 对 n 归纳可以证明: E 的子域

$$E_1 = F[b_0, b_1, \cdots, b_n] \subset E$$

还是 F 的有限扩域 (命题 12.9). 此时, $E_1[z]$ 也是域 E_1 的有限扩域, 再次利用命题 12.9 推出: $E_1[z]$ 是 F 的有限扩域. 因此, 元素 z 是域 F 上的代数元.

定义 12.13　设 E 是域 F 的扩域, $f(x) \in F[x]$ 是未定元为 x 的多项式, u 是 E 中的元素. 若有 $f(u) = 0$, 则称元素 u 是多项式 $f(x)$ 在 E 中的根或零点. 多项式 $f(x) \in F[x]$ 在域 F 中的根或零点, 也简称为 $f(x)$ 的根或零点.

引理 12.14　元素 $\alpha \in F$ 是多项式 $f(x) \in F[x]$ 的根当且仅当 $(x - \alpha) | f(x)$.

证明　考虑带余除式: $f(x) = q(x)(x - \alpha) + r$, $q(x) \in F[x]$, $r \in F$. 两边的变量 x 用 α 替换, 得到等式 $r = f(\alpha)$. 由此不难看出: 引理结论成立.

注记 12.15　关于多项式环 $F[x]$ 中多项式的因式分解问题, 我们有一般的算术基本定理与唯一分解定理 (见定理 5.10 与定理 5.27): 任何非常数的多项式 $f(x)$ 都可以分解为一些不可约多项式的乘积, 这些不可约多项式在 $F[x]$ 中不能再进行分解. 如何寻找 F 的某个扩域 E, 使得多项式 $f(x) \in E[x]$ "完全" 分解为一次因式的乘积, 正是分裂域概念产生的主要背景.

定义 12.16　设 F 是一个域, $f(x) \in F[x]$ 是首项系数为 1 的多项式, 也简称为首 1 多项式. 称扩域 E/F 为多项式 $f(x)$ 在域 F 上的分裂域, 如果在 $E[x]$ 中 $f(x)$ 可以分解为若干一次因式的乘积

$$f(x) = (x - r_1)(x - r_2) \cdots (x - r_n), \quad r_1, r_2, \cdots, r_n \in E,$$

并且 $E = F(r_1, r_2, \cdots, r_n)$, 这里对子集 $S \subset E$, 符号 $F(S)$ 表示由子集 $F \cup S$ 生成的 E 的子域, 它是包含 $F \cup S$ 的所有子域的交. 比如, 当 $\alpha \in E$ 是域 F 上的代数元时, 有 $F(\alpha) = F(\{\alpha\}) = F[\alpha] \subset E$(见引理 12.6).

为了表述的方便, 当 $f(x) = 1 \in F[x]$ 时, 也称域 F 本身为 $f(x)$ 的分裂域. 进一步, 对非首 1 的多项式, 也可以类似定义其分裂域的概念.

定理 12.17　多项式环 $F[x]$ 中的任何首 1 多项式 $f(x)$, 都存在分裂域 E/F.

证明　设 $f(x)$ 是 n 次首 1 多项式, 对自然数 n 归纳. 当 $n = 0, 1$ 时, 定理结论自动成立. 假设对 $n-1$ 次的多项式, 定理结论已经成立. 对 n 的情形, 任取多项式 $f(x)$ 的不可约因子 $p(x)$, 使得 $f(x) = p(x)f_1(x)$, 这里 $p(x), f_1(x) \in F[x]$.

设 $I = (p(x))$ 是由不可约多项式 $p(x)$ 生成的多项式环 $F[x]$ 的主理想, 它也是极大理想, 从而商环 $K = F[x]/I$ 是一个域. 根据例 12.1 中的说明, K 可以看成 F 的一个扩域. 此时, 元素 $r_1 = \bar{x} = x + I \in K$ 是多项式 $p(x)$ 的一个根

$$p(r_1) = p(\bar{x}) = \overline{p(x)} = \bar{0} = 0 \in K,$$

从而在多项式环 $K[x]$ 中有分解式 $p(x) = (x - r_1)p_1(x), p_1(x) \in K[x]$, 且有

$$K = F[r_1] = F(r_1).$$

令 $g(x) = p_1(x)f_1(x) \in K[x]$, 则有 $f(x) = (x - r_1)g(x)$, 并且多项式 $g(x)$ 的次数为 $n - 1$. 由归纳假设, 存在 K 的扩域 E, 使得 $g(x)$ 在 $E[x]$ 中有分解式

$$g(x) = (x - r_2)(x - r_3)\cdots(x - r_n), \quad r_2, r_3, \cdots, r_n \in E,$$

并且有 $E = K(r_2, r_3, \cdots, r_n)$. 因此, 多项式 $f(x)$ 在 $E[x]$ 中可以分解为形式

$$f(x) = (x - r_1)(x - r_2)(x - r_3)\cdots(x - r_n),$$

其中元素 $r_1, r_2, r_3, \cdots, r_n \in E$. 此时, E 是域 F 的扩域. 最后, 由定义还可以验证下列所要求的式子成立

$$\begin{aligned}
E &= K(r_2, \cdots, r_n) \\
&= F(r_1)(r_2, \cdots, r_n) \\
&= F(r_1, r_2, \cdots, r_n).
\end{aligned}$$

引理 12.18　设 $\varphi : F \to \bar{F}$ 是从域 F 到 $\bar{F}$ 的同构映射, $f(x) \in F[x]$ 是不可约多项式, $\bar{f}(x) \in \bar{F}[x]$ 是通过映射 φ 作用到 $f(x)$ 的系数上得到的多项式, 则 $\bar{f}(x)$ 也是不可约的, 并且有域的同构映射

$$\psi : F[x]/(f(x)) \to \bar{F}[x]/(\bar{f}(x)),$$

$$g(x) + (f(x)) \mapsto \bar{g}(x) + (\bar{f}(x)),$$

其中 $\bar{g}(x) \in \bar{F}[x]$ 是通过映射 φ 作用到 $g(x)$ 的系数上得到的多项式 (类似于多项式 $\bar{f}(x)$ 的定义过程). 此时, 映射 ψ 是 φ 的扩充: $\psi(a) = \varphi(a),\ \forall a \in F$.

证明　按照引理中的描述方式, 把同构映射 φ 扩充为下列映射

$$\tilde{\varphi} : F[x] \to \bar{F}[x],$$

$$g(x) = \sum_i a_i x^i \mapsto \sum_i \varphi(a_i) x^i = \bar{g}(x).$$

由于 φ 是域的同构映射, 它保持加法、乘法及单位元. 由此不难验证: 映射 $\tilde{\varphi}$ 也保持加法、乘法及单位元, 并且它是环的同构映射. 特别, 它把不可约多项式 $f(x)$ 映到不可约多项式 $\bar{f}(x)$. 此时, 同构映射 $\tilde{\varphi}$ 把主理想 $(f(x))$ 映到主理想 $(\bar{f}(x))$. 因此, 它又诱导了商域之间的下列同构映射

$$\psi : F[x]/(f(x)) \to \bar{F}[x]/(\bar{f}(x)),$$

$$g(x) + (f(x)) \mapsto \bar{g}(x) + (\bar{f}(x)).$$

最后, 由定义可知, 映射 ψ 是同构映射 φ 的扩充: $\psi(a) = \varphi(a), \forall a \in F$.

定理 12.19　设 $\varphi : F \to \bar{F}$ 是域的同构映射, $f(x) \in F[x]$, E 是 $f(x)$ 在域 F 上的分裂域. 多项式 $\bar{f}(x) \in \bar{F}[x]$ 按引理 12.18 中的方法所构造, $\bar{E}$ 是 $\bar{f}(x)$ 在域 $\bar{F}$ 上的分裂域, 则有域的同构映射 $\psi : E \to \bar{E}$, 使得 $\psi(a) = \varphi(a), \forall a \in F$.

证明　不妨设多项式 $f(x) \in E[x]$, $\bar{f}(x) \in \bar{E}[x]$ 的分解式如下

$$f(x) = a_n(x - x_1)(x - x_2) \cdots (x - x_n),$$

$$\bar{f}(x) = b_n(x - \bar{x}_1)(x - \bar{x}_2) \cdots (x - \bar{x}_n),$$

其中 $n = \partial f(x)$, a_n 是 $f(x)$ 的首项系数, $b_n = \varphi(a_n)$, $x_i \in E, \bar{x}_i \in \bar{E}, 1 \leqslant i \leqslant n$. 此时, 根据分裂域的定义, 还有下列等式

$$E = F(x_1, x_2, \cdots, x_n), \quad \bar{E} = \bar{F}(\bar{x}_1, \bar{x}_2, \cdots, \bar{x}_n).$$

若有 $[E : F] = 1$, 则有 $E = F$. 此时, 不难说明: 多项式 $\bar{f}(x)$ 在 $\bar{F}$ 上的分裂域为 $\bar{F}$ 本身, 即, 有等式 $\bar{E} = \bar{F}$, 定理结论自然成立.

现假设 $[E : F] > 1$, 并取多项式 $f(x)$ 的不可约因子 $g(x) \in F[x]$, 使得 $g(x)$ 的次数 $r = \partial g(x) > 1$, 相应有多项式 $\bar{f}(x)$ 的 r 次不可约因子 $\bar{g}(x) \in \bar{F}[x]$. 不妨设它们在分裂域中的分解式如下

$$g(x) = (x - x_1)(x - x_2) \cdots (x - x_r) \in E[x],$$

$$\bar{g}(x) = (x - \bar{x}_1)(x - \bar{x}_2)\cdots(x - \bar{x}_r) \in \bar{E}[x], \quad r \leqslant n.$$

定义环同态 $\tilde{\varphi} : F[x_1] \to \bar{F}[\bar{x}_1] \subset \bar{E}$, 它是 φ 的扩充, 且有 $\tilde{\varphi}(x_1) = \bar{x}_1$. 这是合理定义的映射: 因为多项式 $g(x) \in F[x]$ 是不可约的, 且 $g(x_1) = 0$, 所以有域的同构映射

$$F[x]/(g(x)) \to F[x_1], \quad h(x) + (g(x)) \mapsto h(x_1).$$

此时, 元素 $x + (g(x))$ 对应到元素 $x_1 \in \bar{E}$. 类似地, 还有域的同构映射

$$\bar{F}[x]/(\bar{g}(x)) \to \bar{F}[\bar{x}_1],$$

使得 $x + (\bar{g}(x))$ 对应到元素 $\bar{x}_1$. 由于上述这两个映射都是同构映射, 考虑相应的逆映射及映射的合成, 将得到下列域的同构映射

$$\tau : F(x_1) = F[x_1] \to F[x]/(g(x)) \to \bar{F}[x]/(\bar{g}(x)) \to \bar{F}[\bar{x}_1] = \bar{F}(\bar{x}_1),$$

使得 $\tau(x_1) = \bar{x}_1$. 即, 映射 $\tilde{\varphi} = \tau$ 定义合理, 它是同构映射, 且是 φ 的扩充.

此时, 由维数公式推出 $[E : F(x_1)] < [E : F]$, 并且有下列等式

$$E = F(x_1)(x_2, \cdots, x_n), \quad \bar{E} = \bar{F}(\bar{x}_1)(\bar{x}_2, \cdots, \bar{x}_n),$$

从而 E 是多项式 $f_1(x)$ 在域 $F(x_1)$ 上的分裂域, $\bar{E}$ 是多项式 $\bar{f}_1(x)$ 在域 $\bar{F}(\bar{x}_1)$ 上的分裂域, 其中多项式 $f_1(x) \in F(x_1)[x], \bar{f}_1(x) \in \bar{F}(\bar{x}_1)[x]$ 由下式给出

$$f_1(x) = a_n(x - x_2)(x - x_3)\cdots(x - x_n) \in E[x],$$

$$\bar{f}_1(x) = b_n(x - \bar{x}_2)(x - \bar{x}_3)\cdots(x - \bar{x}_n) \in \bar{E}[x].$$

最后, 不难看出: 在映射 τ 作为 φ 的扩充的典范作用下 (如引理 12.18 所描述), 多项式 $f(x)$ 对应到多项式 $\bar{f}(x)$, 从而多项式 $f_1(x) \in F(x_1)[x]$ 对应到多项式 $\bar{f}_1(x) \in \bar{F}(\bar{x}_1)[x]$. 利用归纳假设, 必存在域的同构映射 $\psi : E \to \bar{E}$, 它扩充了同构映射 τ, 从而它也扩充了同构映射 φ.

注记 12.20　在定理 12.19 的证明过程中, 同构映射 φ 的扩充主要体现在同构映射 τ 的构造上, 在那里我们只是给出了定义 τ 的一种方式, 还可以给出其他不同的选择. 比如, 把元素 $\bar{x}_1$ 换成 $\bar{x}_i, 1 \leqslant i \leqslant r$, 同样得到 φ 的一个扩充. 另一方面, 若 ψ 是 φ 的某个扩充, 则 $\psi(x_1)$ 必为 $\bar{x}_i$ 之一. 同构 τ 的选择的个数与不可约因子 $g(x)$ 的不同根的个数一致, 由此可确定 φ 的扩充个数.

注记 12.21　前面讨论了分裂域的一些基础内容, 并证明了它的存在性与唯一性定理. 分裂域的概念和域 F 上的某个具体的多项式有关. 或者说, 我们需要

分解一个给定的多项式 $f(x) \in F[x]$ 为一次因式的乘积, 必须扩充域 F 的范围, 在 F 的某个扩域 E 上才可以做到, 这就是分裂域的基本想法.

现在我们提出这样的问题: 是否存在域 F 的某个扩域 E, 使得域 F 上的任何非常数多项式 $f(x)$ 在多项式环 $E[x]$ 中都可以分解为一次因式的乘积? 为了准确回答这个问题, 我们首先给出下列概念.

定义 12.22   设 $F, \bar{F}$ 是两个域, 称域 $\bar{F}$ 是域 F 的代数闭包, 如果 $\bar{F}$ 是 F 的代数扩张, 并且满足条件: 域 F 上的任何非常数的首 1 多项式 $f(x)$ 都可以写成多项式环 $\bar{F}[x]$ 中的若干一次因式乘积的形式

$$f(x) = (x - b_1)(x - b_2) \cdots (x - b_n),$$

其中 n 是多项式 $f(x)$ 的次数, 而元素 $b_1, b_2, \cdots, b_n \in \bar{F}$.

特别, 当 $\bar{F} = F$ 时, 称域 F 是一个代数封闭域或代数闭域.

注记 12.23   由定义直接看出: 域 F 是一个代数闭域当且仅当多项式环 $F[x]$ 中的任何非常数多项式在 F 中都有根. 复数域是一个代数闭域, 这就是著名的代数基本定理. 代数基本定理有许多不同的证明, 本书给出的证明将尽可能使用代数的方法. 比如, 将使用域扩张的基础理论 (现在正在准备的部分) 以及有限群的子群结构等, 详见第 14 讲的内容.

引理 12.24   若 $\bar{F}$ 是域 F 的代数闭包, 则 $\bar{F}$ 是一个代数闭域.

证明   设 $f(x)$ 是 $\bar{F}[x]$ 中的非常数多项式, 只要证明: 它在域 $\bar{F}$ 中有根. 令 α 是多项式 $f(x)$ 在 $\bar{F}$ 的某个扩域中的根. 比如, 可以取 $f(x)$ 在 $\bar{F}$ 上的某个分裂域 E, 使得 $\alpha \in E$; 下面证明包含关系: $\alpha \in \bar{F}$.

根据引理的条件, 域 $\bar{F}$ 是 F 的代数扩张, 而元素 α 又是 $\bar{F}$ 上的代数元, 利用推论 12.12 的证明过程可以推出: α 也是域 F 上的代数元. 因此, 元素 α 是 F 上的某个多项式的根, 必有 $\alpha \in \bar{F}$.

引理 12.25   任何域 F 必包含于某个代数闭域 K 中.

证明   对一元多项式环 $F[x]$ 中的任何非常数的首 1 多项式 f, 用 x_f 表示相应的未定元, 并构造含有无限多个未定元的多项式环 R 如下

$$R = F[x_f; f \text{是 } F \text{ 上非常数的首 1 多项式}],$$

它的具体元素都是关于某有限个未定元的多项式. 令 I 为交换环 R 的理想, 它由所有这些多项式 $f(x_f) \in R$ 生成. 即, 有下列等式

$$I = (f(x_f); f \text{是 } F \text{ 上非常数的首 1 多项式}) \subset R.$$

断言   理想 I 不包含单位元 1, 从而它是交换环 R 的真理想.

事实上, 若 $1 \in I$, 则有元素 $g_1, g_2, \cdots, g_n \in R$, 使得下列式子成立

$$g_1 f_1(x_{f_1}) + g_2 f_2(x_{f_2}) + \cdots + g_n f_n(x_{f_n}) = 1.$$

在上述表达式中, 用新的未定元 x_i 去替换 x_{f_i}, $1 \leqslant i \leqslant n$; 用 $x_{n+1}, \cdots, x_m$ 表示在多项式 g_i $(1 \leqslant i \leqslant n)$ 中出现的其他未定元. 于是, 有下列等式

$$\begin{aligned}
&g_1(x_1, \cdots, x_n, x_{n+1}, \cdots, x_m) f_1(x_1) \\
&+ g_2(x_1, \cdots, x_n, x_{n+1}, \cdots, x_m) f_2(x_2) \\
&+ \cdots \\
&+ g_n(x_1, \cdots, x_n, x_{n+1}, \cdots, x_m) f_n(x_n) \\
&= 1.
\end{aligned}$$

此时, $f_1(x), f_2(x), \cdots, f_n(x)$ 是域 F 上的多项式, 必有 F 的扩域 F', 使得多项式 $f_i(x)$ 在扩域 F' 中有根 α_i, $1 \leqslant i \leqslant n$. 在上述等式中, 令 $x_i = \alpha_i, 1 \leqslant i \leqslant n$, 将得到等式 $0 = 1$, 导致矛盾. 即, 断言成立.

取 R 的包含 I 的极大理想 J, 令 $K_1 = R/J$, 由于典范映射: $F \to R/J$ 是交换环的单射同态, 从而 K_1 可以看成域 F 的扩域. 此时, 对任意非常数的首 1 多项式 $f \in F[x]$, 元素 $x_f + J \in K_1$ 是多项式 f 的根, 这是因为

$$f(x_f + J) = f(x_f) + J = 0.$$

在域 K_1 的基础上不断重复上述过程, 可以得到一系列的扩域

$$F = K_0 \subset K_1 \subset K_2 \subset \cdots \subset K_i \subset K_{i+1} \subset \cdots,$$

并满足条件: 多项式环 $K_i[x]$ 中的任何非常数的首 1 多项式在扩域 K_{i+1} 中至少有一个根, 其中 $i = 0, 1, 2, \cdots$. 令 $K = \bigcup_{i=0}^{\infty} K_i$, 可以通过这些子域 K_i 中的运算定义集合 K 中的加法与乘法运算, 使得 K 是域 F 的扩域.

最后, 对任意非常数的多项式 $g(x) \in K[x]$, 它自然可以看成某个多项式环 $K_i[x]$ 中的元素, 从而它在域 K_{i+1} 中至少有一个根. 即, 多项式 $g(x)$ 在域 K 中有根. 因此, K 是一个代数闭域, 且满足定理的要求.

定理 12.26 (代数闭包的存在性) 任何域 F 都存在代数闭包 $\bar{F}$, 并且在同构的意义下, 代数闭包是唯一的.

证明 存在性 利用前面引理 12.25 的结论, 存在一个代数闭域 K, 它是 F 的扩域. 令 $\bar{F} = \{x \in K; \ x$ 是域 F 上的代数元$\}$, 类似于注记 12.10 中的讨论, 子集 $\bar{F}$ 也是 F 的一个扩域. 下面将证明: $\bar{F}$ 是域 F 的代数闭包.

对任意非常数的首 1 多项式 $f(x) \in F[x] \subset K[x]$, 由于 K 是代数闭域, 它在 K 上可以写成若干一次因式的乘积

$$f(x) = (x - \alpha_1)(x - \alpha_2) \cdots (x - \alpha_n),$$

其中 n 是多项式 $f(x)$ 的次数, 元素 $\alpha_1, \alpha_2, \cdots, \alpha_n \in K$. 显然, 元素 α_i 是域 F 上的代数元, 故 $\alpha_i \in \bar{F}, 1 \leqslant i \leqslant n$. 于是, $f(x)$ 在多项式环 $\bar{F}[x]$ 中也可以写成若干一次多项式乘积的形式. 因此, $\bar{F}$ 是域 F 的代数闭包.

唯一性 类似于 F 上多项式的分裂域的唯一性证明, 留作读者练习.

练习 12.27 设 K 是域 F 的有限扩张, 证明: K 是 F 上某个多项式的分裂域当且仅当对多项式环 $F[x]$ 中的任何不可约多项式 $p(x)$, 只要它在 K 中有一根, 它就可以分解成 $K[x]$ 中的一次因式的乘积.

前面讨论了分裂域、代数闭域及代数闭包等概念与基本性质, 它们都和多项式的求根问题密切相关. 在本讲的剩余部分, 我们进一步考虑一个给定的多项式 $f(x)$ 在其某个分裂域中是否有重根的问题. 为此, 需要引入一元多项式的 "形式导数" 的概念与方法, 具体定义如下.

定义 12.28 对 $f(x) = a_n x^n + a_{n-1} x^{n-1} + \cdots + a_1 x + a_0 \in F[x]$, 令

$$f'(x) = f(x)' = n a_n x^{n-1} + (n-1) a_{n-1} x^{n-2} + \cdots + a_1.$$

称多项式 $f'(x)$ 为多项式 $f(x)$ 的形式导数, 也简称为导数. 有时, 多项式 $f(x)$ 的导数 $f'(x)$ 也记为 $\dfrac{d}{dx} f(x)$. 此时, 不难看出 $f'(x) \in F[x]$.

练习 12.29 (导数规则) 对 $f(x), g(x) \in F[x], \lambda \in F$, 有下列结论:
(1) $(\lambda f(x) + g(x))' = \lambda f'(x) + g'(x)$;
(2) $(f(x)g(x))' = f'(x)g(x) + f(x)g'(x)$.

定义 12.30 设一元多项式 $f(x) \in F[x]$ 有分裂域 K, 且 $a \in K$, 称元素 a 为多项式 $f(x)$ 在 K 中的 k-重根 (简称为 $f(x)$ 的 k-重根, 下同), 如果有分解式

$$f(x) = (x - a)^k f_1(x),$$

其中指数 $k \geqslant 1$, $f_1(x) \in K[x]$, 且 $f_1(a) \neq 0$. 特别, 当 $k = 1$ 时, 称 a 是多项式 $f(x)$ 的单根; 当 $k > 1$ 时, 称 a 是多项式 $f(x)$ 的重根.

引理 12.31 一元多项式 $f(x) \in F[x]$ 有重根当且仅当 $(f(x), f'(x)) \neq 1$. 换句话说, 多项式 $f(x)$ 无重根等价于 $f(x)$ 与它的导数多项式 $f'(x)$ 互素.

证明 设 K 是多项式 $f(x)$ 在域 F 上的分裂域, 在多项式环 $K[x]$ 中, $f(x)$ 可以写成下列一次因式乘积的形式

$$f(x) = a_n(x - x_1)(x - x_2) \cdots (x - x_n), \quad a_n \in F, \quad x_i \in K, \ 1 \leqslant i \leqslant n.$$

此时, 多次重复使用练习 12.29(2) 中的导数规则, 不难推出下列式子

$$f'(x) = \sum_{i=1}^{n} a_n(x - x_1) \cdots (x - x_{i-1})(x - x_{i+1}) \cdots (x - x_n).$$

若多项式 $f(x)$ 没有重根, 则 $x_i \neq x_j, 1 \leqslant i \neq j \leqslant n$. 由上式不难看出: x_i 不可能是多项式 $f'(x)$ 的根, $1 \leqslant i \leqslant n$. 于是, 多项式 $f(x), f'(x)$ 在域 K 中没有公共根, 必有 $(f(x), f'(x)) = 1$.

反之, 若 $(f(x), f'(x)) = 1$, 由引理 5.7 可知, 存在多项式 $s(x), t(x) \in F[x]$, 使得下列式子成立

$$s(x)f(x) + t(x)f'(x) = 1.$$

显然, 多项式 $f(x)$ 与 $f'(x)$ 没有公共根. 此时, 多项式 $f(x)$ 不可能有重数大于 1 的根. 否则, 不妨设 $f(x) = (x - \lambda)^2 g(x), \lambda \in K, g(x) \in K[x]$. 对等式两边求导数, 将得到下列式子

$$f'(x) = 2(x - \lambda)g(x) + (x - \lambda)^2 g'(x).$$

容易看出 $f(\lambda) = f'(\lambda) = 0$. 即, 元素 λ 是多项式 $f(x)$ 与 $f'(x)$ 的公共根, 这与前面结论矛盾. 由此可知: 多项式 $f(x)$ 无重根.

推论 12.32 $F[x]$ 中的不可约多项式 $f(x)$ 无重根当且仅当导数多项式 $f'(x)$ 是非零的. 特别, 任何特征为零的域 F 上的不可约多项式都没有重根.

证明 因多项式 $f'(x)$ 的次数自然低于多项式 $f(x)$ 的次数. 当 $f'(x) \neq 0$ 时, 必有 $f(x) \nmid f'(x)$. 又因为 $f(x)$ 是不可约的, 根据引理 5.9 给出的不可约多项式的基本性质, 推出 $(f(x), f'(x)) = 1$. 从而, 多项式 $f(x)$ 无重根.

反之, 若不可约多项式 $f(x) \in F[x]$ 没有重根, 由引理 12.31 可知, 多项式 $f(x)$ 与 $f'(x)$ 是互素的, 必有 $f'(x) \neq 0$. 最后, 当域 F 的特征为零时, 由定义不难直接验证: 对任何不可约多项式 $f(x)$, 均有 $f'(x) \neq 0$.

例 12.33 设 E 是特征为素数 p 的域, $F = \mathbb{Z}/(p)$ 是其素子域, K 是 E 的代数闭包. 对任意的正整数 n, 构造 $E[x]$ 中的多项式 $f(x)$ 如下

$$f(x) = x^{p^n} - x.$$

由定义直接得到 $f'(x) = -1$. 从而有 $(f(x), f'(x)) = 1$. 根据引理 12.31 的结论得出多项式 $f(x)$ 在域 K 中没有重根. 令

$$L = \{\alpha \in K; \ f(\alpha) = 0\} \subset K,$$

它是域 K 的有限子集, 由 $f(x)$ 的所有根组成, 从而 L 恰好包含 p^n 个元素.

容易验证: 上述子集 L 关于加法、减法、乘法及取逆运算均封闭, 它也包含域 K 的单位元, 从而它是 K 的子域, 且包含有限个元素.

注记 12.34 包含有限个元素的域, 也称为有限域或 Galois 域. 对任意给定的素数 p 及正整数 n, 我们在例 12.33 中构造了一个包含 p^n 个元素的有限域.

另一方面, 任何有限域 L 包含元素的个数形如: p^n. 事实上, 有限域 L 可以看成其素子域 $F = \mathbb{Z}/(p)$ 上的有限维向量空间, 不妨设其维数为 n. 当选定向量空间 L 的一组基后, 任何向量都可以表示成这组基的 F-线性组合, 所有这种可能的线性组合的个数为 p^n, 从而 L 包含 p^n 个元素.

推论 12.35 任何有限域 L 的乘法群 $L^\times$ 必为循环群.

证明 根据注记 12.34 中的讨论, 可以假设 $|L| = p^n$, 这里 p 是某个素数, n 是正整数. 利用引理 10.29 的结论, 必存在元素 $\alpha \in L^\times$, 它的阶 $o(\alpha) = m$ 是所有其他元素的阶的整数倍数. 此时, 有 $\beta^m = 1$, $\forall \beta \in L^\times$.

令 $f(x) = x^m - 1 \in \mathbb{Z}/(p)[x]$, 它在 $\mathbb{Z}/(p)$ 上的分裂域含于 L. 此时, $f(x)$ 也可以看成 L 上的多项式, 它在 L 内有 $p^n - 1$ 个非零根. 但 $\partial f(x) = m \leqslant p^n - 1$, 必有等式 $m = p^n - 1$. 因此, 元素 α 是乘法群 $L^\times$ 的生成元.

练习 12.36 证明: 任意域的特征或者为零, 或者为某个素数 p; 任意特征为素数 p 的域的素子域, 必为剩余类域 $\mathbb{Z}/(p)$.

第 13 讲 域扩张的 Galois 理论

域 F 上一元多项式环 $F[x]$ 中的低次多项式的求根问题, 是一个古老且基本的问题. 比如, 早在 16 世纪初期, 古人就曾对三次、四次多项式方程的根式求解问题做过许多尝试, 并给出了具体的根式求解公式. 对五次及以上次数的一般多项式方程的根式求解问题, 挪威数学家 Abel 等做了许多努力致力于该问题的研究; 最后, 由法国青年数学家 Galois 在 19 世纪 30 年代, 借助于有限群的思想完全解决了这个问题.

上面提到的根式求解问题, 我们默认是在复数域 $\mathbb{C}$ 中进行讨论. 根据代数基本定理 (其证明参见第 14 讲), 复数域是代数闭域, 从而复数域 $\mathbb{C}$ 上的任何非常数的多项式在 $\mathbb{C}$ 中都有根, 这是根式求解问题的基础. 即使在有根的前提下, 能否对多项式的系数进行有限次的加、减、乘、除及开方运算, 最后得到该多项式方程的根, 正是多项式方程根式求解问题的精确描述.

对一般域 F, 一元多项式环 $F[x]$ 中的多项式 $f(x)$ 在域 F 中未必有根. 根据前面第 12 讲的讨论, 多项式 $f(x) \in F[x]$ 在域 F 中有根当且仅当它在 $F[x]$ 中有一次因式. 特别, 若多项式 $f(x)$ 是 $F[x]$ 中的次数大于 1 的不可约多项式, 则它在域 F 中没有根. 于是, 多项式的求根问题是因式分解问题之特例. 对 F 上不可约的多项式 $f(x)$, 要想考虑它与根有关的问题, 就需要扩充 F 的范围, 从而寻求 F 的扩域 E, 使得多项式 $f(x)$ 在扩域 E 中有根.

在第 12 讲给出的多项式的分裂域, 以及域的代数闭包等概念都是与此问题相关的. 另外, 一个不可约多项式在扩域中是否有重根, 对域扩张的研究也起着关键的作用, 这就引出了如下可分多项式的概念.

定义 13.1 设 F 是给定的域, $f(x) \in F[x]$ 是一个不可约多项式. 称 $f(x)$ 为域 F 上的可分多项式, 如果它在其分裂域中可以写成下列形式

$$f(x) = a_n(x - x_1)(x - x_2) \cdots (x - x_n), \quad x_i \neq x_j,\ i \neq j,$$

这里元素 $a_n \in F$, $x_1, x_2, \cdots, x_n$ 是 $f(x)$ 在其分裂域中的根. 换句话说, 不可约多项式 $f(x) \in F[x]$ 是可分的, 如果它在其分裂域中无重根. 进一步, 称一个多项式 $g(x) \in F[x]$ 是可分的, 如果它的任何不可约因子都是可分的.

引理 13.2 (1) 不可约多项式 $f(x) \in F[x]$ 可分当且仅当 $(f(x), f'(x)) = 1$. 换句话说, 多项式 $f(x)$ 可分等价于 $f(x)$ 与它的导数多项式 $f'(x)$ 互素.

(2) 不可约多项式 $f(x)$ 是可分的当且仅当 $f'(x) \neq 0$. 特别, 任何特征为零的域 F 上的不可约多项式都是可分的.

证明   由引理 12.31 及推论 12.32 直接得到.

定义 13.3   设 E 是域 F 的代数扩张, 称元素 $x \in E$ 在域 F 上是可分的, 如果它在域 F 上的极小多项式是可分的; 称 E 是域 F 的可分扩张, 如果 E 中的每个元素在域 F 上都是可分的.

注记 13.4   由上述讨论可知, 对特征为零的域 F, 它的任何代数扩张 E/F 都是可分扩张. 对特征为素数 p 的域, 下面给出一个不可分多项式的例子.

例 13.5   设 p 是素数, $\mathbb{F}_p = \mathbb{Z}/(p)$ 是相应的剩余类域, 它的特征为素数 p. 令 $F = \mathbb{F}_p(y)$ 是 $\mathbb{F}_p$ 上一元多项式环 $\mathbb{F}_p[y]$ 的分式域, 构造 $F[x]$ 中的多项式

$$f(x) = x^p - y.$$

由于元素 $y \in F$ 是域 $\mathbb{F}_p$ 上的超越元, 容易证明: 多项式 $f(x)$ 是域 F 上的不可约多项式. 此时, 有 $f'(x) = 0$. 因此, $f(x)$ 是不可分的多项式.

练习 13.6   证明: 例 13.5 中的多项式 $f(x) = x^p - y$ 是 F 上的不可约多项式.

提示   否则, 多项式 $f(x)$ 有因式 $(x - \sqrt[p]{y})^m \in F[x]$, 这里 $0 < m < p$, 从而有等式: $(m, p) = 1, sm + tp = 1, s, t \in \mathbb{Z}$. 由此推出: $\sqrt[p]{y} = \sqrt[p]{y}^{sm} y^t \in F$, 这是不可能的: 与域 F 的定义相矛盾.

定义 13.7 (Galois 群)   设 E 是域 F 的扩域, 用 $\mathrm{Aut}(E)$ 表示域 E 的所有自同构关于映射的合成构成的群, 称其为域 E 的自同构群. 令

$$\mathrm{Gal}(E/F) = \{\eta \in \mathrm{Aut}(E); \eta(a) = a, \forall a \in F\},$$

则 $\mathrm{Gal}(E/F)$ 是自同构群 $\mathrm{Aut}(E)$ 的子群, 称其为域扩张 E/F 的 Galois 群.

例 13.8   设 $E = \mathbb{Q}(\sqrt{2}, \sqrt{3})$ 是有理数域 $\mathbb{Q}$ 的扩域, 其中 $\sqrt{2}, \sqrt{3}$ 分别表示有理系数多项式 $x^2 - 2, x^2 - 3$ 的某个根, 取元素 $\eta \in \mathrm{Gal}(E/\mathbb{Q})$.

因为 $(\sqrt{2})^2 = 2$, 且自同构 η 保持域的乘法运算, 由等式

$$(\eta(\sqrt{2}))^2 = 2$$

推出: $\eta(\sqrt{2}) = \pm\sqrt{2}$. 类似有 $\eta(\sqrt{3}) = \pm\sqrt{3}$. 由此可证: Galois 群 $\mathrm{Gal}(E/\mathbb{Q})$ 只包含四个元素: $\eta_1 = 1, \eta_2, \eta_3, \eta_4$, 其中 (参考引理 13.11 的结论)

$$\eta_2(\sqrt{2}) = -\sqrt{2}, \quad \eta_2(\sqrt{3}) = \sqrt{3},$$

$$\eta_3(\sqrt{2}) = \sqrt{2}, \quad \eta_3(\sqrt{3}) = -\sqrt{3},$$

$$\eta_4(\sqrt{2}) = -\sqrt{2}, \quad \eta_4(\sqrt{3}) = -\sqrt{3}.$$

定义 13.9　设 E 是给定的域, G 是 E 的自同构群 $\mathrm{Aut}(E)$ 的子群, 令

$$\mathrm{Inv}(G) = \{a \in E; \eta(a) = a, \forall \eta \in G\},$$

它由群 G 的所有不动点构成. 容易验证: 子集 $\mathrm{Inv}(G)$ 是域 E 的一个子域, 称其为 E 的 G-不变子域.

练习 13.10　设 E 是任意给定的域, $\mathrm{Aut}(E)$ 是其自同构群, 则有下列结论:

(1) 若有子群包含: $G_1 \subset G_2$, 则有子域包含 $\mathrm{Inv}(G_2) \subset \mathrm{Inv}(G_1)$;

(2) 若有子域包含: $F_1 \subset F_2$, 则有子群包含 $\mathrm{Gal}(E/F_2) \subset \mathrm{Gal}(E/F_1)$;

(3) 对 E 的任意子域 F, 有 $\mathrm{Inv}(\mathrm{Gal}(E/F)) \supset F$;

(4) 对 $\mathrm{Aut}(E)$ 的任意子群 G, 有 $\mathrm{Gal}(E/\mathrm{Inv}(G)) \supset G$.

引理 13.11　设 E/F 是域的扩张, 且 E 是多项式环 $F[x]$ 中的某个可分多项式的分裂域, 则有等式: $|\mathrm{Gal}(E/F)| = [E:F]$.

证明　Galois 群 $\mathrm{Gal}(E/F)$ 中的任何自同构都可以看成 F 的恒等自同构在其分裂域 E 上的扩充, 从而可以应用注记 12.20 提供的思路进行推导.

设 $f(x)$ 是相应的可分多项式, 它有根 $x_1, x_2, \cdots, x_m$, 使得

$$E = F(x_1, x_2, \cdots, x_m) = F(x_1)(x_2)\cdots(x_m).$$

令 $f_1(x) \in F[x]$ 是 x_1 在域 F 上的极小多项式, 它是 $f(x)$ 的因子, 且无重根. 利用注记 12.20 中的结论, 存在 $m_1 = \deg f_1(x)$ 个域的单射同态 $\sigma: F(x_1) \to E$, 它扩充了恒等映射 Id_F. 此时, 有 $[F(x_1):F] = m_1$.

类似地, 令 $f_2(x) \in F(x_1)[x]$ 是元素 x_2 在域 $F(x_1)$ 上的极小多项式, 它也是多项式 $f(x)$ 的因子, 且无重根. 由前面每个同构 $\sigma: F(x_1) \to \sigma(F(x_1))$ 诱导多项式环的典范同构: $F(x_1)[x] \to \sigma(F(x_1))[x]$, 多项式 $f_2(x)$ 的像记为 $\bar{f}_2(x)$(参考引理 12.18 的证明), 且 $\deg f_2(x) = \deg \bar{f}_2(x)$, 从而存在 $m_2 = \deg f_2(x)$ 个域的单射同态

$$\tau: F(x_1)(x_2) \to E,$$

它扩充了映射 σ 及 Id_F. 此时, 还有维数的等式: $[F(x_1)(x_2):F(x_1)] = m_2$.

按此方式一直进行下去, 最后可以找到 Id_F 的 $[E:F]$ 个扩充. 另外, 也不难看出: 群 $\mathrm{Gal}(E/F)$ 中的每个元素都可以如此得到.

引理 13.12　设 G 是域 E 的自同构群 $\mathrm{Aut}(E)$ 的有限子群, $F = \mathrm{Inv}(G)$ 是 E 的 G-不变子域, 则有不等式: $[E:F] \leqslant |G|$.

证明　设子群 $G = \{\eta_1 = 1, \eta_2, \cdots, \eta_n\}$ 包含 n 个元素, $u_1, u_2, \cdots, u_m$ 是 E 中的 m 个向量, 且 $m > n$. 下面证明: 这些向量在子域 F 上线性相关. 即, 存在

不全为零的元素 $a_1, a_2, \cdots, a_m \in F$, 使得

$$a_1 u_1 + a_2 u_2 + \cdots + a_m u_m = 0.$$

考虑以 $x_1, x_2, \cdots, x_m$ 为未知量的系数属于 E 的齐次线性方程组

$$\begin{cases} \eta_1(u_1)x_1 + \eta_1(u_2)x_2 + \cdots + \eta_1(u_m)x_m = 0, \\ \eta_2(u_1)x_1 + \eta_2(u_2)x_2 + \cdots + \eta_2(u_m)x_m = 0, \\ \qquad\qquad\qquad \cdots\cdots \\ \eta_n(u_1)x_1 + \eta_n(u_2)x_2 + \cdots + \eta_n(u_m)x_m = 0, \end{cases}$$

其中方程的个数 n 小于未知量的个数 m, 这种线性方程组必有非零解: 可以对自然数 n 归纳进行证明, 也可以参考文献 [2] 给出的初等证明.

取它的一个非零解向量 $\alpha = (b_1, b_2, \cdots, b_m)$, 使得 α 具有最少个数的非零分量, 且 $b_1 \neq 0$ (否则, 可以调换分量的先后顺序). 此时, 向量 $b_1^{-1}\alpha$ 也是上述线性方程组的解向量, 从而可以假设解向量 α 形如: $(1, a_2, \cdots, a_m)$, 它满足下列等式 $(\eta_1 = 1, a_1 = 1)$

$$a_1 u_1 + a_2 u_2 + \cdots + a_m u_m = 0,$$

其中系数 $a_j \in E, 1 \leqslant j \leqslant m$. 于是, 只要证明: $a_j \in F = \mathrm{Inv}(G), 1 \leqslant j \leqslant m$.

断言 对 $1 \leqslant i \leqslant n, 1 \leqslant j \leqslant m$, 有 $\eta_i(a_j) = a_j$, 从而有 $a_j \in F$.

事实上, 若断言不成立, 则有 $j \geqslant 2$ 及某个指标 k, 使得 $\eta_k(a_j) \neq a_j$. 通过调换下标的顺序, 不妨设 $j = 2$, 从而有 $\eta_k(a_2) \neq a_2$. 再把自同构 η_k 作用于下列等式的两边

$$\sum_{j=1}^m \eta_i(u_j)a_j = 0, \quad 1 \leqslant i \leqslant n,$$

又可以得到下列式子

$$\sum_{j=1}^m (\eta_k\eta_i)(u_j)\eta_k(a_j) = 0, \quad 1 \leqslant i \leqslant n.$$

由于 $G = \{\eta_k\eta_1, \eta_k\eta_2, \cdots, \eta_k\eta_n\}$, 向量 $\beta = (1, \eta_k(a_2), \cdots, \eta_k(a_m))$ 是前面线性方程组的解向量. 由此可知: 下列向量也是该线性方程组的解向量

$$\alpha - \beta = (0, a_2 - \eta_k(a_2), \cdots, a_m - \eta_k(a_m)).$$

容易看出: 解向量 $\alpha - \beta$ 不为零, 并且它的非零分量的个数小于 α 的非零分量的个数, 这与解向量 α 的选取相矛盾.

定义 13.13 设 E 是域 F 的代数扩张, 称 E/F 是一个正规扩张, 如果它满足条件: 若 $f(x) \in F[x]$ 是一个不可约多项式, 且它在 E 中有根, 则它在 $E[x]$ 中

可以分解为一次因式的乘积. 换句话说, E 包含它的任何元素在 F 上的极小多项式的某个分裂域.

引理 13.14　设有域的扩张 E/F, 则下列条件是等价的

(1) E 是域 F 上某个可分多项式 $f(x)$ 的分裂域;

(2) $F = \mathrm{Inv}(G)$, 这里 G 是 E 的自同构群 $\mathrm{Aut}(E)$ 的某个有限子群;

(3) E 同时是域 F 的有限扩张、正规扩张及可分扩张.

证明　(1) $\Rightarrow$ (2)　设 $G = \mathrm{Gal}(E/F), F' = \mathrm{Inv}(G)$. 不难看出: F' 是 E 的包含 F 的子域. 此时, 有 $f(x) \in F'[x]$, 且 E 也是 F' 上可分多项式 $f(x)$ 的分裂域.

利用练习 13.10 的结论, 直接得到包含关系

$$G \subset \mathrm{Gal}(E/\mathrm{Inv}(G)),$$

从而有等式: $G = \mathrm{Gal}(E/F')$. 由引理 13.11 可知, $|G| = [E : F'] = [E : F]$, 由此推出等式: $F = F' = \mathrm{Inv}(G)$. 最后, 由于分裂域 E 是 F 的有限扩张, 从而维数 $[E : F]$ 是有限的, 且 G 是 $\mathrm{Gal}(E/F)$ 的有限子群.

(2) $\Rightarrow$ (3)　在给定的条件下, 由引理 13.12 可知, $[E : F] \leqslant |G|$, 从而 E 是域 F 的有限扩张. 设 $f(x) \in F[x]$ 是首 1 的不可约多项式, 且它有根 $r \in E$. 下面证明: $f(x)$ 在 $E[x]$ 中可以分解为一次因式的乘积.

设 $\{r_1 = r, r_2, \cdots, r_m\}$ 是群 G 在 E 上诱导作用的轨道 $G \cdot r$. 此时, 对每个元素 r_i, 必存在某个 $\eta_i \in G$, 使得 $r_i = \eta_i(r)$. 由于 $f(r) = 0$, 且多项式 $f(x)$ 的系数包含于域 F, 这些系数在群 G 的作用下保持不动, 必有等式 $f(r_i) = 0$, 从而有整除关系: $(x - r_i)|f(x), 1 \leqslant i \leqslant m$. 令

$$g(x) = (x - r_1)(x - r_2) \cdots (x - r_m),$$

必有整除关系: $g(x)|f(x)$, 这是因为元素 $r_1, r_2, \cdots, r_m$ 两两不同.

按照自然的方式, 任何自同构 $\eta \in \mathrm{Aut}(E)$ 都可以扩充为多项式环 $E[x]$ 的自同构: $E[x] \to E[x]$, 使得 $x \mapsto x$, 这个自同构仍记为 η. 特别, 对任意的自同构 $\eta \in G$, 有下列等式

$$\eta(g(x)) = (x - \eta(r_1))(x - \eta(r_2)) \cdots (x - \eta(r_m)) = g(x),$$

从而多项式 $g(x)$ 的系数在 η 的作用下保持不动, 即 $g(x) \in F[x]$. 再利用 $f(x)$ 的不可约性, 必有等式 $f(x) = g(x)$. 由此可知: $f(x)$ 在 $E[x]$ 中分解为一次因式的乘积, 且 $f(x)$ 无重根. 因此, E/F 是正规扩张, 也是可分扩张.

(3) $\Rightarrow$ (1)　根据条件 E 是域 F 的有限扩张, 必有 E 中的元素 $r_1, r_2, \cdots, r_m$, 使得 $E = F(r_1, r_2, \cdots, r_m)$, 且 $r_1, r_2, \cdots, r_m$ 是域 F 上的代数元. 设 $f_i(x)$ 是元

素 r_i 在 F 上的极小多项式, 因 E/F 是正规扩张、可分扩张, $f_i(x)$ 在 $E[x]$ 中可以分解为互不相同的首项系数为 1 的一次因式的乘积. 令

$$f(x) = f_1(x)f_2(x)\cdots f_m(x),$$

则 $f(x) \in F[x]$ 是一个可分多项式, 且 E 是 F 上多项式 $f(x)$ 的分裂域.

推论 13.15 (i) 若 E/F 是可分多项式 $f(x)$ 的分裂域, 且 $G = \mathrm{Gal}(E/F)$ 是扩域 E/F 的 Galois 群, 则有等式: $F = \mathrm{Inv}(G)$;

(ii) 若 $F = \mathrm{Inv}(G)$, 且 G 是 $\mathrm{Aut}(E)$ 的有限子群, 则 $G = \mathrm{Gal}(E/F)$.

证明 在引理 13.14 (1) $\Rightarrow$ (2) 的推导过程中, 取子群 $G = \mathrm{Gal}(E/F)$, 则有等式: $\mathrm{Inv}(G) = F$. 即, (i) 中的等式成立.

在引理 13.14(2) $\Rightarrow$ (3) 的推导过程中, 有 $[E:F] \leqslant |G|$. 因 (1) 成立, 必有 $[E:F] = |\mathrm{Gal}(E/F)|$, 且 $G \subset \mathrm{Gal}(E/F)$, 从而有 $|G| \leqslant |\mathrm{Gal}(E/F)|$. 由此推出等式: $G = \mathrm{Gal}(E/F)$. 即, (ii) 中的等式成立.

定理 13.16 (Galois 理论的基本定理) 设 E/F 是域的扩张, 且满足上述引理 13.14 的等价条件, $G = \mathrm{Gal}(E/F)$ 是相应的 Galois 群. 令 Γ 是群 G 的所有子群构成的集合, Σ 是 E/F 的所有子域 K (即 $F \subset K \subset E$) 构成的集合, 则有下列集合之间的互逆映射 (此时, 也称扩张 E/F 为 Galois 扩张)

$$\mathrm{Inv} : \Gamma \to \Sigma, \quad H \mapsto \mathrm{Inv}H;$$

$$\mathrm{Gal} : \Sigma \to \Gamma, \quad K \mapsto \mathrm{Gal}(E/K).$$

进一步, 上述对应还具有下列三条性质:

(a) $H_1 \supset H_2 \in \Gamma \Leftrightarrow \mathrm{Inv}H_1 \subset \mathrm{Inv}H_2 \in \Sigma$;

(b) $|H| = [E : \mathrm{Inv}H], [G : H] = [\mathrm{Inv}H : F], \forall H \in \Gamma$;

(c) H 是群 G 的正规子群当且仅当 $\mathrm{Inv}H$ 是域 F 的正规扩张. 此时, 还有相应的下列群的同构

$$\mathrm{Gal}((\mathrm{Inv}H)/F) \simeq G/H.$$

证明 (1) 映射 Inv 的定义合理: 由 $H \subset G = \mathrm{Gal}(E/F)$, 必有 $F \subset \mathrm{Inv}H$. 另外, 由推论 13.15(ii) 可知, $\mathrm{Gal}(E/(\mathrm{Inv}H)) = H$, 从而有等式:

$$\mathrm{Gal} \cdot \mathrm{Inv} = \mathrm{Id}_\Gamma.$$

再根据引理 13.11 的结论, 还有下列等式, 从而 (b) 中的第 1 个等式成立

$$|H| = |\mathrm{Gal}(E/(\mathrm{Inv}H))| = [E : \mathrm{Inv}H].$$

(2) 设 $K \in \Sigma$, 令 $H = \mathrm{Gal}(E/K)$, 必有 $H \subset G = \mathrm{Gal}(E/F)$, 从而映射 Gal 的定义是合理的. 此时, E 也是域 K 上某个可分多项式的分裂域, 利用推论 13.15(i) 的结论, 有下列式子

$$K = \mathrm{Inv}H = \mathrm{Inv}(\mathrm{Gal}(E/K)).$$

于是, 又得到等式: $\mathrm{Inv} \cdot \mathrm{Gal} = \mathrm{Id}_\Sigma$. 再结合 (1) 中已经得出的式子, 可以推出结论: 映射 Inv 与 Gal 是两个互逆的映射.

(3) 由定义直接看出: $H_1 \supset H_2 \Rightarrow \mathrm{Inv}H_1 \subset \mathrm{Inv}H_2$. 反之, 根据两个映射的互逆性, 当 $\mathrm{Inv}H_1 \subset \mathrm{Inv}H_2$ 时, 也有 $H_1 \supset H_2$, 从而性质 (a) 成立

$$H_1 = \mathrm{Gal}(E/\mathrm{Inv}H_1) \supset \mathrm{Gal}(E/\mathrm{Inv}H_2) = H_2.$$

(4) 利用引理 13.11 可以推出下列式子, 从而 (b) 中的第 2 个等式也成立

$$|G| = [E:F] = [E:\mathrm{Inv}H][\mathrm{Inv}H:F] = |H|[\mathrm{Inv}H:F],$$

$$|G| = |H|[G:H] \Rightarrow [\mathrm{Inv}H:F] = [G:H].$$

(5) 设 H 是群 G 的子群, $K = \mathrm{Inv}H$ 是 E 的相应子域. 此时, 对群 G 的任意元素 η, 子集 $\eta H\eta^{-1}$ 也是 G 的 (共轭) 子群, 并且有 $\eta(K) = \mathrm{Inv}(\eta H\eta^{-1})$, 这是因为有下列关系式

$$\zeta(k) = k \Leftrightarrow \eta\zeta\eta^{-1}(\eta(k)) = \eta(k), \quad \forall k \in E, \ \forall \zeta \in G.$$

由此可知: H 是 G 的正规子群当且仅当 $\eta(K) = K$, 这里 η 是 G 的任意元素.

假设 H 是 G 的正规子群, 并考虑如下的限制映射

$$\mathrm{res}: G = \mathrm{Gal}(E/F) \to \mathrm{Gal}(K/F), \ \eta \mapsto \bar{\eta} \ (k \mapsto \eta(k)),$$

它是群的同态, 其像 $\bar{G}$ 为 $\mathrm{Aut}(K)$ 的子群, 并且 $\mathrm{Inv}\bar{G} = F$. 根据推论 13.15 (ii) 的结论, 有等式 $\mathrm{Gal}(K/F) = \bar{G}$. 即, 映射 res 是满同态.

满同态 res 的核由下列元素 η 构成

$$\eta \in G, \eta(k) = k, \forall k \in K \quad (\Leftrightarrow \eta \in \mathrm{Gal}(E/K) = H).$$

从而有, $G/H \simeq \bar{G} = \mathrm{Gal}(K/F)$. 此时, $\bar{G} = \mathrm{Gal}(K/F)$ 是一个有限群. 又因为等式 $F = \mathrm{Inv}\bar{G}$ 成立, K 必是 F 的正规扩张 (见引理 13.14).

(6) 设 K/F 是正规扩张, $a \in K$, $f(x)$ 是元素 a 在 F 上的极小多项式, 它有下列分解式

$$f(x) = (x - a_1)(x - a_2)\cdots(x - a_m) \in K[x],$$

其中 $a = a_1, a_i \in K, 1 \leqslant i \leqslant m$. 对任意元素 $\eta \in G$, 把它作用于 $f(a) = 0$, 将得到下列等式

$$f(\eta(a)) = 0,$$

从而有 i, 使得 $\eta(a) = a_i$. 由此可知: $\eta(a) \in K$. 于是, $\eta(K) \subset K$. 因 K 是 F 上的有限维向量空间, 必有 $\eta(K) = K$. 此时, 必有 $\eta H \eta^{-1} = H$, 这里 H 是相应于子域 K 的 Galois 群. 因此, H 是 G 的正规子群, (c) 成立.

在本讲的最后, 我们证明关于域的有限可分扩张的本原元定理, 它将直接用于代数基本定理的证明中, 详见第 14 讲的内容.

定理 13.17 (本原元定理) 设 K/F 是域的有限可分扩张, 则有 K 中的单个元素 γ, 使得 $K = F(\gamma)$. 此时, 也称 K 是域 F 的单扩张.

证明 (1) 若 K 是有限域, 由推论 12.35 可知, 其乘法群 $K^{\times}$ 是循环群: 必存在元素 $\gamma \in K^{\times}$, 使得 $K^{\times} = (\gamma)$. 此时, 不难看出: $K = F(\gamma)$, 结论成立.

(2) 若 K 是无限域, 且 $K = F(a_1, a_2, \cdots, a_n)$, a_i 都是代数元. 对非负整数 n 归纳进行证明. 当 $n = 0, 1$ 时, 结论自动成立, 假设对 $n - 1$ 的情形结论已经成立. 下面证明: 对 n 的情形结论也成立. 此时, 有下列等式

$$\begin{aligned}
K &= F(a_1, a_2, \cdots, a_n) \\
&= F(a_1, a_2, \cdots, a_{n-1})(a_n) \\
&= F(a, a_n),
\end{aligned}$$

其中元素 $a \in K$. 因此, 只要证明: 对 $n = 2$ 的情形, 定理结论成立即可.

(3) 设 $K = F(\alpha, \beta)$, 且 α, β 在 F 上的极小多项式分别为 $f(x), g(x)$, 它们的乘积 $f(x)g(x)$ 在 F 上的分裂域记为 K'. 此时, 显然有下列包含关系

$$F \subset K = F(\alpha, \beta) \subset K'.$$

根据给定的条件, K 是域 F 的可分扩张, 多项式 $f(x), g(x)$ 在 $K'[x]$ 中可以分解为互不相同的一次因式的乘积

$$f(x) = (x - \alpha_1)(x - \alpha_2) \cdots (x - \alpha_m),$$

$$g(x) = (x - \beta_1)(x - \beta_2) \cdots (x - \beta_n),$$

其中 $\alpha_1 = \alpha, \cdots, \alpha_m, \beta_1 = \beta, \cdots, \beta_n \in K'$, 并且 $\alpha_i \neq \alpha_j, \beta_i \neq \beta_j, i \neq j$.

由于 K 是无限域, F 也是无限域, 从而可以取到 F 中的元素 c, 使得下列不等式同时成立

$$c \neq (\beta_j - \beta)(\alpha - \alpha_i)^{-1}, \quad 1 \leqslant j \leqslant n, 2 \leqslant i \leqslant m.$$

下面将证明: 元素 $\gamma = \beta + c\alpha$ 满足定理的要求, 即有 $K = F(\gamma)$.

(4) 令 $L = F(\gamma)$, $h(x) = g(\gamma - cx)$, 它显然是域 L 上的多项式. 此时, 还有下列等式

$$h(\alpha) = g(\gamma - c\alpha) = g(\beta) = 0.$$

于是, 元素 α 是多项式 $f(x)$ 与 $h(x)$ 的公共根, 即在多项式环 $K[x]$ 中, 有下列整除关系

$$x - \alpha | (f(x), h(x)).$$

假设有指标 $i \geqslant 2$, 满足等式: $h(\alpha_i) = g(\gamma - c\alpha_i) = 0$, 从而元素 $\gamma - c\alpha_i$ 是多项式 $g(x)$ 的根, 必有 β_j, 使得 $\gamma - c\alpha_i = \beta_j$. 此时, 有

$$\beta + c\alpha = \beta_j + c\alpha_i \Rightarrow c = (\beta_j - \beta)(\alpha - \alpha_i)^{-1},$$

这与 c 的选取相矛盾. 于是, $x - \alpha$ 是多项式 $f(x)$ 与 $h(x)$ 的最大公因式. 由此容易推出: 元素 $\alpha \in L$. 进一步推出: $\beta \in L$. 因此, 有 $K = L = F(\gamma)$.

练习 13.18 对例 13.8 给出的有理数域 $\mathbb{Q}$ 的 (有限可分) 扩张 $\mathbb{Q}(\sqrt{2}, \sqrt{3})$, 试确定某个无理数 γ, 使得 $\mathbb{Q}(\sqrt{2}, \sqrt{3}) = \mathbb{Q}(\gamma)$.

注记 13.19 (1) 前面介绍的本原元定理可以简述为域的任何有限可分扩张必是单扩张;

(2) 单扩张 K/F 的生成元, 也称为它的本原元;

(3) 当 F 是无限域时, 单扩张 $K = F(\gamma)$ 的本原元 γ 可以取到无限多个可能的值;

(4) 当 F 是有限域时, 不妨设 $|K| = p^m$, 从而乘法群 $K^\times$ 是一个循环群, 其生成元的个数为 $\varphi(p^m - 1)$: 不超过 $p^m - 1$ 且与它互素的正整数的个数, 这里的 φ 也称为欧拉函数. 此时, 循环群 $K^\times$ 的生成元也是单扩张 K/F 的本原元.

第 14 讲　代数基本定理的证明

通常情况下, 我们在数学专业本科生课程 "高等代数" 中首次接触到代数基本定理, 并初步领略到它的核心作用与深刻影响, 尽管这是数学中的一个经典结果. 一般认为, 代数基本定理最早由德国数学家罗特于 1608 年提出, 该定理在代数学甚至整个数学中都起着非常基础的作用. 关于代数基本定理证明的研究, 曾经引起许多数学家的浓厚兴趣. 到目前为止, 据说已经有 200 多种不同的证明方法, 但还没有一个纯代数的证明.

J. P. 塞尔曾经指出: 代数基本定理的所有证明本质上都是拓扑的; John Willard Milnor 在其名著《从微分观点看拓扑》一书中给出了一个几何直观的证明; 复变函数中, 对代数基本定理的证明是相当优美的, 其中还用到了很多经典的复变函数论的结果. 数学名家达朗贝尔、欧拉、Lagrange 及高斯等都曾对代数基本定理的证明给予极大的关注, 现在普遍认为代数基本定理的第一个严格证明是由高斯给出的 (1799 年在哥廷根大学的博士学位论文).

本讲的主要目的是证明代数基本定理: 任何复系数多项式都有复根. 我们将采用最接近纯代数化的观点进行讨论 (参见文献 [9]), 只用到分析学的如下介值定理. 这个介值定理的证明以及相关的一些实数的基本知识, 将在附录中给出, 从而本书对代数基本定理的证明是系统完整的.

引理 14.1 (介值定理)　设 $a, b \in \mathbb{R}$ 是两个实数, $a < b$, ϵ 是某个充分小的正实数, 映射 $f : (a - \epsilon, b + \epsilon) \to \mathbb{R}$ 是定义在开区间 $(a - \epsilon, b + \epsilon)$ 上的连续函数. 若有 $f(a) < 0$, 且 $f(b) > 0$, 则有实数 $c \in (a, b)$, 使得 $f(c) = 0$.

证明　这是附录推论 36 的另一种具体表达形式.

引理 14.2　设多项式 $f(x) \in \mathbb{R}[x]$ 的次数 $\partial f(x)$ 为奇数, 则有元素 $x_0 \in \mathbb{R}$, 使得 $f(x_0) = 0$. 换句话说, 任何奇数次实系数多项式必有实根.

证明　不妨设 $f(x) = x^{2n+1} + a_{2n} x^{2n} + \cdots + a_1 x + a_0$ 是首 1 的多项式, 这里系数 $a_i \in \mathbb{R}, 0 \leqslant i \leqslant 2n, n \in \mathbb{N}, a_0 \neq 0$. 令 $a = \max\{|a_i|; \ 0 \leqslant i \leqslant 2n\}$, 对任意充分大的正实数 M, 都有下列式子, 从而实数 $f(M)$ 与 M^{2n+1} 是同号的

$$\frac{f(M)}{M^{2n+1}} = 1 + a_{2n} \frac{1}{M} + \cdots + a_1 \frac{1}{M^{2n}} + a_0 \frac{1}{M^{2n+1}},$$

$$\left| a_{2n} \frac{1}{M} + \cdots + a_1 \frac{1}{M^{2n}} + a_0 \frac{1}{M^{2n+1}} \right|$$

$$\leqslant |a_{2n}|\frac{1}{M} + \cdots + |a_1|\frac{1}{M^{2n}} + |a_0|\frac{1}{M^{2n+1}}$$

$$\leqslant a\left(\frac{1}{M} + \frac{1}{M^2} + \cdots + \frac{1}{M^{2n+1}}\right)$$

$$= a\frac{1}{M}\frac{1 - \left(\dfrac{1}{M}\right)^{2n+1}}{1 - \dfrac{1}{M}}$$

$$= a\frac{M^{2n+1} - 1}{(M-1)M^{2n+1}}$$

$$\leqslant \frac{a}{M-1}$$

$$< 1.$$

由此不难看出: $f(-M) < 0$, 且 $f(M) > 0$. 再利用引理 14.1 的结论, 必存在实数 $x_0 \in (-M, M)$, 使得 $f(x_0) = 0$.

推论 14.3　设 E 是实数域 $\mathbb{R}$ 的有限扩张, 且维数 $[E : \mathbb{R}]$ 是奇数, 则 E 是实数域 $\mathbb{R}$ 的平凡扩张. 即, 有 $E = \mathbb{R}$.

证明　由本原元定理 (定理 13.17) 可知, 存在元素 $a \in E$, 使得 $E = \mathbb{R}(a)$. 设元素 a 在 $\mathbb{R}$ 上的极小多项式为 $f(x)$, 从而有 $[E : \mathbb{R}] = \partial f(x)$, 并且 $f(x)$ 是奇数次的实系数不可约多项式. 根据引理 14.2 的结论, 它必存在实根, 由此直接推出: $\partial f(x) = 1$. 因此, 有 $E = \mathbb{R}$.

引理 14.4　设 E 是 $\mathbb{R}$ 的有限扩张, 且 $[E : \mathbb{R}] = 2$, 则 $E/\mathbb{R} \simeq \mathbb{C}/\mathbb{R}$.

证明　任取元素 $b \in E \backslash \mathbb{R}$, 它在实数域 $\mathbb{R}$ 上的极小多项式是二次的, 形如

$$f(x) = x^2 + a_1 x + a_2,$$

其中 a_1, a_2 为实数. 由引理条件可知, $E = \mathbb{R}(b)$ 是实数域 $\mathbb{R}$ 的单扩张, 它也是多项式 $f(x)$ 在实数域 $\mathbb{R}$ 上的分裂域.

若能证明任何二次复系数多项式都有复根, 则复数域 $\mathbb{C}$ 也是多项式 $f(x)$ 在实数域 $\mathbb{R}$ 上的分裂域, 从而有扩域的同构: $E/\mathbb{R} \simeq \mathbb{C}/\mathbb{R}$, 引理成立. 为了证明这个结论, 只要证明任何复数都可以开平方, 这就是下面的断言

断言　任给 $\alpha \in \mathbb{C}$, 必有 $\beta \in \mathbb{C}$, 使得 $\beta^2 = \alpha$.

事实上, 不妨设 $\alpha = a + bi$, a, b 都是实数, 且它们不全为零. 此时, 下列两个实数都是非负的

$$\frac{1}{2}(a + \sqrt{a^2 + b^2}),$$

$$\frac{1}{2}(-a + \sqrt{a^2 + b^2}).$$

根据非负实数都可以开平方的结论 (见附录命题 14), 必存在实数 c, d, 使得

$$c^2 = \frac{1}{2}(a + \sqrt{a^2 + b^2}),$$

$$d^2 = \frac{1}{2}(-a + \sqrt{a^2 + b^2}).$$

选取适当的实数 c, d, 总可以使乘积 cd 与 b 同号. 令 $\beta = c + di \in \mathbb{C}$, 不难推出下面的等式, 从而断言成立

$$\beta^2 = (c + di)^2 = c^2 - d^2 + 2cdi = a + bi = \alpha.$$

注记 14.5 根据引理 14.4 中的断言容易看出: 在复数域 $\mathbb{C}$ 上不存在 2 次的不可约多项式. 换句话说, 复数域 $\mathbb{C}$ 不存在次数为 2 的域扩张.

有了前面的准备工作, 现在可以给出代数基本定理证明的关键一步, 将用到关于域扩张的 Galois 群以及有限群结构的西罗定理等结论.

引理 14.6 $\mathbb{R}[x]$ 中的任何不可约多项式在复数域 $\mathbb{C}$ 上都是分裂的. 即, 任何实系数多项式 $f(x)$ 在 $\mathbb{C}$ 上可以分解为一次因式的乘积.

证明 设 $f(x)$ 是实数域 $\mathbb{R}$ 上的不可约多项式, K 是 $f(x)$ 在 $\mathbb{R}$ 上的分裂域, 其扩张次数 (维数 $\dim_{\mathbb{R}} K$) 为 $[K : \mathbb{R}] = 2^m r$, 这里 r 是奇数. 由推论 14.3, 可以假设整数 $m \geqslant 1$. 利用 Galois 基本定理, 首先得到下列等式

$$|\mathrm{Gal}(K/\mathbb{R})| = 2^m r.$$

应用有限群结构的西罗定理, 必有 $G = \mathrm{Gal}(K/\mathbb{R})$ 的子群 H, 使得 $|H| = 2^m$. 设 L 是子群 H 的不变子域: $L = \mathrm{Inv}(H)$, 从而有 (见定理 13.16)

$$[L : \mathbb{R}] = [\mathrm{Inv}(H) : \mathbb{R}] = [G : H] = r.$$

由此可知, L 是实数域 $\mathbb{R}$ 的扩张次数为奇数的域扩张, 根据推论 14.3 的结论, 必有 $r = 1$. 因此, 有 $|G| = 2^m$.

断言 对有限群 G, 使得 $|G| = p^n$, 其中 p 是一个素数, n 是非负整数, 必有群 G 的正规子群的严格上升序列

$$\{1\} = G_0 \subsetneqq G_1 \subsetneqq \cdots \subsetneqq G_n = G,$$

使得 $|G_k| = p^k, 0 \leqslant k \leqslant n$.

对自然数 n 归纳进行证明. 当 $n=0$ 时, 结论自动成立. 假设对 n 的情形结论已经成立, 下面证明: 对 $n+1$ 的情形结论也成立.

根据例 9.35 给出的结论, 群 G 的中心 $Z(G)$ 是非零的, 其阶为素数 p 的正整数方幂, 从而它的任何非单位元的阶为 p 的某个正整数方幂. 由此容易看出: 存在子群 $Z(G)$ 的元素 a, 使得 $o(a)=p$.

令 $H=(a)$ 为 $Z(G)$ 的循环子群, 它也是 G 的正规子群, 相应的商群 G/H 必包含 p^n 个元素. 由归纳假设, 它有正规子群的严格上升序列

$$\{\bar{1}\}=G_1/H \subsetneq G_2/H \subsetneq \cdots \subsetneq G_{n+1}/H = G/H,$$

使得 $|G_k/H|=p^{k-1}$, G_k 是 G 的包含 H 的正规子群, $1 \leqslant k \leqslant n+1$. 此时, 正规子群 G_k 包含 p^k 个元素. 令 $G_0=\{1\}$, 则下列序列满足断言的要求

$$\{1\}=G_0 \subsetneq G_1 \subsetneq \cdots \subsetneq G_{n+1}=G.$$

现在我们把上述断言的结论, 应用于有限群 $G=\mathrm{Gal}(K/\mathbb{R})$, 将得到 G 的正规子群的如下严格上升序列

$$\{1\}=G_0 \subsetneq G_1 \subsetneq \cdots \subsetneq G_m = G,$$

使得 $|G_k|=2^k, 0 \leqslant k \leqslant m$. 再利用 Galois 理论的基本定理 (定理 13.16), 又得到相应不变子域的如下严格下降序列

$$K=K_m \supsetneq K_{m-1} \supsetneq \cdots \supsetneq K_0 = \mathbb{R},$$

并使得下列等式成立

$$[K_i:\mathbb{R}]=[G:G_{m-i}]=2^i.$$

由引理 14.4 可知, $K_1/\mathbb{R} \simeq \mathbb{C}/\mathbb{R}$. 但复数域 $\mathbb{C}$ 没有二次扩张 (见注记 14.5), 从而有 $m=0$ 或 $m=1$, 相应的分裂域为 $\mathbb{R}$ 或 $\mathbb{C}$, 引理结论成立.

定理 14.7 (代数基本定理) 设 K 是复数域 $\mathbb{C}$ 的代数扩张, 则 $K=\mathbb{C}$.

证明 通过取 K 的由某个元素生成的 $\mathbb{C}$ 的单扩张, 可以假设域 K 是 $\mathbb{C}$ 的有限扩张. 若 K 关于复数域 $\mathbb{C}$ 的扩张次数为 n, 则 K 是实数域 $\mathbb{R}$ 的 $2n$ 次有限扩张, 也是可分的. 由本原元定理, 必有 $K=\mathbb{R}(y)$, $y \in K$, 且元素 y 在实数域 $\mathbb{R}$ 上的极小多项式 $f(x)$ 的次数为 $2n$. 再利用引理 14.6 的结论, 实多项式 $f(x)$ 在复数域 $\mathbb{C}$ 上是分裂的, 必有 $y \in \mathbb{C}$. 因此, 有 $K=\mathbb{C}$.

推论 14.8 多项式环 $\mathbb{C}[x]$ 中的任何非常数的多项式在 $\mathbb{C}$ 中都有根.

证明 设 $f(x)$ 是 $\mathbb{C}$ 上的非常数多项式, K 是 $f(x)$ 在 $\mathbb{C}$ 上的分裂域, 从而 K 是复数域 $\mathbb{C}$ 的有限代数扩张, 由定理 14.7 可知: $K=\mathbb{C}$, 结论成立.

推论 14.9 任何三次及以上的实系数多项式都是可约的. 换句话说, 实系数不可约多项式只有一次的与某些二次的.

证明 (1) 根据定义, $\mathbb{C} = \{a + bi;\ a, b \in \mathbb{R},\ i^2 = -1\}$, 它作为 $\mathbb{R}$ 上的向量空间是 2 维的, 从而有限群 $\mathrm{Gal}(\mathbb{C}/\mathbb{R})$ 是 2 阶群, 其元素分别记为 $1, \sigma$. 此时, 由定义不难看出: $\sigma(i) = -i$, 且 $\sigma(a + bi) = a - bi, \forall a, b \in \mathbb{R}$.

(2) 设 $f(x)$ 是任意的实系数多项式, $\alpha \in \mathbb{C}$ 是 $f(x)$ 的根, 即, 有 $f(\alpha) = 0$. 把自同构 σ 作用于此等式的两边, 不难看出: $f(\sigma(\alpha)) = 0$, 从而复数 $\sigma(\alpha)$ 也是多项式 $f(x)$ 的根. 按照通常的说法, 称 $\sigma(\alpha)$ 为复数 α 的共轭. 因此, 实系数多项式 $f(x)$ 的复根的共轭还是它的一个根.

(3) 设 $f(x)$ 是实数域 $\mathbb{R}$ 上的不可约多项式, 并且它的次数 $n = \partial f(x) > 1$, 由引理 14.2 可知, n 必为偶数. 若 $\alpha = a + bi$ 是它的一个复根, 则共轭复数 $\sigma(\alpha)$ 也是它的根, 从而 $f(x)$ 有下列复系数的二次因式

$$g(x) = (x - \alpha)(x - \sigma(\alpha))$$
$$= x^2 - (\alpha + \sigma(\alpha)) + \alpha\sigma(\alpha).$$

但 $\alpha + \sigma(\alpha) = 2a$ 与 $\alpha\sigma(\alpha) = a^2 + b^2$ 都是实数, 上述二次多项式 $g(x)$ 是实系数多项式. 再由于多项式 $f(x)$ 是不可约的, 必有 $f(x) = g(x)$.

注记 14.10 前面关于代数基本定理的证明主要基于引理 14.6: 任何实系数多项式必有复根. 此引理的证明用到了有限群结构的西罗定理, 以及 Galois 理论的基本对应. 现在我们用另一种相对初等的方法, 再次证明代数基本定理.

设 $\sigma : \mathbb{C} \to \mathbb{C}$ 是前面给出的复数域 $\mathbb{C}$ 的共轭自同构, 它可以自然地扩充为多项式环的自同构: $\mathbb{C}[x] \to \mathbb{C}[x]$, 使得 $x \mapsto x$, 这个自同构仍用符号 σ 表示. 给定多项式 $f(x) \in \mathbb{C}[x]$, 令

$$\bar{f}(x) = \sigma(f(x)), \quad g(x) = f(x)\bar{f}(x).$$

要证明 $f(x)$ 有复根, 只要证明多项式 $g(x)$ 有复根. 由定义容易验证

$$\sigma(g(x)) = g(x),$$

从而多项式 $g(x)$ 是实系数的. 因此, 只需证明结论: 多项式环 $\mathbb{R}[x]$ 中的任何非常数的多项式在 $\mathbb{C}$ 中都有根.

设 $f(x)$ 是给定的实系数多项式, $\partial f(x) = n = 2^k m$, 其中 m 是奇数, k 是非负整数. 对 k 归纳进行证明, 当 $k = 0$ 时, $f(x)$ 是奇数次的实系数多项式, 根据引理 14.2 的结论, 它必有实根, 从而结论成立. 现假设对 $k - 1$ 的情形结论已经成立, 下面证明对 k 的情形结论也成立.

设 $k \geqslant 1$, $\alpha_1, \alpha_2, \cdots, \alpha_n$ 是多项式 $f(x)$ 在 $\mathbb{C}$ 上的分裂域 K 中的根, 根据分裂域的定义, 有下列式子

$$K = \mathbb{C}(\alpha_1, \alpha_2, \cdots, \alpha_n)$$
$$= \mathbb{R}(\alpha_1, \alpha_2, \cdots, \alpha_n, i).$$

由此可知: 域 K 也可以看成多项式 $f(x)(x^2+1)$ 在实数域 $\mathbb{R}$ 上的分裂域, 它对应的 Galois 群为 $G = \mathrm{Gal}(K/\mathbb{R})$.

对任意实数 $t \in \mathbb{R}$, 构造下列多项式

$$g_t(x) = \prod_{1 \leqslant i < j \leqslant n} (x - (\alpha_i + \alpha_j + t\alpha_i\alpha_j)) \in K[x].$$

对任意元素 $\sigma \in G$, 它可以看成 $K[x]$ 的自同构. 此时, 有 $\sigma(f(x)) = f(x)$, 从而像 $\sigma(\alpha_i)$ 还是多项式 $f(x)$ 的根, $1 \leqslant i \leqslant n$. 由此不难看出: 多项式 $g_t(x)$ 在 σ 的作用下保持不变, 必有 $g_t(x) \in \mathbb{R}[x]$. 另外, 还有下列等式

$$\partial g_t(x) = \frac{n(n-1)}{2} = 2^{k-1}m(2^k m - 1) = 2^{k-1}m',$$

其中 $m' = m(2^k m - 1)$ 是奇数. 根据归纳假设, 多项式 $g_t(x)$ 在 $\mathbb{C}$ 中有根, 必存在指标 i, j, 使得

$$\alpha_i + \alpha_j + t\alpha_i\alpha_j \in \mathbb{C}.$$

因为实数 t 有无限多个可能的选择, 而指标只有有限多个, 必存在两个固定指标 i, j 及两个不同的实数 t_1, t_2, 使得

$$\alpha_i + \alpha_j + t_1\alpha_i\alpha_j \in \mathbb{C},$$
$$\alpha_i + \alpha_j + t_2\alpha_i\alpha_j \in \mathbb{C}.$$

由此推出: $a = \alpha_i + \alpha_j \in \mathbb{C}$, $b = \alpha_i\alpha_j \in \mathbb{C}$. 此时, α_i, α_j 是下列二次复系数多项式的根, 它们必为复数 (见引理 14.4 的证明), 从而多项式 $f(x)$ 有复根

$$x^2 - ax + b = (x - \alpha_i)(x - \alpha_j).$$

在本讲的最后, 我们利用代数基本定理研究复数域 $\mathbb{C}$ 上的二元多项式, 并证明二元齐次多项式的一个分解性质. 首先给出齐次多项式的概念如下.

定义 14.11　设 $f(x, y) \in \mathbb{C}[x, y]$, n 是非负整数, 称二元多项式 $f(x, y)$ 是 n 次齐次多项式, 如果它具有下列形式

$$f(x, y) = a_0 y^n + a_1 x y^{n-1} + \cdots + a_n x^n,$$

其中 $a_0, a_1, \cdots, a_n \in \mathbb{C}$. 所有这种 n 次齐次多项式的全体记为 $\mathbb{C}[x,y]_n$, 它是向量空间 $\mathbb{C}[x,y]$ 的子空间. 此时, 还有下列子空间的直和分解式

$$\mathbb{C}[x,y] = \bigoplus_{n=0}^{\infty} \mathbb{C}[x,y]_n.$$

命题 14.12 子空间 $\mathbb{C}[x,y]_n$ 中的任何多项式都可以分解为下列形式

$$f(x,y) = b(x - b_1 y)(x - b_2 y) \cdots (x - b_n y),$$

其中 $b, b_1, b_2, \cdots, b_n \in \mathbb{C}$, 且 b 出现于 $f(x,y)$ 的单项式 bx^n 中. 换句话说, 复数域上的任何二元齐次多项式都可以分解为一次齐次因式的乘积.

证明 任取 $\mathbb{C}[x,y]_n$ 中的多项式 $f(x,y) = a_0 y^n + a_1 x y^{n-1} + \cdots + a_n x^n$, 定义相应的一元多项式 $f(z) \in \mathbb{C}[z]$ 如下 (不失一般性, 可以假设 $a_n \neq 0$):

$$f(z) = f(z,1) = a_0 + a_1 z + \cdots + a_n z^n.$$

由定义不难看出: $f(x,y) = f\left(\dfrac{x}{y}\right) y^n$. 利用代数基本定理, 把一元多项式 $f(z)$ 分解为一次因式的乘积

$$f(z) = a_n(z - b_1)(z - b_2) \cdots (z - b_n).$$

令 $b = a_n$, 作变量代换 $z = \dfrac{x}{y}$, 并考虑到前面的相关等式以及多项式 $f(z)$ 的分解式, 最终得到下列所要求的式子

$$\begin{aligned} f(x,y) &= f\left(\frac{x}{y}\right) y^n \\ &= b\left(\frac{x}{y} - b_1\right)\left(\frac{x}{y} - b_2\right) \cdots \left(\frac{x}{y} - b_n\right) y^n \\ &= b(x - b_1 y)(x - b_2 y) \cdots (x - b_n y). \end{aligned}$$

注记 14.13 在命题 14.12 的证明过程中, 出现了两个变量之比 $\dfrac{x}{y}$, 它可以看成多项式环 $\mathbb{C}[x,y]$ 的分式域 $\mathbb{C}(x,y)$ 中的元素; 用到的变量代换可以看成从多项式环 $\mathbb{C}[z]$ 到 $\mathbb{C}(x,y)$ 的环同态. 在此, 建议感兴趣的读者利用多项式环的泛性质, 并用同态的观点重新解释上述证明过程.

注记 14.14 设 I 是一元多项式环 $\mathbb{C}[x]$ 的理想, 定义 I 的零点集合 $V(I)$, 它由理想 I 中所有多项式的公共零点构成

$$V(I) = \{\alpha \in \mathbb{C};\ g(\alpha) = 0,\ \forall g(x) \in I\}.$$

因一元多项式环 $\mathbb{C}[x]$ 是主理想环 (见命题 5.3), 必存在 $\mathbb{C}[x]$ 中的元素 $f(x)$, 它是理想 I 的生成元: $I = (f(x))$. 此时, 不难看出: $V(I)$ 恰好由多项式 $f(x)$ 的所有根构成. 再利用代数基本定理, 推出结论: 子集 $V(I)$ 非空当且仅当 $f(x)$ 不是非零常数, 它也等价于 I 是多项式环 $\mathbb{C}[x]$ 的真理想.

　　上述结论可以推广到多元情形: 设 $R = \mathbb{C}[x_1, x_2, \cdots, x_n]$ 是复数域上的 n-元多项式环, I 是 R 的理想, 其零点集合 $V(I)$ 定义如下

$$V(I) = \{\alpha \in \mathbb{C}^n;\ g(\alpha) = 0,\ \forall g(x) \in I\},$$

则理想 I 是交换环 R 的真理想当且仅当 $V(I)$ 是仿射空间 $\mathbb{C}^n$ 的非空子集, 这就是著名的 Hilbert 零点定理. 关于 Hilbert 零点定理的证明, 要用到交换环及其扩张的更深入的知识, 作者在另一本书《代数选讲》中有详细的讨论, 感兴趣的读者可以参考文献 [2].

　　前面我们曾经介绍过 Hilbert 基定理 (见定理 4.29): 任何 Noether 环 S 上的多项式环 $S[x]$, 还是 Noether 环. 由此不难推出结论: 复数域 $\mathbb{C}$ 上的 n-元多项式环 $R = \mathbb{C}[x_1, x_2, \cdots, x_n]$ 是 Noether 环, 从而它的任何理想都是有限生成的. 设 I 是它的理想, 且有生成元 $f_1(x), f_2(x), \cdots, f_m(x) \in R$, 即有等式

$$I = (f_1(x), f_2(x), \cdots, f_m(x)).$$

此时, 由定义容易说明: 零点集合 $V(I)$ 恰好由多项式 $f_1(x), f_2(x), \cdots, f_m(x)$ 的公共根构成. 因此, 多项式环 R 中的多项式公共根的判定或求解问题可以转化为有限个多项式的相应问题, 这也是 Hilbert 基定理的主要作用之一.

　　Hilbert 基定理与 Hilbert 零点定理是古典代数几何的关键工具, 在这门学科的形成与发展过程中都起着非常基本的作用. 而代数几何学又是基础数学的重要组成部分, 对它的学习与研究都具有相当的挑战性, 也是许多数学家一生的追求与探索对象. 在此, 建议有兴趣读者对这些内容予以关注.

第 15 讲　模的张量积

对任意给定的有单位元的环 R, 我们在第 7 讲曾经提到过如何定义 R 的左模与右模的概念, 其做法可以完全模仿交换环的情形. 进一步, 关于环 R 的左模与右模的基本性质与构造的讨论, 也可以类比交换环的情形进行; 并且当考虑这种模的某些初等结论时, 还可以假定所涉及的模为左模, 因为对右模的讨论是类似的. 比如, 关于环 R 的左模的子模、商模、模同态以及同态基本定理等的研究, 对右模有完全平行的概念与结论.

本讲我们要介绍的张量积将同时出现左模与右模, 并且这两种作用方式是平衡的. 张量积的最终目标是给出从已知模构造新模的又一种方法, 就像以前讨论的模的子模、商模及直和等构造方法那样. 首先我们从最基本的平衡积的概念开始, 然后定义左模与右模的张量积 (它只是一个可换群), 最后在双模概念的基础上给出张量积模的定义, 并讨论其基本性质.

设 R 是一个 (有单位元的) 环, $M = M_R$ 是一个右 R-模, $N =_R N$ 是一个左 R-模. M 与 N 的平衡积是一个可换群 P, 带有映射 $f : M \times N \to P$, 并满足下列三个条件:

(1) $f(x_1 + x_2, y) = f(x_1, y) + f(x_2, y)$;

(2) $f(x, y_1 + y_2) = f(x, y_1) + f(x, y_2)$;

(3) $f(xa, y) = f(x, ay)$,

其中元素 $x, x_1, x_2 \in M$, $y, y_1, y_2 \in N, a \in R$. 此时, 平衡积 P 也记为二元对的形式: (P, f), 这里映射 f 也称为相应的平衡映射.

平衡积的一个自然例子由环 R 及其乘法运算给出: 取 $M = R_R, N =_R R$ 分别为环 R 的正则右 R-模与正则左 R-模 (参考注记 7.19 中的说明), 可换群 P 为环 R 的加法群, 平衡映射 f 为环 R 中的乘法映射.

定义 15.1　设 R 是一个环, 称右 R-模 M 与左 R-模 N 的平衡积 $(M \otimes_R N, \otimes)$ 是一个张量积, 也简记为 $M \otimes_R N = M \otimes N$, 如果它满足下列泛性质:

对任意的平衡积 P 及相应的平衡映射 $f : M \times N \to P$, 必存在唯一的可换群的同态 $\varphi : M \otimes_R N \to P$, 使得 $\varphi \cdot \otimes = f$.

定理 15.2　术语如上, 对任意的右 R-模 M 及左 R-模 N, 其张量积 $M \otimes_R N$ 必定存在, 并且在同构的意义下它是唯一的.

证明　存在性　设 F 是一个自由可换群, 它以集合 $M \times N$ 为基. 即, 群 F

由所有下列"形式表达式"构成

$$n_1(x_1, y_1) + n_2(x_2, y_2) + \cdots + n_r(x_r, y_r),$$

这里元素 $n_i \in \mathbb{Z}, x_i \in M, y_i \in N, 1 \leqslant i \leqslant r, r \geqslant 1$. 两个形式表达式相同当且仅当它们对应的整数系数相等; 两个形式表达式相加是指: 它们的对应整数系数相加. 不难看出: F 是一个可换群, 并且它作为 $\mathbb{Z}$-模是自由模.

令 H 是可换群 F 的子群, 它由下列形式的元素所生成

$$(x_1 + x_2, y) - (x_1, y) - (x_2, y),$$

$$(x, y_1 + y_2) - (x, y_1) - (x, y_2),$$

$$(xa, y) - (x, ay),$$

其中元素 $x, x_1, x_2 \in M, y, y_1, y_2 \in N, a \in R$ (读者可以对比平衡映射的三个条件, 它们是否有相似之处?). 由于子群 H 是可换群 F 的正规子群, 从而可以定义相应的商群: $M \otimes N = F/H$. 令 $\otimes$ 为下列典范映射

$$\otimes: M \times N \to F/H,$$

$$(x, y) \mapsto x \otimes y = \overline{(x, y)} = (x, y) + H.$$

下面将说明: 二元对 $(M \otimes N, \otimes)$ 就是右 R-模 M 与左 R-模 N 的张量积.

上面给出的典范映射 $\otimes$ 是一个平衡映射, 从而二元对 $(M \otimes N, \otimes)$ 是一个平衡积, 这是因为有下列等式

$$\begin{aligned}
(x_1 + x_2) \otimes y &= \overline{(x_1 + x_2, y)} \\
&= \overline{(x_1, y) + (x_2, y)} \\
&= \overline{(x_1, y)} + \overline{(x_2, y)} \\
&= x_1 \otimes y + x_2 \otimes y; \\
x \otimes (y_1 + y_2) &= \overline{(x, y_1 + y_2)} \\
&= \overline{(x, y_1) + (x, y_2)} \\
&= \overline{(x, y_1)} + \overline{(x, y_2)} \\
&= x \otimes y_1 + x \otimes y_2; \\
\end{aligned}$$

$$xa \otimes y = \overline{(xa, y)} = \overline{(x, ay)} = x \otimes ay.$$

平衡积 $(M \otimes N, \otimes)$ 满足泛性质, 从而它是右 R-模 M 与左 R-模 N 的张量积: 对任意给定的可换群 P 及平衡映射 $f : M \times N \to P$, 定义从自由可换群 F 到 P 的群同态 $\psi : F \to P$, 使得

$$\psi((x, y)) = f(x, y), \quad \forall (x, y) \in M \times N.$$

由定义不难验证: 子群 H 包含于同态 ψ 的核 $\mathrm{Ker}\psi$, 再利用同态基本定理, 必存在群同态 $\varphi : F/H \to P$, 使得

$$\varphi(x \otimes y) = \varphi(\overline{(x, y)}) = f(x, y).$$

此时, 显然还有等式: $\varphi \cdot \otimes = f$. 由于所有这种单项式 $x \otimes y$ 构成可换群 F/H 的生成元集, 满足条件的同态是唯一的.

唯一性 设 (P, f) 也是 R-模 M 与 N 的张量积, 由张量积的泛性质, 必存在群的同态 $\varphi : M \otimes N \to P$ 及 $\psi : P \to M \otimes N$, 使得 $\varphi \cdot \otimes = f$, $\psi \cdot f = \otimes$, 从而有下列等式

$$\psi \cdot \varphi \cdot \otimes = \otimes, \quad \varphi \cdot \psi \cdot f = f.$$

再次应用张量积的泛性质, 可以推出: $\psi \cdot \varphi = \mathrm{Id}_{M \otimes N}$, $\varphi \cdot \psi = \mathrm{Id}_P$. 因此, 同态 φ 是可换群的同构, 唯一性成立.

引理 15.3 设 N 是左 R-模, 环 R 看成它本身的正则右模 (必要时, 环 R 也可以看成它本身的正则左模), 则有下列可换群的典范同构

$$\sigma : N \to R \otimes_R N, \quad y \mapsto 1 \otimes y.$$

证明 根据张量积的加法运算规则不难看出: 上述映射 σ 是可换群的同态.

另一方面, 令 $\tau : R \times N \to N, (a, y) \mapsto ay$, 它显然是平衡映射, 由张量积的泛性质, 必存在可换群的同态 $\tilde{\tau} : R \otimes_R N \to N$, 使得 $\tilde{\tau} \cdot \otimes = \tau$, 从而有等式: $\tilde{\tau}(a \otimes y) = ay, \forall a \in R, \forall y \in N$. 由此容易验证: 映射 $\tilde{\tau}$ 是映射 σ 的逆映射. 因此, σ 是可换群的同构.

引理 15.4 设 $\{M_i; i \in I\}$ 是一些右 R-模, N 是一个左 R-模, 则有典范同构

$$\sigma : \left(\bigoplus_i M_i \right) \otimes_R N \to \bigoplus_i (M_i \otimes_R N),$$

使得 $\sigma((x_i) \otimes y) = (x_i \otimes y)$, 其中 $(x_i) \in \bigoplus_i M_i, y \in N, (x_i \otimes y) \in \bigoplus_i (M_i \otimes_R N)$.

证明 考虑映射 $f : \left(\bigoplus_i M_i \right) \times N \to \bigoplus_i (M_i \otimes_R N), ((x_i), y) \mapsto (x_i \otimes y)$, 根据右 R-模直和的定义 (见注记 15.6) 及相关张量积的运算规则, 有下列式子

$$f((x_i) + (x_i'), y) = f((x_i + x_i'), y)$$

$$= ((x_i + x_i') \otimes y)$$
$$= (x_i \otimes y + x_i' \otimes y)$$
$$= (x_i \otimes y) + (x_i' \otimes y)$$
$$= f((x_i), y) + f((x_i'), y).$$

类似有

$$f((x_i), y_1 + y_2) = f((x_i), y_1) + f((x_i), y_2),$$

$$f((x_i)a, y) = f((x_i), ay).$$

于是, 映射 f 是一个平衡映射. 由张量积的泛性质, 必存在可换群的同态

$$\sigma : \left(\bigoplus_i M_i \right) \otimes_R N \to \bigoplus_i (M_i \otimes_R N),$$

使得 $\sigma((x_i) \otimes y) = (x_i \otimes y)$, $\forall (x_i) \in \bigoplus_i M_i$, $\forall y \in N(x_i \in M_i, \forall i)$.

另一方面, 定义可换群的同态 $\tau : \bigoplus_i (M_i \otimes_R N) \to (\bigoplus_i M_i) \otimes_R N$, 它将是同态 σ 的逆映射. 首先用 $j_k : M_k \to \bigoplus_i M_i$ 表示包含映射, 即有

$$j_k(x_k) = x_k \in \bigoplus_i M_i, \quad \forall x_k \in M_k.$$

由引理 15.5 可知, 存在可换群的同态

$$j_k \otimes \mathrm{Id}_N : M_k \otimes N \to \left(\bigoplus_i M_i \right) \otimes N,$$

使得 $(j_k \otimes \mathrm{Id}_N)(x_k \otimes y) = x_k \otimes y$, $\forall x_k \in M_k, \forall y \in N$. 由此得到可换群同态

$$\tau : \bigoplus_i (M_i \otimes_R N) \to \left(\bigoplus_i M_i \right) \otimes_R N,$$

使得 $\tau((x_i \otimes y)) = \sum_k (j_k \otimes \mathrm{Id}_N)(x_k \otimes y) = \sum_i x_i \otimes y = (x_i) \otimes y$, 这里需特别注意: 直和中的元素都是有限和, 从而映射 τ 定义合理 (参考注记 15.7).

最后, 不难看出: σ, τ 是两个互逆的映射. 因此, σ 是可换群的同构.

引理 15.5　设 M, M_1 是右 R-模, N, N_1 是左 R-模, $f : M \to M_1$ 是右 R-模的同态, $g : N \to N_1$ 是左 R-模的同态, 则有下列可换群的同态

$$f \otimes g : M \otimes N \to M_1 \otimes N_1,$$

使得

$$(f \otimes g)(x \otimes y) = f(x) \otimes g(y), \quad \forall x \in M, y \in N.$$

此时, 也称映射 $f \otimes g$ 为给定同态 f 与 g 的张量积映射, 简称为张量积.

证明 定义映射 $M \times N \to M_1 \otimes N_1, (x, y) \mapsto f(x) \otimes g(y)$. 由于映射 f, g 都是 R-模的同态, 这个映射是一个平衡映射. 利用张量积的泛性质, 必存在可换群的同态 $f \otimes g : M \otimes N \to M_1 \otimes N_1$, 它满足引理的要求.

在注记 6.20 中, 我们曾经定义了交换环上模的任意多个子模的直和; 而定义 6.31 给出了交换环上有限个模的直和的概念. 对一般环上模的情形, 直和的定义是类似的. 下面的两个注记给出右 R-模直和的概念与性质, 它们已经出现在前面张量积分配律的证明中.

注记 15.6 设 $\{M_i; i \in I\}$ 是一些右 R-模, 构造 "有限形式表达式" 的集合

$$\bigoplus_i M_i = \{x_{i_1} + x_{i_2} + \cdots + x_{i_r}; x_{i_j} \in M_{i_j}, 1 \leqslant j \leqslant r, i_j \in I, r \geqslant 1\}.$$

规定 两个形式表达式相同当且仅当它们的对应项相等. 定义它们的加法运算: 对应项相加; 环 R 在可换群 $\bigoplus_i M_i$ 上的作用: 作用到每一项上. 不难验证: $\bigoplus_i M_i$ 关于这两个运算构成一个右 R-模, 称为这些 M_i 的直和.

类似地, 也可以定义左 R-模直和的概念. 另外, 直和 $\bigoplus_i M_i$ 中的元素有时也写成向量的形式 (x_i), 它只有有限个非零分量.

注记 15.7 设 $j_k : M_k \to \bigoplus_i M_i \ (x_k \mapsto x_k)$ 是包含映射, $\forall k$, 它们都是 R-模的同态. 若有 R-模同态 $f_k : M_k \to N, \forall k$, 则有唯一的 R-模同态 $f : \bigoplus_i M_i \to N$, 它扩充了所有这些 f_k, 即 $(f \cdot j_k)(x_k) = f_k(x_k), \forall x_k \in M_k$.

事实上, 对一般元素 $x = \sum_{j=1}^r x_{i_j} \in \bigoplus_i M_i$, 令 $f(x) = \sum_{j=1}^r f_{i_j}(x_{i_j})$, 则映射 f 定义合理, 它也是 R-模的同态, 并满足要求.

注记 15.8 由张量积的定义 15.1 可知, 两个 (右与左)R-模的张量积是一个可换群. 为了使张量积带有自然的模结构, 我们需要双模的概念.

定义 15.9 设 S, R 是两个 (有单位元的) 环, 一个 S-R-双模是指: 一个可换群 M, 它同时带有左 S-模与右 R-模结构, 并且这两种模结构是相容的, 即下列等式成立

$$s(xr) = (sx)r, \quad \forall s \in S, \ \forall x \in M, \ \forall r \in R.$$

换句话说, 环 S 与 R 在可换群 M 的两侧定义的两种作用是可换的. 根据通常的做法, 一个 S-R-双模 M 也记为形式: $M =_S M_R$.

例 15.10 设 M 是任意给定的右 R-模, $S = \mathrm{End}M$ 是 R-模 M 的所有自同态构成的环, 则 M 是一个 S-R-双模, 其中 S 在 M 上的左作用是自然给出的

$$f \cdot x = f(x), \quad \forall f \in S, \ \forall x \in M.$$

不难验证: M 是一个左 S-模. 另外, 也不难看出关于相容性的下列等式成立

$$f \cdot (xr) = f(xr) = f(x)r = (f \cdot x)r, \quad \forall f \in S, \forall x \in M, \forall r \in R.$$

例 15.11 设 R 是一个交换环, M 是一个右 R-模. 定义 R 在 M 上的左作用

$$r \cdot x = xr, \quad \forall r \in R, \forall x \in M.$$

不难看出: M 也是一个左 R-模, 并且这两个作用是相容的, 从而右 R-模 M 成为一个 R-R-双模. 类似地, 任何左 R-模也可以看成一个 R-R-双模.

定义 15.12 设 $M =_S M_R, N =_S N_R$ 是给定的 S-R-双模, $f : M \to N$ 是一个映射, 称其为双模的同态, 如果它同时是左 S-模同态与右 R-模同态.

类似于环的左模或右模的情形, 可以定义双模的子双模; 双模同态 f 的核 $\mathrm{Ker}f$ 与像 $\mathrm{Im}f$, 并且它们都是子双模. 另外, 还可以定义双模关于其任意子双模的商, 它还是一个双模; 关于双模的同态基本定理也是成立的.

引理 15.13 设 $M =_S M_R$ 是 S-R-双模, $N =_T N_R$ 是 T-R-双模, 它们都是右 R-模, 这里 S, R, T 是给定的环. 用 $\mathrm{Hom}_R({}_S M_R, {}_T N_R)$ 表示右 R-模同态构成的集合, 并按照下列方式定义环 T 的左作用、环 S 的右作用

$$T \times \mathrm{Hom}_R({}_S M_R, {}_T N_R) \to \mathrm{Hom}_R({}_S M_R, {}_T N_R), \quad (t, f) \mapsto t \cdot f,$$

$$\mathrm{Hom}_R({}_S M_R, {}_T N_R) \times S \to \mathrm{Hom}_R({}_S M_R, {}_T N_R), \quad (f, s) \mapsto f \cdot s,$$

其中 $(t \cdot f)(x) = tf(x), (f \cdot s)(x) = f(sx)$, $f \in \mathrm{Hom}_R({}_S M_R, {}_T N_R), t \in T, s \in S$, 则集合 $\mathrm{Hom}_R({}_S M_R, {}_T N_R)$ 成为一个 T-S-双模.

证明 (1) $\mathrm{Hom}_R({}_S M_R, {}_T N_R)$ 关于通常的加法运算 (对应像相加) 是一个可换群: 若 f, g 是两个右 R-模的同态, 则 $f + g$ 还是右 R-模的同态. 即, 加法运算的定义是合理的. 另外, 它也满足可换群的所有运算规则.

(2) 关于环 T 的左作用, $\mathrm{Hom}_R({}_S M_R, {}_T N_R)$ 是一个左 T-模, 这是因为

$$\begin{aligned}
(t \cdot (f_1 + f_2))(x) &= t(f_1 + f_2)(x) \\
&= t(f_1(x) + f_2(x)) \\
&= (t \cdot f_1 + t \cdot f_2)(x),
\end{aligned}$$

$$((t_1 + t_2) \cdot f)(x) = (t_1 + t_2)f(x)$$
$$= t_1 f(x) + t_2 f(x)$$
$$= (t_1 \cdot f + t_2 \cdot f)(x),$$
$$((t_1 t_2) \cdot f)(x) = (t_1 t_2)f(x)$$
$$= t_1(t_2 \cdot f)(x)$$
$$= (t_1 \cdot (t_2 \cdot f))(x),$$
$$(1 \cdot f)(x) = 1f(x) = f(x).$$

(3) 关于环 S 的右作用, $\operatorname{Hom}_R({}_S M_{R,T} N_R)$ 是一个右 S-模, 这是因为

$$((f_1 + f_2) \cdot s)(x) = (f_1 + f_2)(sx)$$
$$= f_1(sx) + f_2(sx)$$
$$= (f_1 \cdot s)(x) + (f_2 \cdot s)(x),$$
$$(f \cdot (s_1 + s_2))(x) = f((s_1 + s_2)x)$$
$$= f(s_1 x) + f(s_2 x)$$
$$= (f \cdot s_1 + f_2 \cdot s_2)(x),$$
$$(f(s_1 s_2))(x) = f((s_1 s_2)x)$$
$$= (f \cdot s_1)(s_2 x)$$
$$= ((f \cdot s_1) \cdot s_2)(x),$$
$$(f \cdot 1)(x) = f(1x) = f(x).$$

(4) 可换群 $\operatorname{Hom}_R({}_S M_{R,T} N_R)$ 上的左 T-模与右 S-模结构的相容性

$$((t \cdot f) \cdot s)(x) = (t \cdot f)(sx) = tf(sx),$$
$$(t \cdot (f \cdot s))(x) = t(f \cdot s)(x) = tf(sx).$$

上述推导中, 元素 $t, t_1, t_2 \in T, s, s_1, s_2 \in S, f, f_1, f_2 \in \operatorname{Hom}_R({}_S M_{R,T} N_R)$. 因此, 集合 $\operatorname{Hom}_R({}_S M_{R,T} N_R)$ 是一个 T-R-双模.

练习 15.14 用 $\operatorname{Hom}_R({}_R M_{S,R} N_T)$ 表示所有左 R-模同态构成的集合, 定义环 S 在其上的左作用及环 T 在其上的右作用, 使它成为一个 S-T-双模.

例 15.15 设 R 是一个环, M 是一个右 R-模, $S = \operatorname{End}M$ 是由 R-模同态构成的环, 从而 M 成为一个 S-R-双模 (例 15.10). 令 $M^* = \operatorname{Hom}_R({}_S M_{R,R} R_R)$, 称其为右 R-模 M 的对偶, 它是一个 R-S-双模 (引理 15.13)

$$(r \cdot f)(x) = rf(x), \quad (f \cdot s)(x) = f(sx),$$

这里元素 $r \in R, s \in S, f \in M^*$, 且 R 按照自然方式看成一个 R-R-双模 $_R R_R$.

定理 15.16　设 R, S, T 是给定的环, 且有相应的双模 $_S M_R$ 及 $_R N_T$, 它们作为 R-模的张量积 $_S M_R \otimes_R N_T$ 是一个 S-T-双模, 其作用定义如下

$$s \cdot z = (s \otimes \mathrm{Id}_N)z,$$

$$z \cdot t = (\mathrm{Id}_M \otimes t)z,$$

其中 $s \in S, t \in T, z \in_S M_R \otimes_R N_T$, 且元素 s, t 分别看成如下映射

$$s: M \to M, \quad x \mapsto s \cdot x,$$

$$t: N \to N, \quad y \mapsto y \cdot t.$$

证明　首先验证张量积 $_S M_R \otimes_R N_T$ 是一个左 S-模, 它是一个右 T-模的验证是类似的, 留作读者练习. 对 $s_1, s_2, s \in S, z, z_1, z_2 \in_S M_R \otimes_R N_T$, 有

$$\begin{aligned}
(s_1 + s_2) \cdot z &= ((s_1 + s_2) \otimes \mathrm{Id}_N)z \\
&= (s_1 \otimes \mathrm{Id}_N + s_2 \otimes \mathrm{Id}_N)z \\
&= s_1 \cdot z + s_2 \cdot z,
\end{aligned}$$

$$\begin{aligned}
s \cdot (z_1 + z_2) &= (s \otimes \mathrm{Id}_N)(z_1 + z_2) \\
&= (s \otimes \mathrm{Id}_N)z_1 + (s \otimes \mathrm{Id}_N)z_2 \\
&= s \cdot z_1 + s \cdot z_2,
\end{aligned}$$

$$\begin{aligned}
(s_1 s_2) \cdot z &= ((s_1 s_2) \otimes \mathrm{Id}_N)z \\
&= (s_1 \otimes \mathrm{Id}_N)(s_2 \otimes \mathrm{Id}_N)z \\
&= s_1 \cdot (s_2 \cdot z),
\end{aligned}$$

$$1 \cdot z = (1 \otimes \mathrm{Id}_N)z = z.$$

现在验证左 S-模与右 R-模结构的相容性, 只需对元素 z 是单项式的情形进行验证: 不妨设 $z = x \otimes y, s \in S, t \in T$, 有下列所要求的等式

$$(s(x \otimes y))t = ((s \otimes 1)(x \otimes y))(1 \otimes t) = sx \otimes yt,$$

$$s((x \otimes y)t) = (s \otimes 1)((x \otimes y)(1 \otimes t)) = sx \otimes yt.$$

在上述两个等式中, 符号 1 表示相应模的恒等映射, 而映射 $1 \otimes t = \mathrm{Id}_M \otimes t$ 从右边作用在相应的元素上.

引理 15.17 模的张量积运算满足结合律. 即, 对给定的环 R, S, T, U 及相应的双模, 有下列 R-U-双模的典范同构

$$({}_R M_S \otimes_S N_T) \otimes_T P_U \to {}_R M_S \otimes ({}_S N_T \otimes_T P_U),$$

它把单项式元素 $(x \otimes y) \otimes z$ 映到 $x \otimes (y \otimes z)$, $\forall x \in M$, $\forall y \in N$, $\forall z \in P$.

证明 对元素 $z \in P$, 考虑下列双加性映射 (双加性映射是指: 当固定一个变量, 而看成另一个变量的映射时, 它保持加法运算)

$$f_z : M \times N \to M \otimes (N \otimes P),$$

$$(x, y) \mapsto f_z(x, y) = x \otimes (y \otimes z),$$

其中的双模或张量积符号省掉了下标. 映射 f_z 是一个平衡映射, 这是因为: 对任意元素 $s \in S, x \in M, y \in N$, 还有下列等式

$$f_z(xs, y) = xs \otimes (y \otimes z) = x \otimes s(y \otimes z)$$

$$= x \otimes (sy \otimes z) = f_z(x, sy).$$

利用张量积的泛性质, 存在可换群的同态 $\sigma_z : M \otimes N \to M \otimes (N \otimes P)$, 使得

$$\sigma_z(x \otimes y) = x \otimes (y \otimes z), \ \ \forall x \in M, \forall y \in N.$$

映射 $\sigma_z(z \in P)$ 作为可换群的同态, 它保持张量积 $M \otimes N$ 的加法运算, 它关于变量 z 是加性的, 从而下列映射是双加性的

$$f : (M \otimes N) \times P \to M \otimes (N \otimes P),$$

$$(\alpha, z) \mapsto f(\alpha, z) = \sigma_z(\alpha),$$

它也是一个平衡映射, 这是因为: 对任意元素 $\alpha = \sum_i x_i \otimes y_i \in M \otimes N$, $t \in T$, 都有下列式子

$$f(\alpha t, z) = \sigma_z(\alpha t) = \sigma_z \left(\sum_i x_i \otimes y_i t \right)$$

$$= \sum_i x_i \otimes (y_i t \otimes z) = \sum_i x_i \otimes (y_i \otimes tz) = f(\alpha, tz).$$

再根据张量积的泛性质, 必存在可换群的同态 σ, 它在单项式元素上的作用由下面的式子给出

$$\sigma : (M \otimes N) \otimes P \to M \otimes (N \otimes P),$$

$$\sigma((x \otimes y) \otimes z) = x \otimes (y \otimes z), \quad \forall x \in M, \forall y \in N, \forall z \in P.$$

用类似的方法进行讨论, 可以说明: 存在可换群的同态 τ, 它在单项式元素上的作用由下列式子给出:

$$\tau : M \otimes (N \otimes P) \to (M \otimes N) \otimes P,$$

$$\tau(x \otimes (y \otimes z)) = (x \otimes y) \otimes z, \quad \forall x \in M, \forall y \in N, \forall z \in P.$$

由此可知: 映射 σ, τ 是两个互逆的映射, 它们都是可换群的同构. 最后, 由定义不难验证: 它们也是 R-U-双模的同态, 引理结论成立.

命题 15.18　设 R, S, T, U 是给定的环, $M =_R M_S$, $N =_S N_T$ 及 $P =_U P_T$ 是相应的双模, 则有下列 U-R-双模的典范同构映射

$$\varphi : \mathrm{Hom}_T(M \otimes N, P) \to \mathrm{Hom}_S(M, \mathrm{Hom}_T(N, P)), \ f \mapsto \varphi(f),$$

$$\varphi(f) : M \to \mathrm{Hom}_T(N, P), \ x \mapsto f_x,$$

$$f_x : N \to P, \ y \mapsto f_x(y) = f(x \otimes y).$$

证明　(1) 映射 $f_x : N \to P$ 是右 T-模的同态, 这是因为有下列式子

$$
\begin{aligned}
f_x(y_1 + y_2) &= f(x \otimes (y_1 + y_2)) \\
&= f(x \otimes y_1 + x \otimes y_2) \\
&= f(x \otimes y_1) + f(x \otimes y_2) \\
&= f_x(y_1) + f_x(y_2),
\end{aligned}
$$

$$
\begin{aligned}
f_x(yt) = f(x \otimes yt) &= f((x \otimes y)t) \\
&= f(x \otimes y)t = f_x(y)t.
\end{aligned}
$$

(2) 映射 $\varphi(f) : M \to \mathrm{Hom}_T(N, P)$ 是右 S-模的同态, 这是因为有等式

$$
\begin{aligned}
\varphi(f)(x_1 + x_2)(y) &= f_{x_1+x_2}(y) \\
&= f((x_1 + x_2) \otimes y) \\
&= f(x_1 \otimes y + x_2 \otimes y) \\
&= f(x_1 \otimes y) + f(x_2 \otimes y) \\
&= f_{x_1}(y) + f_{x_2}(y) \\
&= (\varphi(f)(x_1) + \varphi(f)(x_2))(y),
\end{aligned}
$$

$$\varphi(f)(xs)(y) = f_{xs}(y) = f(xs \otimes y) = f(x \otimes sy)$$

$$= f_x(sy) = \varphi(f)(x)(sy) = (\varphi(f)(x)s)(y).$$

(3) 映射 φ 是 U-R-双模的同态: 下面的前两个等式是显然的; 后面的两个等式说明它保持环 R 的右作用

$$\varphi(f_1 + f_2) = \varphi(f_1) + \varphi(f_2), \ \ \varphi(uf) = u\varphi(f),$$

$$\varphi(fr)(x)(y) = (fr)_x(y) = (fr)(x \otimes y) = f(r(x \otimes y)),$$

$$(\varphi(f)r)(x)(y) = \varphi(f)(rx)(y) = f(rx \otimes y) = f(r(x \otimes y)).$$

(4) 构造映射 φ 的逆映射如下

$$\psi : \text{Hom}_S(M, \text{Hom}_T(N, P)) \to \text{Hom}_T(M \otimes N, P), \ g \mapsto \psi(g),$$

$$\psi(g) : M \otimes N \to P, \ x \otimes y \to \psi(g)(x \otimes y) = g(x)(y).$$

利用张量积 $M \otimes N$ 的泛性质, 可以推出: 映射 $\psi(g)$ 的定义是合理的, 这是因为有下列平衡映射

$$f : M \times N \to P, \ \ (x, y) \mapsto g(x)(y).$$

$$\begin{aligned} f(x_1 + x_2, y) &= g(x_1 + x_2)(y) \\ &= g(x_1)(y) + g(x_2)(y) \\ &= f(x_1, y) + f(x_2, y), \end{aligned}$$

$$\begin{aligned} f(x, y_1 + y_2) &= g(x)(y_1 + y_2) \\ &= g(x)(y_1) + g(x)(y_2) \\ &= f(x, y_1) + f(x, y_2), \end{aligned}$$

$$f(xs, y) = g(xs)(y) = (g(x)s)(y) = g(x)(sy) = f(x, sy).$$

映射 $\psi(g)$ 也是右 T-模的同态, 这是因为有下列等式成立

$$\psi(g)((x \otimes y)t) = \psi(g)(x \otimes yt)$$

$$= g(x)(yt) = g(x)(y)t = \psi(g)(x \otimes y)t.$$

(5) 映射 φ 与 ψ 是两个互逆的映射: 对任意元素 $x \in M, y \in N$, 有

$$((\psi \cdot \varphi)(f))(x \otimes y) = \varphi(f)(x)(y)$$

$$= f(x \otimes y) \Rightarrow \psi \cdot \varphi = \mathrm{Id},$$

$$((\varphi \cdot \psi)(g))(x)(y) = (\varphi(\psi(g)))(x)(y)$$

$$= \psi(g)(x \otimes y) = g(x)(y) \Rightarrow \varphi \cdot \psi = \mathrm{Id}.$$

练习 15.19　设 R 是交换环, M, N 是左 R-模, 由例 15.11 可知, 它们同时可以看成 R-R-双模, 从而有张量积 $M \otimes_R N =_R M_R \otimes_R N_R$. 通过环 R 的元素在张量积的第 1 个因子上的作用, 它成为一个左 R-模 (简称为 R-模)

$$r \cdot (x \otimes y) = (rx) \otimes y, \ \forall r \in R, \forall x \in M, \forall y \in N.$$

定义二元映射 $\otimes : M \times N \to M \otimes_R N$, $(x, y) \mapsto x \otimes y$, 证明: ① 映射 $\otimes$ 是双线性映射. 即, 当固定一个变量, 而看成另一个变量的映射时, 它是 R-模的同态. ② 映射 $\otimes$ 具有下列泛性质:

对任意的 R-模 P 及双线性映射 $f : M \times N \to P$, 必存在唯一的 R-模的同态 $\tilde{f} : M \otimes N \to P$, 使得 $\tilde{f}\otimes = f$.

注记 15.20　由练习 15.19 可知, 对交换环的情形, R-模的张量积的概念可以通过双线性映射与泛性质来定义. 此时, 还可以容易地验证张量积的运算规则: 结合律、交换律、单位元等, 参考引理 15.3、引理 15.17 及练习 15.21.

练习 15.21　设 R 是交换环, M, N 是 R-模, 则有下列 R-模的典范同构映射

$$M \otimes_R N \to N \otimes_R M, \quad x \otimes y \mapsto y \otimes x, \quad \forall x \in M, \forall y \in N.$$

练习 15.22 (R-模的直积与泛性质)　设 R 是任意的环, $M_i \ (i \in I)$ 是给定的若干左 R-模, I 是任意指标集. 构造集合的直积

$$\prod_{i \in I} M_i = \{(x_i); x_i \in M_i, \forall i \in I\}.$$

定义集合 $\prod_{i \in I} M_i$ 中的加法, 以及环 R 在 $\prod_{i \in I} M_i$ 上的作用如下

$$(x_i) + (y_i) = (x_i + y_i); \ r(x_i) = (rx_i),$$

其中元素 $x_i, y_i \in M_i \ (i \in I)$, $r \in R$, 则 $\prod_{i \in I} M_i$ 是一个 R-模, 称其为给定的 R-模 $M_i (i \in I)$ 的直积. 直积 $\prod_{i \in I} M_i$ 具有下列泛性质:

对任意 R-模 M 及任意给定的模同态 $f_i : M \to M_i, i \in I$, 必存在唯一的 R-模的同态 $f : M \to \prod_{i \in I} M_i$, 使得 $p_i f = f_i, \forall i \in I$, 这里 $p_i : \prod_{k \in I} M_k \to M_i$ 是到第 i 个分量的典范投影: $(x_k) \mapsto x_i$.

注记 15.23 模的张量积的典型特例是域 F 上的向量空间的张量积, 由此可以定义任意向量空间 V 的张量代数 $T(V)$, 它可以看成是域 F 上的自由的结合代数. 通俗来说, 结合代数是 F 上的一个向量空间, 也是一个环, 并且它的数乘运算与乘法运算是相容的; 自由的结合代数是指: 它可以通过某些自由变元生成出来, 或者说它具有某种泛性质.

通过自由结合代数的讨论, 可以描述一般的结合代数, 甚至研究其他相关代数系统的结构. 比如, 借助于张量代数, 我们将证明自由群的存在性. 由此不难推断张量积的概念在代数系统研究中的作用与意义. 在第 17 讲, 我们将简要介绍一些相关的代数概念与结论.

如果同时研究不同环上的模以及它们之间的关系, 引入模的范畴与函子的概念是方便的, 这些内容将构成第 16 讲的主要部分.

第 16 讲　模的范畴与函子

关于环上的模的研究是现代代数学讨论的核心课题之一, 它不仅自身内容异常丰富, 而且还和许多其他课题的研究密切相关: 它至少包括向量空间与线性映射理论、可换群论以及关于环的理想的研究等等. 前面我们已经探讨了关于模的一些基本问题, 比如, 主理想整环上有限生成模的结构; 一般环上模的同态基本定理; 还有一些典范构造: 模的直和与张量积等等, 这些内容为进一步理解关于模的更深入的问题提供了必要的基础.

本讲继续讨论环上的模与同态的相关问题, 我们将采用模的范畴与函子的观点, 从整体的角度重新审视前面曾经给出的一些基本构造, 从而可以更好地理解相关的处理方法. 本讲除了介绍一般性的概念与结论之外, 还将具体定义三类重要的模: 投射模、内射模及平坦模, 并给出它们的一些等价描述.

模的范畴与函子是一般概念的重要实例, 为了适用更广泛的情形, 我们首先给出范畴与函子的一般概念如下.

定义 16.1　一个范畴 $\mathcal{C}$, 由下列几部分构成:

(1) 一类确定的对象, 通常记为 $A, B, C, \cdots$;

(2) 对任意两个对象 A, B, 有态射的集合 $\mathrm{Mor}(A, B)$, 态射通常描述如下

$$f \in \mathrm{Mor}(A, B) \Leftrightarrow f \in \mathrm{Hom}_{\mathcal{C}}(A, B) = \mathrm{Hom}(A, B)$$

$$\Leftrightarrow f : A \to B;$$

(3) 态射的合成: $\mathrm{Mor}(A, B) \times \mathrm{Mor}(B, C) \to \mathrm{Mor}(A, C)$, 具体表示为

$$(f, g) \mapsto g \circ f = gf;$$

(4) 态射的合成 (有意义时) 满足结合律: $h(gf) = (hg)f, \ \forall f, \forall g, \forall h$;

(5) 存在左、右单位元: 对任意对象 A, 有态射 $1_A \in \mathrm{Mor}(A, A)$, 使得下面的两个等式成立

$$1_A f = f, \quad g 1_A = g,$$

其中态射 $f \in \mathrm{Mor}(B, A), g \in \mathrm{Mor}(A, B), B \in \mathcal{C}$. 此时, 也称对象 A 为态射 g 的定义域, 称对象 B 为态射 g 的值域.

一般来说, 任意给定的两个态射未必可以合成, 态射的合成总是指在可乘意义下的合成: 第二个态射的定义域与第一个态射的值域一致.

定义 16.2 设 $\mathcal{C},\mathcal{D}$ 是两个给定的范畴, $\mathbf{F}$ 是一个对应关系, 它把范畴 $\mathcal{C}$ 中的对象 A 映到范畴 $\mathcal{D}$ 中的对象 $\mathbf{F}(A)$; 同时, 它诱导了态射集合之间的映射

$$\mathbf{F}: \mathrm{Hom}_{\mathcal{C}}(A,B) \to \mathrm{Hom}_{\mathcal{D}}(\mathbf{F}(A),\mathbf{F}(B)),$$

$$f \to \mathbf{F}(f),$$

其中 $A,B \in \mathcal{C}$. 若对应 $\mathbf{F}$ 保持单位元与合成运算, 即, 它满足下列等式

$$\mathbf{F}(1_A) = 1_{\mathbf{F}(A)},$$

$$\mathbf{F}(g \circ f) = \mathbf{F}(g) \circ \mathbf{F}(f),$$

其中 $A,f,g \in \mathcal{C}$, 且态射 f 与态射 g 是可乘的, 则称 $\mathbf{F}$ 是从范畴 $\mathcal{C}$ 到范畴 $\mathcal{D}$ 的一个协变函子, 也简称为函子, 并记为 $\mathbf{F}: \mathcal{C} \to \mathcal{D}$.

例 16.3 集合与映射构成的范畴 Set: 它的一个对象就是一个集合; 两个对象之间的态射是集合之间的通常映射; 态射的合成为映射的合成; 映射的合成满足结合律, 并且有左、右单位元 (可乘意义下).

类似于集合范畴的情形, 可以定义群与群同态的范畴 Group; 可换群与群同态的范畴 Abel 以及环与环同态的范畴 Ring; 等等.

定义 16.4 设 R 是任意给定的环, 用 R-mod 表示所有左 R-模及模同态构成的范畴: 其对象为任意的左 R-模; 两个对象之间的态射为左 R-模的同态, 也称范畴 R-mod 为左 R-模范畴 (有时, 也简称为 R-模范畴).

类似地, 可以定义右 R-模及模同态构成的范畴 mod-R: 右 R-模范畴.

若还有另一个环 S, 用 R-mod-S 表示所有 R-S-双模及双模同态构成的范畴: 其对象为任意的 R-S-双模, 两个 R-S-双模之间的态射为一个 R-S-双模的同态, 也称 R-mod-S 为 R-S-双模范畴.

例 16.5 术语如上, 考虑从左 R-模范畴 R-mod 到群范畴 Group 的对应 $\mathbf{F}$, 它把一个左 R-模 M 对应到 M 上的可换群结构; 把一个左 R-模的同态 f 对应到相应的群的同态. 这个对应 $\mathbf{F}$ 保持单位元及态射的合成, 从而它是一个函子, 称其为从左 R-模范畴 R-mod 到群范畴 Group 的忘记函子.

不难看出: 对应 $\mathbf{F}$ 也可以看成从左 R-模范畴 R-mod 到可换群范畴 Abel 的忘记函子, 或者到集合范畴 Set 的忘记函子.

例 16.6 设 R,S 是两个给定的环, $\varphi: R \to S$ 是给定的环同态, 现定义从左 S-模范畴到左 R-模范畴的函子 $\mathbf{F}_{\varphi}: S$-mod $\to R$-mod 如下:

对任意的左 S-模 M, 它也可以看成左 R-模 (引理 6.24), 记为 $\mathbf{F}_{\varphi}(M)$;

对任意的左 S-模的同态 $f: M \to N$, 其中 N 也是左 S-模, 映射 f 也可以看成相应的左 R-模的同态, 记为 $\mathbf{F}_{\varphi}(f)$, 这是因为有下列式子

$$f(r \cdot x) = f(\varphi(r) \cdot x) = \varphi(r)f(x) = r \cdot f(x),$$

其中元素 $r \in R, x \in M$.

于是, 对应关系 $\mathbf{F}_\varphi : S\text{-mod} \to R\text{-mod}$, 可以具体描述如下:

$$M \mapsto \mathbf{F}_\varphi(M) = M, \quad f \mapsto \mathbf{F}_\varphi(f) = f.$$

由此不难看出: 对应 $\mathbf{F}_\varphi$ 是从左 S-模范畴 $S\text{-mod}$ 到左 R-模范畴 $R\text{-mod}$ 的函子.

例 16.7 设 R 是一个环, M 是给定的左 R-模, 构造从左 R-模范畴 $R\text{-mod}$ 到可换群范畴 Abel 的对应 $\mathrm{Hom}_R(M, \cdot)$ 如下:

对任意的左 R-模 N, 令 $\mathrm{Hom}_R(M, \cdot)(N) = \mathrm{Hom}_R(M, N) \in \text{Abel}$;

对任意的左 R-模的同态 $f : N \to L$, 这里 L 也是左 R-模, $\mathrm{Hom}_R(M, \cdot)$ 把模同态 f 对应到 $\mathrm{Hom}_R(M, f)$, 也记为 f_*, 其具体定义如下:

$$f_* : \mathrm{Hom}_R(M, N) \to \mathrm{Hom}_R(M, L), \quad g \mapsto f_*(g) = f \circ g.$$

不难验证: 对应 $\mathrm{Hom}_R(M, \cdot)$ 保持单位元与态射的合成, 即, 下面两个等式成立, 从而它是从左 R-模范畴到可换群范畴的函子, 简称为 Hom 函子.

$$\mathrm{Hom}_R(M, \mathrm{Id}_N) = \mathrm{Id}_{\mathrm{Hom}_R(M,N)},$$

$$\mathrm{Hom}_R(M, f_1 \circ f_2) = \mathrm{Hom}_R(M, f_1) \circ \mathrm{Hom}_R(M, f_2).$$

注记 16.8 在 Hom 函子的定义中, 我们固定第一个变量, 把 $\mathrm{Hom}_R(M, \cdot)$ 看成一个对应. 如果固定第二个变量, 将得到另一个对应 $\mathrm{Hom}_R(\cdot, M)$, 它是从左 R-模范畴到可换群范畴的一个反变函子 (见定义 16.11).

对任意的左 R-模 N, 令 $\mathrm{Hom}_R(\cdot, M)(N) = \mathrm{Hom}_R(N, M) \in \text{Abel}$;

对任意的左 R-模的同态 $f : N \to L$, 这里 L 也是左 R-模, $\mathrm{Hom}_R(\cdot, M)$ 把模同态 f 对应到 $\mathrm{Hom}_R(f, M)$, 也记为 f^*, 其具体定义如下

$$f^* : \mathrm{Hom}_R(L, M) \to \mathrm{Hom}_R(N, M), \quad g \mapsto f^*(g) = g \circ f.$$

不难验证: 下面两个等式成立, 对应 $\mathrm{Hom}_R(\cdot, M)$ 是从左 R-模范畴到可换群范畴的反变函子, 也简称为 Hom 函子.

$$\mathrm{Hom}_R(\mathrm{Id}_N, M) = \mathrm{Id}_{\mathrm{Hom}_R(N,M)},$$

$$\mathrm{Hom}_R(f_1 \circ f_2, M) = \mathrm{Hom}_R(f_2, M) \circ \mathrm{Hom}_R(f_1, M).$$

注记 16.9 上述第 2 个 Hom 函子是反变的: $(f_1 f_2)^* = f_2^* f_1^*$, 它改变态射合成的先后顺序. 为了描述一般范畴之间的这种反变性, 我们首先引入对偶范畴的概念, 然后就可以自然地定义范畴之间的反变函子.

定义 16.10   范畴 $\mathcal{C}$ 的对偶范畴$\mathcal{C}^{\mathrm{op}}$ 是指: 它以范畴 $\mathcal{C}$ 中的对象为对象, 以范畴 $\mathcal{C}$ 中的反态射为态射, 这里对象 A 到 B 的反态射是指对象 B 到 A 的态射

$$f \in \mathrm{Mor}_{\mathcal{C}^{\mathrm{op}}}(A, B) \Leftrightarrow f \in \mathrm{Mor}_{\mathcal{C}}(B, A), \quad \forall A, B \in \mathcal{C}.$$

定义 16.11   对给定的范畴 $\mathcal{C}, \mathcal{D}$, 从范畴 $\mathcal{C}$ 到范畴 $\mathcal{D}$ 的对偶范畴 $\mathcal{D}^{\mathrm{op}}$ 的一个协变函子, 称为从范畴 $\mathcal{C}$ 到范畴 $\mathcal{D}$ 的反变函子.

等价地, 对应 $\mathbf{F} : \mathcal{C} \to \mathcal{D}$ 是一个反变函子, 如果它把范畴 $\mathcal{C}$ 中的对象映到范畴 $\mathcal{D}$ 中的对象, 把 $\mathcal{C}$ 中的态射映到 $\mathcal{D}$ 中的态射, 并且满足下面的条件

$$\mathbf{F}(1_A) = 1_{\mathbf{F}(A)},$$

$$\mathbf{F}(g \circ f) = \mathbf{F}(f) \circ \mathbf{F}(g),$$

其中元素 $A, f, g \in \mathcal{C}$, 且态射 f 与态射 g 是范畴 $\mathcal{C}$ 中两个可乘的态射.

练习 16.12   根据前面两个 Hom 函子的定义, 验证下面的结论:

(1) 协变 Hom 函子 $\mathrm{Hom}_R(M, \cdot)$ 把左 R-模的单同态映到可换群的单同态;

(2) 反变 Hom 函子 $\mathrm{Hom}_R(\cdot, M)$ 把左 R-模的满同态映到可换群的单同态.

注记 16.13   为了把练习 16.12 中的两个不同的变换性质统一起来, 我们需要引入 R-模与同态构成的序列所满足的一个条件: 正合性. 当 Hom 函子保持某种正合性时, 相应的左 R-模 M 具有某种特性: 它是投射模或内射模.

定义 16.14   设有左 R-模 (或右 R-模) 及模同态构成的一个序列

$$N_0 \xrightarrow{f_0} N_1 \xrightarrow{f_1} \cdots \xrightarrow{f_{n-2}} N_{n-1} \xrightarrow{f_{n-1}} N_n.$$

称此序列在模 N_{i+1} 处正合, 如果 $\mathrm{Im}f_i = \mathrm{Ker}f_{i+1}$, 这里 $0 \leqslant i \leqslant n - 2$. 称其为正合序列, 如果它在每个模 N_{i+1} 处都是正合的, $0 \leqslant i \leqslant n - 2$.

特别, 当 $n = 4$ 且 $N_0 = N_4 = 0$ 时, 上述正合序列称为一个短正合列, 从而任何一个短正合列具有下列形式

$$0 \to N_1 \xrightarrow{f} N_2 \xrightarrow{g} N_3 \to 0,$$

其中 f 是单同态: $\mathrm{Ker}f = 0$, g 是满同态: $\mathrm{Im}g = N_3$, 且 $\mathrm{Im}f = \mathrm{Ker}g$, 而左、右两个端点的纯箭头表示模的平凡同态 0.

称上述左 R-模的短正合列是分裂的, 如果存在模同态 $h : N_2 \to N_1$, 使得等式 $hf = \mathrm{Id}_{N_1}$ 成立. 此时, 有左 R-模的同构映射

$$N_2 \to N_1 \oplus N_3, \quad y \mapsto h(y) + g(y).$$

练习 16.15   证明定义 16.14 中关于左 R-模的同构映射的结论.

提示　关于满射, 元素 $y_1 + g(y_2)$ 的原像为: $f(y_1) + y_2 - fh(y_2) \in N_2$.

练习 16.16　根据正合序列的定义, 验证下列几个结论:

(1) 同态 $f : N_1 \to N_2$ 是单射当且仅当同态序列 $0 \to N_1 \xrightarrow{f} N_2$ 是正合的. 此时, 有下列左 R-模的短正合列:

$$0 \to N_1 \xrightarrow{f} N_2 \xrightarrow{\sigma} \mathrm{Coker} f \to 0,$$

其中 $\mathrm{Coker} f = N_2 / \mathrm{Im} f$ 是商模, 映射 $\sigma : N_2 \to \mathrm{Coker} f$ 是典范满同态.

(2) 同态 $f : N_1 \to N_2$ 是满射当且仅当同态序列 $N_1 \xrightarrow{f} N_2 \to 0$ 是正合的. 此时, 有下列左 R-模的短正合列:

$$0 \to \mathrm{Ker} f \xrightarrow{\tau} N_1 \xrightarrow{f} N_2 \to 0,$$

其中 $\mathrm{Ker} f \subset N_1$ 是模同态 f 的核, 而映射 $\tau : \mathrm{Ker} f \to N_1$ 是包含映射.

(3) 对任意左 R-模的同态 $f : N_1 \to N_2$, 有下列左 R-模同态的正合列:

$$0 \to \mathrm{Ker} f \xrightarrow{\tau} N_1 \xrightarrow{f} N_2 \xrightarrow{\sigma} \mathrm{Coker} f \to 0,$$

其中映射 τ, σ 的定义如 (2) 中描述.

(4) 设 M, N 是任意两个左 R-模, $M \oplus N$ 是它们的直和, 则有下列左 R-模的短正合列, 它还是分裂的:

$$0 \to M \xrightarrow{\tau} M \oplus N \xrightarrow{\sigma} N \to 0,$$

其中同态 τ 是包含映射, 同态 σ 是典范投影, 它们的具体定义如下:

$$\tau : M \to M \oplus N, \ x \mapsto x;$$

$$\sigma : M \oplus N \to N, \ x + y \mapsto y.$$

定义 16.17　设有左 R-模范畴 $\mathcal{C} = R\text{-mod}$ 及左 S-模范畴 $\mathcal{D} = S\text{-mod}$, 称它们之间的协变函子 $\mathbf{F} : \mathcal{C} \to \mathcal{D}$ 为左正合函子、右正合函子或正合函子, 如果它分别满足下面的条件 (a)—(c); 称它们之间的反变函子 $\mathbf{F} : \mathcal{C} \to \mathcal{D}$ 为左正合函子、右正合函子或正合函子, 如果它分别满足下面的条件 (d)—(f):

(a) 若 $0 \to A \xrightarrow{f} B \xrightarrow{g} C$ 是正合序列, 则下列序列也是正合的

$$0 \to \mathbf{F}(A) \xrightarrow{\mathbf{F}(f)} \mathbf{F}(B) \xrightarrow{\mathbf{F}(g)} \mathbf{F}(C).$$

(b) 若 $A \xrightarrow{f} B \xrightarrow{g} C \to 0$ 是正合序列, 则下列序列也是正合的

$$\mathbf{F}(A) \xrightarrow{\mathbf{F}(f)} \mathbf{F}(B) \xrightarrow{\mathbf{F}(g)} \mathbf{F}(C) \to 0.$$

(c) 若 $0 \to A \xrightarrow{f} B \xrightarrow{g} C \to 0$ 是正合序列, 则下列序列也是正合的

$$0 \to \mathbf{F}(A) \xrightarrow{\mathbf{F}(f)} \mathbf{F}(B) \xrightarrow{\mathbf{F}(g)} \mathbf{F}(C) \to 0.$$

(d) 若 $A \xrightarrow{f} B \xrightarrow{g} C \to 0$ 是正合序列, 则下列序列也是正合的

$$0 \to \mathbf{F}(C) \xrightarrow{\mathbf{F}(g)} \mathbf{F}(B) \xrightarrow{\mathbf{F}(f)} \mathbf{F}(A).$$

(e) 若 $0 \to A \xrightarrow{f} B \xrightarrow{g} C$ 是正合序列, 则下列序列也是正合的

$$\mathbf{F}(C) \xrightarrow{\mathbf{F}(g)} \mathbf{F}(B) \xrightarrow{\mathbf{F}(f)} \mathbf{F}(A) \to 0.$$

(f) 若 $0 \to A \xrightarrow{f} B \xrightarrow{g} C \to 0$ 是正合序列, 则下列序列也是正合的

$$0 \to \mathbf{F}(C) \xrightarrow{\mathbf{F}(g)} \mathbf{F}(B) \xrightarrow{\mathbf{F}(f)} \mathbf{F}(A) \to 0,$$

其中 A, B, C 是任意给定的左 R-模, f, g 是任意的左 R-模同态, $\mathbf{F}(A), \mathbf{F}(B), \mathbf{F}(C)$ 是相应的左 S-模, $\mathbf{F}(f), \mathbf{F}(g)$ 是左 S-模的同态.

引理 16.18 对任意左 R-模 M, 协变函子 $\mathrm{Hom}_R(M, \cdot)$ 是左正合函子; 反变函子 $\mathrm{Hom}_R(\cdot, M)$ 也是左正合函子.

证明 (1) 设有左 R-模及模同态的正合序列: $0 \to A \xrightarrow{f} B \xrightarrow{g} C$, 要证明下列可换群与群同态的序列也是正合的

$$0 \to \mathrm{Hom}_R(M, A) \xrightarrow{f_*} \mathrm{Hom}_R(M, B) \xrightarrow{g_*} \mathrm{Hom}_R(M, C).$$

由练习 16.12 可知, 群的同态 f_* 是单射. 另外, 根据函子及正合序列的定义性质, 直接得到等式: $g_* f_* = (gf)_* = 0$, 必有包含关系: $\mathrm{Im} f_* \subset \mathrm{Ker} g_*$, 从而只要再证明包含关系: $\mathrm{Ker} g_* \subset \mathrm{Im} f_*$.

任取元素 $k \in \mathrm{Ker} g_*$, 必有 $g_*(k) = gk = 0$, 从而有 $\mathrm{Im} k \subset \mathrm{Ker} g = \mathrm{Im} f$. 考虑左 R-模及模同态的序列

$$M \xrightarrow{k} \mathrm{Im} k \hookrightarrow \mathrm{Ker} g = \mathrm{Im} f \xrightarrow{f^{-1}} A,$$

其中 f^{-1} 是同构 $f : A \to \mathrm{Im} f$ 的逆映射. 令 $h = f^{-1} \circ k \in \mathrm{Hom}_R(M, A)$, 则有

$$f_*(h) = f \circ (f^{-1} \circ k) = (f \circ f^{-1}) \circ k = k.$$

于是, 模同态 h 是元素 k 的一个原像. 因此, 有 $\mathrm{Ker} g_* \subset \mathrm{Im} f_*$.

(2) 设有左 R-模及模同态的正合序列: $A \xrightarrow{f} B \xrightarrow{g} C \to 0$, 要证明下列可换群与群同态的序列也是正合的

$$0 \to \mathrm{Hom}_R(C, M) \xrightarrow{g^*} \mathrm{Hom}_R(B, M) \xrightarrow{f^*} \mathrm{Hom}_R(A, M).$$

由练习 16.12 可知, 群的同态 g^* 是单射. 另外, 根据函子及正合序列的定义性质, 直接得到等式: $f^*g^* = (gf)^* = 0$, 必有包含关系: $\mathrm{Im}g^* \subset \mathrm{Ker}f^*$, 从而只要再证明包含关系: $\mathrm{Ker}f^* \subset \mathrm{Im}g^*$.

任取元素 $k \in \mathrm{Ker}f^*$, 必有 $f^*(k) = kf = 0$, 从而有 $\mathrm{Im}f \subset \mathrm{Ker}k$. 利用同态基本定理并注意到 $\mathrm{Im}f = \mathrm{Ker}g$, 必有 R-模的同态 $\tilde{k} : B/\mathrm{Ker}g \to M$, 使得下列等式成立:

$$\tilde{k} \circ \pi = k,$$

其中 $\pi : B \to B/\mathrm{Ker}g$ 是典范同态.

因 $B/\mathrm{Ker}g \simeq C$, 存在 R-模的同构映射 $\sigma : C \to B/\mathrm{Ker}g$, 使得 $\sigma g = \pi$. 令 $h = \tilde{k} \circ \sigma \in \mathrm{Hom}_R(C, M)$, 必有 $g^*(h) = k$, 这是因为有下列式子:

$$g^*(h) = \tilde{k} \circ \sigma \circ g = \tilde{k} \circ \sigma \circ \sigma^{-1} \circ \pi = k.$$

于是, 模同态 h 是元素 k 的一个原像. 因此, 有 $\mathrm{Ker}f^* \subset \mathrm{Im}g^*$.

下面我们通过 Hom 函子的正合性, 定义两类特殊的模: 投射模与内射模.

定义 16.19　对任意环 R, 称左 R-模 P 是投射模, 如果协变函子 $\mathrm{Hom}_R(P, \cdot)$ 是正合函子; 称左 R-模 Q 是内射模, 如果反变函子 $\mathrm{Hom}_R(\cdot, Q)$ 是正合函子. 对右 R-模的情形, 类似可以给出投射模与内射模的定义.

定理 16.20　关于左 R-模 P (右 R-模的情形类似), 下列条件是等价的:

(1) P 是投射模;

(2) 对任意的 R-模满同态 $f : M \to N$ 及 R-模同态 $g : P \to N$, 必存在 R-模的同态 $h : P \to M$, 使得 $g = fh$, 这里 M, N 是任意给定的左 R-模;

(3) 任何短正合列 $0 \to M \xrightarrow{f} N \xrightarrow{g} P \to 0$ 是分裂的, 其中 M, N 如 (2);

(4) 存在左 R-模 P_1, 使得 $P \oplus P_1$ 是一个自由左 R-模. 此时, 也称左 R-模 P 是某个自由左 R-模的直和项 (参考交换环的情形下自由模的定义; 对一般环 R 的情形, 定义是类似的: 存在基的左 R-模称为自由左 R-模).

证明　(1) $\Rightarrow$ (2)　设 $f : M \to N$ 是 R-模的满同态, 从而有短正合列

$$0 \to \mathrm{Ker}f \hookrightarrow M \xrightarrow{f} N \to 0.$$

由给定的条件, 协变函子 $\mathrm{Hom}_R(P, \cdot)$ 是正合函子, 下面的序列是正合的

$$0 \to \mathrm{Hom}_R(P, \mathrm{Ker}f) \longrightarrow \mathrm{Hom}_R(P, M) \xrightarrow{f_*} \mathrm{Hom}_R(P, N) \to 0,$$

从而群同态 f_* 是一个满射. 因此, 对任意的模同态 $g : P \to N$, 必存在左 R-模的同态 $h : P \to M$, 使得 $g = fh$.

(2) $\Rightarrow$ (3)   给定左 R-模的短正合列 $0 \to M \xrightarrow{f} N \xrightarrow{g} P \to 0$, 要证明它是分裂的. 由给定的条件, 存在左 R-模的同态 $h : P \to N$, 使得 $gh = \mathrm{Id}_P$. 根据分裂性的定义, 只要说明存在 R-模的同态 $k : N \to M$, 使得 $kf = \mathrm{Id}_M$.

对任意的元素 $y \in N$, 不难看出: $y - hg(y) \in \mathrm{Ker}\, g = \mathrm{Im}\, f$, 必有唯一的元素 $x \in M$, 使得 $f(x) = y - hg(y)$. 令 $k(y) = x$, 由定义可以验证: k 是 R-模的同态 $N \to M$, 且满足所要求的等式 $kf = \mathrm{Id}_M$.

(3) $\Rightarrow$ (4)   首先注意到这样的事实: 左 R-模 P 可以看成某个自由左 R-模的同态像. 比如, 以集合 P 为基构造自由左 R-模 $R(P)$, 从而有 R-模的自然的满同态 $f : R(P) \to P$, 它把基元素对应到其自身. 于是, 有下列短正合列

$$0 \to \mathrm{Ker}\, f \hookrightarrow R(P) \xrightarrow{f} P \to 0.$$

根据条件, 它是分裂的, 必有同构: $R(P) \simeq P \oplus \mathrm{Ker}\, f$(见定义 16.14).

(4) $\Rightarrow$ (1)   设有以 X 为基的自由左 R-模 $R(X)$ 及左 R-模 P_1, 使得 $R(X)$ 表示为直和式: $P \oplus P_1$, 只要证明: 协变函子 $\mathrm{Hom}_R(P, \cdot)$ 是正合函子.

任取左 R-模的短正合列 $0 \to M \xrightarrow{f} N \xrightarrow{g} L \to 0$, 考虑下面两个可换群与同态的序列, 先证明第 2 个序列是正合的, 再证明第 1 个序列是正合的

$$0 \to \mathrm{Hom}_R(P, M) \xrightarrow{f_*} \mathrm{Hom}_R(P, N) \xrightarrow{g_*} \mathrm{Hom}_R(P, L) \to 0,$$

$$0 \to \mathrm{Hom}_R(R(X), M) \xrightarrow{f_*} \mathrm{Hom}_R(R(X), N) \xrightarrow{g_*} \mathrm{Hom}_R(R(X), L) \to 0.$$

证明第二个群同态 g_* 是满射: 对任意的 R-模同态 $k : R(X) \to L$, 定义 R-模同态 $h : R(X) \to N$, 使得 $h(x) = y$, 这里 $g(y) = k(x), x \in X$. 由于 $R(X)$ 是以 X 为基的自由左 R-模, h 的定义是合理的, 且有 $g_*(h) = gh = k$.

证明第一个群同态 g_* 是满射: 对任意的 R-模同态 $k_1 : P \to L$, 把它扩充为 R-模的同态 $k : R(X) \to L$, 使得 $k(P_1) = 0$, 从而有 R-模的同态

$$h : R(X) \to N,$$

使得 $g_*(h) = gh = k$. 令 $h_1 = h|_P$, 则 h_1 满足要求 $g_*(h_1) = gh_1 = k_1$.

由此可知, 上述两个模与同态的序列都是正合的. 特别, P 是投射模.

定理 16.21   关于左 R-模 Q (右 R-模的情形类似), 下列条件是等价的:

(1) Q 是内射模;

(2) 对任意的 R-模单同态 $f : M \to N$ 及 R-模同态 $g : M \to Q$, 必存在 R-模的同态 $h : N \to Q$, 使得 $g = hf$, 这里 M, N 是任意给定的左 R-模;

(3) 任何短正合列 $0 \to Q \xrightarrow{f} M \xrightarrow{g} N \to 0$ 是分裂的, 其中 M, N 如 (2);

(4) 对环 R 的任意左理想 I 及 R-模的同态 $f : I \to Q$, 这里 I 看成正则模 R 的子模, 必存在 R-模的同态 $h : R \to Q$, 它扩充了 f, 即有 $h|_I = f$.

证明 (1) $\Rightarrow$ (2) 设 $f : M \to N$ 是 R-模的单同态, 从而有短正合列

$$0 \to M \xrightarrow{f} N \longrightarrow \mathrm{Coker}\, f \to 0.$$

由给定的条件, 反变函子 $\mathrm{Hom}_R(\cdot, Q)$ 是正合函子, 下面的序列是正合的:

$$0 \to \mathrm{Hom}_R(\mathrm{Coker}\, f, Q) \longrightarrow \mathrm{Hom}_R(N, Q) \xrightarrow{f^*} \mathrm{Hom}_R(M, Q) \to 0,$$

从而群同态 f^* 是一个满射. 因此, 对任意的 R-模同态 $g : M \to Q$, 必存在 R-模的同态 $h : N \to Q$, 使得 $g = hf$.

(2) $\Rightarrow$ (3) 给定左 R-模的短正合列 $0 \to Q \xrightarrow{f} M \xrightarrow{g} N \to 0$, 要证明它是分裂的. 由给定的条件, 存在左 R-模的同态 $h : M \to Q$, 使得 $hf = \mathrm{Id}_Q$, 这就是上述短正合列分裂性的含义, 从而结论成立.

(3) $\Rightarrow$ (4) 对 R-模的同态 $f : I \to Q$, 首先定义 $Q \oplus R$ 的子模 W 如下:

$$W = \{(f(a), -a) \in Q \oplus R;\ a \in I\}.$$

由此构造左 R-模 $Q \oplus R$ 关于子模 W 的商模 $M = (Q \oplus R)/W$, 则有典范映射

$$g : R \to M,\ r \mapsto (0, r) + W;$$

$$j : Q \to M,\ x \mapsto (x, 0) + W.$$

对任意元素 $a \in I$, 有 $jf(a) = (f(a), 0) + W = gi(a)$, 这里 $i : I \to R$ 是包含映射. 由定义不难看出: R-模的同态 j 是单射, 从而有下列短正合列

$$0 \to Q \xrightarrow{j} M \longrightarrow \mathrm{Coker}\, j \to 0.$$

利用给定的条件, 它是分裂的, 必有 R-模的同态 $k : M \to Q$, 使得 $kj = \mathrm{Id}_Q$. 令 $h = kg : R \to Q$, 则 R-模的同态 h 满足要求, 这是因为

$$hi = kgi = kjf = f.$$

(4) $\Rightarrow$ (1) 对任意 R-模同态的短正合列 $0 \to M \xrightarrow{f} N \xrightarrow{g} L \to 0$, 只要证明下列可换群同态的序列也是正合的:

$$0 \to \mathrm{Hom}_R(L, Q) \xrightarrow{g^*} \mathrm{Hom}_R(N, Q) \xrightarrow{f^*} \mathrm{Hom}_R(M, Q) \to 0.$$

只需证明: 可换群的同态 f^* 是满射. 换句话说, 我们需要证明: 任何 R-模的同态 $k : M \to Q$ 都可以扩充到 N 上, 下面将利用 Zorn 引理进行证明.

为了定义 R-模同态 k 的 "部分扩充" 的集合, 令

$$S = \{h \in \mathrm{Hom}_R(A, Q);\ \mathrm{Im}f \subset A \subset N, A\text{是子模}, hf = k\}.$$

根据通常的理解, 集合 S 中的元素可以看成同态 k 的某个部分扩充, 并且在这种扩充之间还有自然的偏序关系, 使得 S 成为偏序集. 不难验证: 偏序集 S 满足 Zorn 引理的条件, 从而它包含某个极大元或极大扩充 $h : B \to Q$. 此时, 只需再证明等式: $B = N$.

若 $B \neq N$, 取元素 $x \in N \backslash B$, 令 $I = \{r \in R;\ rx \in B\}$, 它是环 R 的一个左理想, 且有 R-模的同态 $\mu : I \to Q, r \mapsto h(rx)$. 由给定的条件, 映射 μ 可以扩充为 R-模的同态 $\nu : R \to Q$, 使得 $\nu|_I = \mu$. 令 $B_1 = B + Rx$, 它是 N 的子模, 且严格包含 B. 定义下列映射

$$h' : B_1 \to Q, \quad b + rx \mapsto h(b) + \nu(r), \quad b \in B, r \in R.$$

若映射 h' 的定义合理, 它是 R-模的同态, 并且严格扩充了同态 h, 这与极大元 h 的选取相矛盾. 关于映射 h' 的合理性的验证: 若 $b + rx = b_1 + r_1 x \in B_1$, 则有 $h(b) + \nu(r) = h(b_1) + \nu(r_1)$(容易验证, 读者练习).

练习 16.22 证明: (1) 若干左 R-模的直和 $P = \bigoplus\limits_{i \in I} P_i$ 是投射模当且仅当它的每个直和项 $P_i(i \in I)$ 都是投射模. (2) 当 R 是交换环时, 两个投射模的张量积还是投射模 (用命题 15.18).

练习 16.23 证明: 若干左 R-模的直积 $Q = \prod_{i \in I} Q_i$ 是内射模当且仅当它的每个直积因子 $Q_i(i \in I)$ 都是内射模 (模的直积的定义, 见练习 15.22).

从现在开始直到本讲的最后, 我们假设 R 是一个交换环, 任何 R-模都可以看成左 R-模或右 R-模. 此时, 两个 R-模的张量积还是一个 R-模, 从而可以定义张量积函子, 并导出平坦 R-模的概念, 它可以看成投射模的某种推广.

定义 16.24 设 M 是一个 R-模, $M \otimes \cdot$ 是从 R-模范畴 R-mod 到其自身的协变函子, 它把任何 R-模 N 对应到 R-模 $M \otimes_R N$; 把任何 R-模同态 $f : N \to L$ 对应到 R-模的同态

$$(M \otimes \cdot)(f) = 1 \otimes f : M \otimes_R N \to M \otimes_R L,$$

使得 $1 \otimes f : (x, y) \mapsto x \otimes f(y)$, $\forall x \in M$, $\forall y \in N$, 这里的符号 1 表示某个相关集合上的恒等映射.

类似地, 可以定义协变函子 $\cdot \otimes M$, 这两个函子统称为由 R-模 M 确定的张量积函子. 由练习 15.21 可知, 交换环 R 上的张量积运算满足交换律, 从而这两个张量积函子本质上是一样的.

引理 16.25 对任意的 R-模 M, 张量积函子 $M \otimes \cdot$ 是右正合函子.

证明 给定 R-模与同态的短正合列 $A \xrightarrow{f} B \xrightarrow{g} C \to 0$, 只要证明下面的 R-模与同态的序列也是正合的

$$M \otimes_R A \xrightarrow{1 \otimes f} M \otimes_R B \xrightarrow{1 \otimes g} M \otimes_R C \to 0.$$

(1) 映射 $1 \otimes g$ 是满射: 根据张量积 $M \otimes_R C$ 的构造, 它的单项式元素 $x \otimes c$ 构成 R-模 $M \otimes_R C$ 的生成元集, 从而只要说明它们都有原像即可. 因给定的映射 g 是满同态, 元素 c 在 B 中有原像 b, 于是有 $(1 \otimes g)(x \otimes b) = x \otimes c$.

(2) 由给定的短正合列可知, 映射的合成 $gf = 0$, 从而有下列等式

$$(1 \otimes g)(1 \otimes f) = 1 \otimes gf = 1 \otimes 0 = 0.$$

(3) 现在证明: $\mathrm{Ker}(1 \otimes g) = \mathrm{Im}(1 \otimes f)$. 由 (2) 中的等式可知, 有子模的包含关系: $\mathrm{Im}(1 \otimes f) \subset \mathrm{Ker}(1 \otimes g)$, 从而可以利用模与同态的基本定理, 并得到下列 R-模的同态

$$h : (M \otimes_R B)/\mathrm{Im}(1 \otimes f) \to M \otimes_R C, \quad \overline{x \otimes b} \mapsto x \otimes g(b),$$

使得 $h\pi = 1 \otimes g$, 这里 $\pi : M \otimes_R B \to (M \otimes_R B)/\mathrm{Im}(1 \otimes f)$ 是典范同态. 下面只要证明: h 是同构映射, 或等价地只需给出 h 的逆映射即可.

按照通常的做法, 定义双线性映射 φ 如下

$$\varphi : M \times C \to (M \otimes_R B)/\mathrm{Im}(1 \otimes f),$$

$$(x, c) \mapsto x \otimes b + \mathrm{Im}(1 \otimes f),$$

这里元素 $b \in B$, 且满足 $g(b) = c$. 因映射 g 是满射, 元素 b 一定存在. 若还有元素 $b' \in B$, 使得 $g(b') = c$, 则有 $b - b' \in \mathrm{Ker}\, g = \mathrm{Im}\, f$, 从而有包含关系

$$x \otimes b - x \otimes b' = x \otimes (b - b') \in \mathrm{Im}(1 \otimes f).$$

由此可知, 映射 φ 的定义是合理的, 它显然也是 R-双线性的. 再利用张量积的泛性质, 必有 R-模的同态

$$\psi : M \otimes_R C \to (M \otimes_R B)/\mathrm{Im}(1 \otimes f),$$

使得 $\psi(x \otimes c) = \overline{x \otimes b}$, $x \in M$, $c \in C$, 其中元素 $b \in B$ 如上确定. 此时, 由定义容易验证: 映射 ψ 是映射 h 的逆映射.

定义 16.26 称 R-模 M 是平坦模, 如果相应的张量积函子 $M \otimes \cdot$ 是正合函子.

引理 16.27 设 M 是给定的 R-模, 则 M 是平坦模当且仅当对任意的 R-模的单同态 $f : N \to L$, 张量积映射 $1 \otimes f : M \otimes_R N \to M \otimes_R L$ 还是单射.

证明 由定义不难直接验证, 引理结论成立 (留作读者练习).

引理 16.28 设 $M = \bigoplus\limits_{i \in I} M_i$ 是一些 R-模的直和, 则 M 是平坦的 R-模当且仅当所有的 R-模 $M_i(i \in I)$ 都是平坦的 R-模.

证明 设 M 是平坦的, 且 $f : N \to L$ 是两个 R-模 N 与 L 之间的单同态, 则有单射 $1 \otimes f : M \otimes_R N \to M \otimes_R L$. 考虑下列典范同构 (引理 15.4)

$$M \otimes_R N \to \bigoplus_{i \in I}(M_i \otimes N), \quad (x_i) \otimes y \mapsto (x_i \otimes y),$$

$$M \otimes_R L \to \bigoplus_{i \in I}(M_i \otimes L), \quad (x_i) \otimes z \mapsto (x_i \otimes z),$$

使得 $(1 \otimes f)((x_i) \otimes y) = (x_i) \otimes f(y) \mapsto (x_i \otimes f(y))$, 从而映射 $1 \otimes f$ 可以看成所有这些限制映射 $(1 \otimes f)|_{M_i \otimes N}$ 的直和. 因此, 所有这些限制映射 $(1 \otimes f)|_{M_i \otimes N}$ 本身也是单射, 而 $M_i(i \in I)$ 是平坦的 R-模.

反之, 若所有这些 R-模 $M_i(i \in I)$ 都是平坦的, 则 $(1 \otimes f)|_{M_i \otimes N}(i \in I)$ 都是单射, 从而映射 $1 \otimes f$ 作为它们的直和也是单射. 因此, R-模 M 是平坦的.

例 16.29 任何以 $X = \{x_i; \ i \in I\}$ 为基的自由 R-模 $R(X)$ 是平坦的, 这是因为自由模 $R(X)$ 可以看成若干正则 R-模的直和:

$$R(X) = \bigoplus_{i \in I} Rx_i \simeq \bigoplus_{i \in I} R, \quad x_i \in X, \ i \in I,$$

且正则 R-模 R 是平坦的 (由引理 15.3 的结论), 再利用引理 16.28 即可.

推论 16.30 任何投射 R-模 M, 都是平坦的 R-模.

证明 由定理 16.20 中 (1) 与 (4) 的等价性及上述引理 16.28 的结论直接得到.

在本讲的最后, 我们再给出模范畴之间正合函子的一个实例, 它和前面定义的交换环的局部化有关. 因此, 相应的协变函子也称为局部化函子.

例 16.31 设 R 是一个交换环, S 是其某个乘法子集, $S^{-1}R$ 是相应的局部化环. 把 S^{-1} 看成 R-模范畴 R-mod 到 $S^{-1}R$-模范畴 $S^{-1}R$-mod 之间的函子, 它

把任何 R-模 M 对应到 $S^{-1}R$-模 $S^{-1}R \otimes_R M$; 把任何 R-模的同态 $f : M \to N$ 对应到 $S^{-1}R$-模的同态:

$$S^{-1}(f) = 1 \otimes f : S^{-1}R \otimes_R M \to S^{-1}R \otimes_R N.$$

这个对应确实是一个协变函子, 称其为由乘法子集 S 确定的局部化函子.

　　练习 16.32　验证例 16.31 中的论断; 证明协变函子 S^{-1} 是正合的.

　　注记 16.33　本讲通过对 R-模同态等相关问题的讨论, 简要介绍了范畴与函子的基本概念与实例. 这里的讨论是初步的, 还有许多有趣且深刻的内容没有展开. 比如, 要研究两个函子之间的关系, 需要引入函子之间的态射, 这就是函子间自然变换的概念, 由于篇幅限制我们甚至没有给出其定义. 在此建议有兴趣的读者, 查阅相关的参考文献, 比如 [7, 9] 等.

第 17 讲　几种常见的自由代数结构

本讲我们将介绍称之为"代数"的具有三个运算及若干运算规则的比较复杂的代数结构, 这种代数的最一般形式为非结合代数, 它的主要类型包括结合代数与李代数等. 关于结合代数及李代数的研究, 已经分别构成了相对独立的代数学研究课题: 结合代数理论与李代数理论, 见文献 [11-12] 等.

下面首先通过模的张量积的概念与方法, 给出交换环上非结合代数、结合代数的概念, 它与通常的定义方式是等价的; 然后给出一些具体例子, 包括多项式代数、矩阵代数等; 最后介绍任意 K-模的张量代数, 并导出域上几种常见的自由代数结构: 自由结合代数、自由交换代数、自由李代数及自由群等.

我们假设模的基础环是一个有单位元的交换环 K, 从而任何左 K-模也可以看成一个右 K-模或双模, 并且两个 K-模的张量积还是一个 K-模. 交换环 K 上的非结合代数与结合代数的概念如下.

定义 17.1　设 K 是给定的交换环, A 是一个 K-模, $A \otimes_K A$ 是由张量积确定的 K-模. 若有 K-模的同态 $\pi : A \otimes_K A \to A$, 则称二元组 (A, π) 为交换环 K 上的一个非结合代数, 也简称 A 为 K 上的非结合代数.

进一步, 若还有 K-模的同态 $\varepsilon : K \to A$, 并满足下列条件

$$\pi(\pi \otimes 1) = \pi(1 \otimes \pi),$$

$$\pi(\varepsilon \otimes 1) = \tau = \pi(1 \otimes \varepsilon),$$

其中 $\tau : K \otimes_K A \to A$ 或 $A \otimes_K K \to A$ 是 K-模的典范同构 (参见引理 15.3), 符号 $1 = \mathrm{Id}_A$ 是 K-模 A 的恒等映射, 则称三元组 (A, π, ε) 为交换环 K 上的一个有单位元的结合代数, 也简称 A 为 K 上的结合代数.

类似于前面已经讨论过的其他代数结构的定义, 交换环 K 上非结合代数或结合代数的概念, 还可以按照"通常方式"如下给出.

定义 17.2　设 K 是给定的交换环, A 是一个 K-模. 若在 A 上定义了一个乘法运算, 并满足下列条件 (1), 则称 A 为 K 上的一个非结合代数.

(1) 双线性性: 对 $x, x_1, x_2, y, y_1, y_2 \in A, a \in K$, 有下列等式

$$(x_1 + x_2)y = x_1 y + x_2 y, \quad (ax)y = a(xy),$$

$$x(y_1 + y_2) = xy_1 + xy_2, \quad x(ay) = a(xy).$$

进一步, 若非结合代数 A 的乘法运算还满足下面的 (2), (3), 则称 A 为 K 上的一个有单位元的结合代数, 也简称 A 为 K 上的结合代数.

(2) 结合律: $(xy)z = x(yz)$, $\forall x, y, z \in A$.

(3) 单位元: 存在元素 $1 \in A$, 使得 $1x = x1 = x$, $\forall x \in A$.

容易看出: 结合代数 A 关于其加法与乘法运算构成一个有单位元的环.

引理 17.3 K 上的非结合代数与结合代数的上述两种定义方式是等价的.

证明   设 A 是按照定义 17.1 给出的非结合代数, 定义 A 上的乘法运算如下

$$xy = \pi(x \otimes y), \quad \forall x, y \in A.$$

根据张量积的运算性质及 K-模同态 π 的定义条件, 不难看出: 上述乘法运算满足双线性性条件 (1). 即, A 也符合定义 17.2 的条件.

反之, 设 A 上的非结合代数结构由定义 17.2 给出, 考虑如下映射

$$A \times A \to A, \ (x, y) \to xy,$$

利用前面双线性性条件 (1) 中等式推出: 此映射也是双线性的. 再根据张量积的泛性质, 必有 K-模的同态 $\pi : A \otimes_K A \to A$, 使得 $\pi(x \otimes y) = xy$. 因此, 二元组 (A, π) 符合定义 17.1 的条件.

对结合代数的情形, 只要注意到基本事实: 定义 17.1 中的两个等式等价于定义 17.2 中的条件 (2), (3), 从而这两种定义方式也是等价的.

注记 17.4   以后我们的讨论将主要围绕和结合代数相关的一些问题, 并按照定义 17.2 给出的方式去理解它. 就像对交换环、环或环的模所做的那样, 可以按照通常的方式定义结合代数的子代数、理想及商代数等; 还可以定义结合代数的同态、单同态、满同态及同构, 同态基本定理也成立.

比如, K 上的结合代数 A 的理想 I 是指: I 是 A 作为 K-模的子模, 也是 A 作为环的理想. 此时, 商模或商环 A/I 也是 K 上的结合代数.

特别, 当结合代数 A 的乘法满足交换律时, 也称其为 K 上的交换代数.

注记 17.5   交换环 K 本身可以看成 K 上的一个结合代数, 它也是 K 上的交换代数, 其 K-模结构由正则作用给出, 其乘法运算就是环 K 中的乘法.

例 17.6 (群代数)   设 G 是任意给定的乘法群, $K[G]$ 是以集合 G 为基的自由 K-模. 通过群 G 中的乘法运算定义 $K[G]$ 中的乘法, 它满足 K 上的结合代数的所有条件. 因此, $K[G]$ 是 K 上的一个结合代数, 称其为群 G 的群代数.

按照上述定义, 群代数 $K[G]$ 中的一般元素为下列有限形式和

$$x = a_1 g_1 + a_2 g_2 + \cdots + a_r g_r, \quad a_i \in K, g_i \in G, 1 \leqslant i \leqslant r, r \geqslant 1.$$

两个元素相乘符合通常的计算规则: 对 $y = \sum_{j=1}^{s} b_j g_j \in K[G]$, 有下列式子

$$xy = \sum_{i=1}^{r} \sum_{j=1}^{s} (a_i b_j)(g_i g_j),$$

其中的系数 $a_i b_j$ 是作为环 K 中两个元素的乘积, 而 $g_i g_j$ 是作为群 G 中两个元素的乘积. 特别, 当群 G 是交换群时, 群代数 $K[G]$ 是一个交换代数.

练习 17.7 证明: 当 H 是群 G 的子群时, $K[H]$ 是结合代数 $K[G]$ 的子代数.

例 17.8 (多项式代数) 设 $K[x_1, x_2, \cdots, x_n]$ 是交换环 K 上的 n-元多项式环, 其中 $x_1, x_2, \cdots, x_n$ 是变量或未定元. 它也是一个自由 K-模, 且下列单项式的无限子集是它的一组标准基 (见例 6.38 及例 7.6)

$$x_1^{i_1} x_2^{i_2} \cdots x_n^{i_n}, \quad i_1, i_2, \cdots, i_n \in \mathbb{N}.$$

不难看出: K-模 $K[x_1, x_2, \cdots, x_n]$ 关于多项式的乘法满足交换代数的所有条件, 从而它是交换环 K 上的一个交换代数, 称为 K 上的 n-元多项式代数.

例 17.9 (矩阵代数) 设 K 是给定的交换环, $M_n(K)$ 是交换环 K 上的 n 阶矩阵的全体构成的环, 称为 K 上的 n 阶矩阵环; $M_n(K)$ 也是一个自由 K-模, 所有矩阵单位 $E_{ij}(1 \leqslant i, j \leqslant n)$ 构成它的一组标准基 (见总结 7.28).

容易验证: K-模 $M_n(K)$ 关于矩阵的乘法满足结合代数的所有条件, 从而它是交换环 K 上的一个结合代数, 称为 K 上的 n 阶矩阵代数.

定义 17.10 (张量代数) 设 M 是一个 K-模, 考虑 M 和它本身的 n-次张量积

$$T^n M = M \otimes M \otimes \cdots \otimes M,$$

它也是一个 K-模. 根据张量积的定义及结合性质, K-模 $T^n M$ 的一般元素可以表示成下列单项式元素的 K-线性组合

$$x_1 \otimes \cdots \otimes x_n, \quad x_i \in M, \quad 1 \leqslant i \leqslant n.$$

特别, 当 $n = 0$ 时, 规定: $T^0 M = K$. 现定义 K-模的无限直和式

$$TM = \overset{\infty}{\underset{n=0}{\bigoplus}} T^n M = K \oplus M \oplus M \otimes M \oplus \cdots,$$

它自然还是交换环 K 上的模. 在 K-模 TM 中定义双线性乘法运算: 它由单项式的下列连接运算所诱导

$$x_1 \otimes \cdots \otimes x_m \cdot y_1 \otimes \cdots \otimes y_n$$
$$= x_1 \otimes \cdots \otimes x_m \otimes y_1 \otimes \cdots \otimes y_n,$$

$$1 \cdot x_1 \otimes \cdots \otimes x_m$$
$$= x_1 \otimes \cdots \otimes x_m \cdot 1$$

$$= x_1 \otimes \cdots \otimes x_m,$$

这里元素 $x_i, y_j \in M$, $1 \leqslant i \leqslant m$, $1 \leqslant j \leqslant n$, 1 是交换环 K 中的单位元. 根据张量积的泛性质, 可以验证: 上述乘法定义合理, 并且 K-模 TM 关于上述乘法运算构成 K 上的一个结合代数, 称其为 K-模 M 的张量代数.

引理 17.11 (张量代数的泛性质)　术语如上, 设 M 是给定的 K-模, TM 是上面构造的张量代数, 则有下列泛性质:

对 K 上的任何结合代数 A, 以及任意的 K-模同态 $f : M \to A$, 必存在唯一的结合代数的同态 $\tilde{f}$, 它扩充了映射 f.

证明　首先对非负整数 n 进行归纳, 构造 K-模的同态 $f^{(n)} : T^n M \to A$. 当 $n = 0$ 时, 令 $f^{(0)} : K \to A, k \mapsto k \cdot 1$; 当 $n = 1$ 时, 令 $f^{(1)} = f : M \to A$, 它们都是 K-模的同态. 现假设 K-模同态 $f^{(n-1)}$ 已经有定义, 按照引理 15.5 给出的类似方法构造映射的张量积如下

$$f^{(n)} = f^{(n-1)} \otimes f : T^{n-1} M \otimes M \to A,$$

它在单项式元素 $x_1 \otimes x_2 \otimes \cdots \otimes x_n \in T^n M$ 上的作用, 由下列式子给出:

$$f^{(n)}(x_1 \otimes x_2 \otimes \cdots \otimes x_n) = f(x_1) f(x_2) \cdots f(x_n).$$

现在可以定义 $\tilde{f}$ 为所有这些 K-模同态 $f^{(n)}$ 的直和 $\tilde{f} = \bigoplus_n f^{(n)} : TM \to A$, 它还是 K-模的同态. 此时, 也不难看出: 映射 $\tilde{f}$ 保持乘法与单位元, 从而它是结合代数的同态, 且扩充了给定的映射 f. 最后, 模 M 可以看成结合代数 TM 的生成元集, 从而满足条件的结合代数同态是唯一的.

注记 17.12　任何从自由模出发的模同态由其在一组基上的任意事先给定的值所唯一确定 (线性代数中关于线性变换、线性函数或双线性函数等有类似的结论). 于是, 当 M 是 K 上的自由模时, 前面泛性质中的映射 f 相当于对自由模 M 的基元素进行随意赋值, 这种 f 都可以扩充为结合代数之间的同态. 在这种意义下, 自由模 M 的那组基可以看成自由变量, 而结合代数 TM 是由这些自由变量生成的. 因此, 张量代数 TM 可以看成交换环 K 上自由的结合代数, 它就是我们给出的第 1 个自由代数结构的例子.

特别, 当交换环 $K = F$ 为域时, $V = M$ 是域 F 上的向量空间, 它可以看成自由的 F-模, 其张量代数 TV 是域 F 上自由的结合代数, 它的自由生成元集可以取为向量空间 V 的任意一组基.

练习 17.13　设 $M = Kv$ 是秩为 1 的自由 K-模, 证明: 张量代数 TM 同构于交换环 K 上的一元多项式代数 $K[x]$.

从现在开始, 我们假设基础环 $K = F$ 是一个域, 由此得到的各种代数结构都是域 F 上的, 这有助于研究相关代数结构的更深入的性质.

定义 17.14 (对称代数) 设 $T(V)$ 是 F 上向量空间 V 的张量代数, I 是 $T(V)$ 的理想, 它有生成元集: $v \otimes w - w \otimes v, \forall v, w \in V$, 也记为

$$I = (v \otimes w - w \otimes v; \forall v, w \in V).$$

由此构造相应的商代数 $S(V) = T(V)/I$, 它是域 F 上的结合代数, 它也是一个交换代数, 称为向量空间 V 的对称代数.

引理 17.15 (泛性质) 术语如上, 对域 F 上的任意交换代数 A 及任意线性映射 $\varphi: V \to A$, 必存在唯一的结合代数同态 $\psi: S(V) \to A$, 使得 $\psi|_V = \varphi$ (这里向量空间 V 可以看成 $S(V)$ 的子空间: 因为 $V \cap I = 0$).

证明 在给定的条件下, 由张量代数 $T(V)$ 的泛性质, 必存在结合代数的同态 $\tilde{\varphi}: T(V) \to A$, 使得 $\tilde{\varphi}|_V = \varphi$. 现在证明包含关系: $I \subset \mathrm{Ker}\tilde{\varphi}$. 因为 I 与 $\mathrm{Ker}\tilde{\varphi}$ 都是结合代数 $T(V)$ 的理想, 只要证明 I 的生成元集包含于 $\mathrm{Ker}\tilde{\varphi}$.

对任意生成元 $v \otimes w - w \otimes v \in I$, 有下列式子

$$\tilde{\varphi}(v \otimes w - w \otimes v) = \varphi(v)\varphi(w) - \varphi(w)\varphi(v) = 0,$$

从而有包含关系 $I \subset \mathrm{Ker}\tilde{\varphi}$. 再利用结合代数与同态的基本定理, 必存在结合代数的同态 $\psi: S(V) \to A$, 使得 $\psi|_V = \tilde{\varphi}|_V = \varphi$.

唯一性: 因为 V 是 $T(V)$ 的生成元集, 对称代数 $S(V)$ 是 $T(V)$ 的商代数, 所以向量空间 V 也可以看成对称代数 $S(V)$ 的生成元集; 而结合代数的同态由其在生成元集上的值所确定, 故唯一性成立.

推论 17.16 设 V 是域 F 上的 n-维向量空间, 它有基 $v_1, v_2, \cdots, v_n$, $S(V)$ 是前面构造的向量空间 V 的对称代数, 则有结合代数的同构映射

$$\psi: S(V) \to F[x_1, x_2, \cdots, x_n],$$

使得 $\psi(v_i) = x_i, 1 \leqslant i \leqslant n$, 这里 $F[x_1, x_2, \cdots, x_n]$ 是域 F 上的 n-元多项式代数.

证明 在引理 17.15 的泛性质中, 取 $A = F[x_1, x_2, \cdots, x_n]$ 为域 F 上的 n-元多项式代数, $\varphi: V \to A$ 是线性映射, 使得 $\varphi(v_i) = x_i, 1 \leqslant i \leqslant n$, 从而有结合代数的同态 $\psi: S(V) \to A$, 它扩充了映射 φ. 由于变元 $x_1, x_2, \cdots, x_n$ 是结合代数 A 的生成元集, 映射 ψ 必为满同态.

由定义不难看出, 结合代数的同态 ψ 把对称代数 $S(V)$ 的下列张成元集

$$\{v_1^{i_1} v_2^{i_2} \cdots v_n^{i_n}; i_1, i_2, \cdots, i_n \in \mathbb{N}\}$$

对应到 n-元多项式代数 $A = F[x_1, x_2, \cdots, x_n]$ 的一组标准基

$$\{x_1^{i_1} x_2^{i_2} \cdots x_n^{i_n}; i_1, i_2, \cdots, i_n \in \mathbb{N}\}.$$

由此可知: 对称代数 $S(V)$ 的这个张成元集本身也是线性无关的, 它必是向量空间 $S(V)$ 的一组基, 从而映射 ψ 是结合代数的同构映射.

注记 17.17 根据引理 17.15 及推论 17.16 中的结论, 我们可以把域 F 上的对称代数或 n-元多项式代数看成域 F 上的自由交换代数.

定义 17.18 设 $T(V)$ 是域 F 上向量空间 V 的张量代数, J 是结合代数 $T(V)$ 的理想, 它有生成元集: $v \otimes w + w \otimes v, \forall v, w \in V$, 也记为

$$J = (v \otimes w + w \otimes v; \forall v, w \in V).$$

构造相应的商代数 $\Lambda(V) = T(V)/J$, 它是域 F 上的一个结合代数, 称为向量空间 V 的外代数.

有时, 也称外代数 $\Lambda(V)$ 为向量空间 V 的反对称代数, 因为它的乘法运算满足反对称性条件: 对任意的元素 $v, w \in V$, 都有等式 $vw = -wv$.

引理 17.19 (泛性质) 术语如上, 设 A 是域 F 上的结合代数, $\varphi : V \to A$ 是向量空间的线性映射, 且满足下列条件

$$\varphi(v)\varphi(w) = -\varphi(w)\varphi(v), \quad \forall v, w \in V,$$

则有唯一的结合代数的同态 $\psi : \Lambda(V) \to A$, 使得 $\psi|_V = \varphi$ (这里向量空间 V 可以看成 $\Lambda(V)$ 的子空间: 因为 $V \cap J = 0$).

证明 在给定的条件下, 由张量代数 $T(V)$ 的泛性质, 必存在结合代数的同态 $\tilde{\varphi} : T(V) \to A$, 使得 $\tilde{\varphi}|_V = \varphi$. 现在证明包含关系: $J \subset \mathrm{Ker}\tilde{\varphi}$. 因为 J 与 $\mathrm{Ker}\tilde{\varphi}$ 都是结合代数 $T(V)$ 的理想, 只要证明 J 的生成元集包含于 $\mathrm{Ker}\tilde{\varphi}$.

对任意生成元 $v \otimes w + w \otimes v \in J$, 有下列式子

$$\tilde{\varphi}(v \otimes w + w \otimes v) = \varphi(v)\varphi(w) + \varphi(w)\varphi(v) = 0.$$

即, 有包含关系 $J \subset \mathrm{Ker}\tilde{\varphi}$. 再利用结合代数与同态的基本定理, 必存在结合代数的同态 $\psi : \Lambda(V) \to A$, 使得 $\psi|_V = \tilde{\varphi}|_V = \varphi$.

唯一性: 因为 V 是 $T(V)$ 的生成元集, 外代数 $\Lambda(V)$ 是 $T(V)$ 的商代数, 所以向量空间 V 也可以看成外代数 $\Lambda(V)$ 的生成元集; 而结合代数的同态由其在生成元集上的值所确定, 故唯一性成立.

定义 17.20 (自由群) 设 G 是群, X 是 G 的非空子集. 称 G 是由 X 生成的自由群, 如果它满足下列泛性质: 对任意群 H 及任意映射 $\varphi : X \to H$, 必存在

唯一的群同态 $\psi: G \to H$, 它扩充了映射 φ. 此时, 也记 $G = G(X)$(读者可参考交换环上自由模的类似定义, 见定义 7.1).

定理 17.21 对任意的非空集合 X, 存在由 X 生成的自由群, 并且在同构的意义下它是唯一的.

证明 **存在性** 设 $X = \{x_i;\ i \in I\}$, $Y = \{y_i;\ i \in I\}$ 是和 X 双射对应的一个集合, V 是域 F 上的一个向量空间, 它以集合的并集 $X \cup Y$ 为基. 设 $T(V)$ 是向量空间 V 的张量代数, K 是它的理想, 且有生成元集

$$x_i \otimes y_i - 1, \quad y_i \otimes x_i - 1, \quad \forall i \in I.$$

构造相应的商代数 $A = T(V)/K$, 令 $G(X)$ 为由 A 中的等价类元素 $[x_i](i \in I)$ 生成的乘法子群. 下面证明: $G(X)$ 是由 X 生成的自由群.

首先, 元素 $x \in X$ 可以等同于它所在的等价类 $[x] \in G(X)$. 即, 集合 X 可以看成群 $G(X)$ 的非空子集. 事实上, 构造结合代数的同态: $T(V) \to F$, 使得

$$x_i \mapsto a_i, \quad y_i \mapsto a_i^{-1}, \quad a_i \neq a_j,\ i \neq j,$$

这里 a_i 取自域 F 中的非零元素, $\forall i \in I$(不妨假设 F 是一个无限域, 否则, 可取它的某个无限扩域). 此同态把整个理想 K 映到零元素, 而 $x_i(i \in I)$ 的像两两不同. 由此不难推出: 集合 X 双射对应到它在群 $G(X)$ 中的像集.

其次, 对任意的群 H 及任意的集合映射 $\varphi: X \to H$, 构造线性映射

$$\varphi_1: V \to F[H],$$

使得 $\varphi_1(x_i) = \varphi(x_i), \varphi_1(y_i) = \varphi(x_i)^{-1}, \forall i \in I$, 这里 $F[H]$ 是群 H 的群代数. 由张量代数 $T(V)$ 的泛性质, 必存在结合代数的同态 $\varphi_2: T(V) \to F[H]$, 它扩充了映射 φ_1. 不难验证: $K \subset \mathrm{Ker}\varphi_2$, 从而又有结合代数的同态

$$\varphi_3: T(V)/K \to F[H],$$

它是同态 φ_2 的诱导. 令 $\psi = \varphi_3|_{G(X)}$, 则有 $\psi(G(X)) \subset H$, 且 $\psi: G(X) \to H$ 是群的同态, 它满足定义 17.20 的要求. 由于集合 X 是群 $G(X)$ 的生成元集, 这种同态 ψ (映射 φ 的扩充) 是唯一的.

最后, 证明 X 生成的自由群的唯一性. 若还有群 G', 它也满足定义 17.20 中的泛性质. 按照定义给出的方式, 可以找到群的同态 $f: G(X) \to G'$ 以及群的同态 $g: G' \to G(X)$, 并且这两个同态互逆. 因此, 它们都是同构映射.

练习 17.22 证明: 由单点集合 $\{x\}$ 生成的自由群 $G(x)$ 是无限循环群.

在本讲的最后, 我们再讨论一个自由代数结构的重要例子: 域 F 上的自由李代数. 首先, 给出域 F 上一般李代数 L 的定义如下:

定义 17.23　设 L 是域 F 上的一个非结合代数, 其乘法运算记为 $[\cdot,\cdot]$. 如果它满足如下两条运算规则, 则称 L 为域 F 上的一个李代数. 此时, 李代数 L 的乘法运算 $[\cdot,\cdot]$, 也称为李括积或括积运算.

(1) 反对称性: $[x,y]=-[y,x]$, $\forall x,y\in L$;

(2) Jacobi 恒等式: $[x,[y,z]]+[y,[z,x]]+[z,[x,y]]=0$, $\forall x,y,z\in L$.

例 17.24　域 F 上的任何结合代数 A 都可以看成一个李代数, 只要把结合代数 A 中的乘法运算换成括积 $[\cdot,\cdot]$ 运算

$$[x,y]=xy-yx,\quad \forall x,y\in A.$$

这个李代数也记为 A_-, 称其为由 F 上的结合代数 A 诱导的李代数.

特别, 域 F 上的所有 n 阶矩阵构成的矩阵代数 $M_n(F)$ 是域 F 上的一个结合代数, 它诱导的李代数也记为 $\mathfrak{gl}(n,F)$, 称为域 F 上的一般线性李代数. 域 F 上所有迹为零的 n 阶矩阵构成李代数 $\mathfrak{gl}(n,F)$ 的一个子代数, 记为 $\mathfrak{sl}(n,F)$, 称其为特殊线性李代数.

定义 17.25　设 L 是域 F 上的李代数, $T(L)$ 是 L 作为 F 上向量空间的张量代数, K 是结合代数 $T(L)$ 的理想, 它有生成元集: $x\otimes y-y\otimes x-[x,y]$, $\forall x,y\in L$. 按照通常的记号, 理想 K 形如

$$K=(x\otimes y-y\otimes x-[x,y],\ \forall x,y\in L).$$

构造相应的商代数 $U(L)=T(L)/K$, 它是域 F 上的一个结合代数, 称为李代数 L 的泛包络代数.

注记 17.26　根据著名的 PBW 定理, 下列典范映射是李代数的单射同态

$$L\to U(L),\quad x\mapsto [x],$$

从而 L 可以看成李代数的 $U(L)$ 的子代数. 进一步, 通过 $U(L)$ 的具体构造不难看出: L 是 $U(L)$ 作为结合代数的生成元集. 关于 PBW 定理的详细证明, 读者可以查阅参考文献 [12] 等. 值得特别注意的是: 作为结合代数, $U(L)$ 是由 L 生成出来的. 而作为李代数, $L\subset U(L)$ 本身就是运算封闭的.

引理 17.27　术语如上. 对域 F 上的任意结合代数 A, 它关于诱导的括积运算是一个李代数. 对任意的李代数的同态 $\varphi:L\to A_-$, 必存在唯一的结合代数的同态 $\psi:U(L)\to A$, 使得 $\psi|_L=\varphi$ (这里 L 可以看成 $U(L)$ 的子代数).

证明　对给定的李代数同态 $\varphi:L\to A_-$, 应用向量空间 L 的张量代数 $T(L)$ 的泛性质, 必存在结合代数的同态

$$\tilde{\varphi}:T(L)\to A,$$

使得 $\tilde{\varphi}|_L = \varphi$. 下面证明包含关系: $K \subset \mathrm{Ker}\tilde{\varphi}$. 因为 K 与 $\mathrm{Ker}\tilde{\varphi}$ 都是结合代数 $T(L)$ 的理想, 只需证明: K 的生成元集包含于 $\mathrm{Ker}\tilde{\varphi}$.

对任意元素 $x \otimes y - y \otimes x - [x,y] \in K$, 不难验证下列式子成立

$$\tilde{\varphi}(x \otimes y - y \otimes x - [x,y]) = 0.$$

即, 有包含关系 $K \subset \mathrm{Ker}\tilde{\varphi}$. 再利用结合代数与同态的基本定理, 必存在结合代数的同态 $\psi: U(L) \to A$, 使得 $\psi|_L = \tilde{\varphi}|_L = \varphi$.

唯一性: 李代数 L 是结合代数 $U(L)$ 的生成元集, 而结合代数同态由其在生成元集上的值所确定, 从而唯一性成立.

注记 17.28 术语如上. 对域 F 上的向量空间 V, $\mathrm{End}V$ 是 V 的所有线性变换构成的结合代数, $\mathfrak{gl}(V)$ 是它诱导的李代数. 任何李代数的同态 $\varphi: L \to \mathfrak{gl}(V)$ 都可以唯一地扩充为结合代数的同态 $\psi: U(L) \to \mathrm{End}V$.

反之, 结合代数 $U(L)$ 到 $\mathrm{End}V$ 的任何同态限制在李代数 L 上, 将得到李代数 L 到 $\mathfrak{gl}(V)$ 的同态. 根据通常的做法, 到线性变换代数的同态也称为表示, 从而李代数 L 的表示等价于结合代数 $U(L)$ 的表示.

根据前面的讨论, V 上的张量代数 $T(V)$ 可以看成某个集合 (向量空间 V 的一组基) 生成的自由结合代数. 我们还给出了自由交换代数、自由群的概念及具体构造, 下面将定义自由李代数, 并说明它的存在性与唯一性.

定义 17.29 设 X 是一个非空集合, $L(X)$ 是域 F 上的李代数. 称 $L(X)$ 是由集合 X 生成的自由李代数, 如果它满足下面两个条件:

(1) $X \subset L(X)$;

(2) 对任意给定的李代数 L' 及任意的映射 $\varphi: X \to L'$, 必存在唯一的李代数同态 $\psi: L(X) \to L'$, 它扩充了映射 φ.

定理 17.30 对任意给定的非空集合 X, 域 F 上由 X 生成的自由李代数一定存在, 并且它是唯一的 (在同构的意义下).

证明 令 V 是以集合 X 为基的域 F 上的向量空间, $T(V)$ 是向量空间 V 的张量代数, 关于括积运算它也是一个李代数. 定义 $L(X)$ 为由 X 生成的 $T(V)$ 的李子代数, 下面证明: $L(X)$ 是由 X 生成的自由李代数.

首先, 由定义可知: $X \subset L(X)$. 另外, 对域 F 上的任意李代数 L' 及集合映射 $\varphi: X \to L'$, 必存在唯一的线性映射: $V \to L'$(仍记为 φ), 它扩充了上述集合映射 φ. 再利用张量代数的泛性质, 必存在唯一的结合代数同态

$$\tilde{\varphi}: T(V) \to U(L'),$$

使得 $\tilde{\varphi}(x) = \varphi(x), \forall x \in X$, 这里 $U(L')$ 是李代数 L' 的泛包络代数. 此时, 由定义不难看出, $\tilde{\varphi}(L(X)) \subset L'$. 令 $\psi = \tilde{\varphi}|_{L(X)}$, 则 $\psi: L(X) \to L'$ 是李代数的同态, 它

扩充了映射 φ.

唯一性　集合 X 是李代数 $L(X)$ 的生成元集, 李代数同态由其在生成元集上的值所确定, 故上述扩充映射 ψ 是唯一的.

自由李代数的唯一性　若还有一个李代数 L', 它也满足定义 17.29 中的两个条件, 按照定义给出的方式, 可以找到李代数的同态 $f: L(X) \to L'$ 以及李代数的同态 $g: L' \to L(X)$, 并且这两个同态互逆, 从而它们都是同构映射.

练习 17.31　对单点集合 $X = \{x\}$, 具体描述由 X 生成的域 F 上的自由李代数 $L(X)$ 的结构.

注记 17.32　本讲我们利用前面给出的抽象代数的基础知识, 简要介绍了一些常见且典型的代数结构, 关于这些代数结构及其相关问题的系统讨论属于代数学研究的基本课题, 建议读者查阅相关的参考文献, 从而可以进一步探寻代数学研究领域中更深刻的理论与方法.

第 18 讲　Wedderburn 定理

在第 17 讲, 我们给出了任意交换环 K 上的非结合代数及结合代数等一般性概念, 并通过 K-模的张量积定义了张量代数. 特别, 当给定的 K-模是自由模时, 相应的张量代数可以看成交换环 K 上的自由结合代数. 对张量代数关于其合适的理想做商, 还导出了一些常见的代数结构, 它们包括对称代数 (或多元多项式代数)、外代数以及李代数的泛包络代数等等. 同时, 根据域上的张量代数的泛性质, 还证明了自由群及自由李代数的存在性定理.

本讲主要介绍一类特殊的结合代数: 半单结合代数, 并证明其结构定理. 为此, 需要引入 K 上结合代数的模、模的子模与商模、模的同态与同构、不可约模与完全可约模、半单模与模的直和分解等基本概念. 在此基础上, 给出半单结合代数的定义, 并细致描述这种结合代数的具体构造, 这就是著名的关于半单结合代数结构的 Wedderburn 定理.

首先, 我们给出交换环 K 上结合代数的又一个等价条件, 它由环的同态直接描述. 关于结合代数概念的另外两个等价条件, 见定义 17.1、定义 17.2 及引理 17.3.

引理 18.1　A 是 K 上的结合代数当且仅当它是一个有单位元的环, 且有环的同态 $\varphi: K \to A$, 使得 $\varphi(K) \subset Z(A)$, 这里 $Z(A)$ 表示环 A 的中心

$$Z(A) = \{a \in A; \ ab = ba, \forall b \in A\}.$$

证明　(1) 设 A 是 K 上的结合代数, 它满足定义 17.2 的要求. 定义如下映射

$$\varphi: K \to A, \ k \mapsto \varphi(k) = k \cdot 1,$$

其中 1 是结合代数 A 的单位元. 由定义不难直接验证: 映射 φ 是环的同态, 并满足引理的要求. 比如, 它保持乘法运算, 且有包含关系: $\varphi(K) \subset Z(A)$, 这是因为有下列式子

$$\varphi(k_1 k_2) = (k_1 k_2) \cdot 1 = k_1 \cdot (k_2 \cdot 1) = k_1 \cdot (1(k_2 \cdot 1)) = (k_1 \cdot 1)(k_2 \cdot 1) = \varphi(k_1)\varphi(k_2),$$

$$\varphi(k)a = (k \cdot 1)a = k(1a) = k(a1) = a(k \cdot 1) = a\varphi(k).$$

(2) 设引理的条件满足, 现定义交换环 K 在可换群 A 上的作用如下

$$K \times A \to A, \ (k, a) \mapsto k \cdot a = \varphi(k)a.$$

不难验证: 上述映射给出了 K 在 A 上的一个作用, 使得 A 成为一个 K-模. 按照此作用, 环 A 的乘法映射是双线性的, 从而它是 K 上的结合代数. 比如, 关于作用与乘法相容性的等式, 具体验证如下

$$k \cdot (ab) = \varphi(k)(ab) = (\varphi(k)a)b = (k \cdot a)b,$$

$$k \cdot (ab) = (a\varphi(k))b = a(\varphi(k)b) = a(k \cdot b).$$

注记 18.2 交换环 K 上结合代数 A 的模 M 是指: 作为环 A 的模. 此时, M 也可以自然看成交换环 K 的模 (也可以省略符号 "$\cdot$")

$$k \cdot x = (k \cdot 1) \cdot x, \quad \forall k \in K, \ \forall x \in M,$$

这里 1 是结合代数 A 的单位元. 特别, 当 K 是域时, M 是 K 上的一个向量空间.

由于结合代数的模定义为相应环的模, 从而可以按照通常的方式定义模的子模与商模、子模的和与直和分解式、模的同态与自同态、单同态与满同态以及模的同构等等; 同态基本定理也成立.

定理 18.3 (同态基本定理) 设 $\varphi : M \to N$ 是两个 A-模之间的同态, 令

$$\operatorname{Ker}\varphi = \{x \in M; \ \varphi(x) = 0\},$$

$$\operatorname{Im}\varphi = \{\varphi(x) \in N; \ \forall x \in M\},$$

则子集 $\operatorname{Ker}\varphi$ 是 A-模 M 的子模, 子集 $\operatorname{Im}\varphi$ 是 A-模 N 的子模; 如在其他情形所做的那样, 这两个子模分别称为同态 φ 的核与像.

若 U 是 A-模 M 的子模, 且有包含关系: $U \subset \operatorname{Ker}\varphi$, 则有唯一的 A-模之间的同态 $\tilde{\varphi} : M/U \to N$, 使得 $\tilde{\varphi}\pi = \varphi$, 这里 $\pi : M \to M/U$ 是典范的模同态.

特别, 取子模 $U = \operatorname{Ker}\varphi$, 则有 A-模的同构映射 $\tilde{\varphi} : M/\operatorname{Ker}\varphi \to \operatorname{Im}\varphi$.

证明 由定义不难直接验证, 留作读者练习 (参考定理 6.19).

注记 18.4 术语如上, 设 A 是交换环 K 上的结合代数, M, N 是两个任意给定的 A-模, 用符号 $\operatorname{Hom}_A(M, N)$ 表示从 M 到 N 的所有 A-模同态构成的集合.

特别, 当 A-模 $M = N$ 时, 也记为 $\operatorname{End}_A M = \operatorname{Hom}_A(M, M)$.

引理 18.5 按照自然方式定义的运算, 集合 $\operatorname{Hom}_A(M, N)$ 是一个 K-模; 而集合 $\operatorname{End}_A M$ 是 K 上的结合代数, 也称其为 A-模 M 的自同态代数.

证明 对 A-模同态 $\varphi, \psi \in \operatorname{Hom}_A(M, N)$ 及 $k \in K$, 定义映射 $\varphi + \psi, k\varphi$ 如下

$$(\varphi + \psi)(x) = \varphi(x) + \psi(x), \ \forall x \in M,$$

$$(k\varphi)(x) = k\varphi(x) = (k \cdot 1)\varphi(x), \ \forall x \in M.$$

不难直接验证: 上述定义的加法运算与作用是合理的, 并且 $\mathrm{Hom}_A(M, N)$ 成为一个 K-模. 特别, 当 $M = N$ 时, $\mathrm{End}_A M$ 是一个环, 也是一个 K-模, 并且 K 的作用与环的乘法 (映射的合成) 是相容的

$$k \cdot (\varphi\psi) = (k \cdot \varphi)\psi = \varphi(k \cdot \psi),$$

$$
\begin{aligned}
(k \cdot (\varphi\psi))(x) &= k\varphi(\psi(x)) \\
&= (k\varphi)\psi(x) \\
&= ((k \cdot \varphi)\psi)(x) \\
&= (k \cdot 1)\varphi(\psi(x)) \\
&= \varphi((k \cdot 1)\psi(x)) \\
&= \varphi((k\psi)(x)) \\
&= (\varphi(k \cdot \psi))(x),
\end{aligned}
$$

由此可知: 自同态的全体 $\mathrm{End}_A M$ 是交换环 K 上的结合代数, 引理结论成立.

定义 18.6 设 A 是 K 上的结合代数, M 是非零的 A-模. 称 M 是单模或不可约模, 如果它只有两个平凡的子模: $0, M$; 称 M 是完全可约模, 如果它是一些单子模的直和; 称 M 是半单模, 如果它是有限个单模的直和.

称域 K 上的结合代数 A 是半单的, 如果任何有限生成的 A-模都是半单的.

称结合代数 A 的模 M 是可分解的, 如果存在 M 的非零真子模 N, L, 使得分解式 $M = N \oplus L$ 成立; 否则, 称它是不可分解的.

一个 A-模 M 是 Noether-模或 Artin-模是指: 它作为环 A 的模是 Noether-模或 Artin-模. 具体来说, A-模 M 是 Noether-模当且仅当它的任何子模的升链都是稳定的; A-模 M 是 Artin-模当且仅当它的任何子模的降链都是稳定的; 其他相关的讨论与结论, 见定义 6.29 及引理 6.34 等.

引理 18.7 设 A 是 K 上的结合代数, M 是一个 K-模, $\mathrm{End}_K M$ 是 K-模 M 的自同态代数, 则 M 是 A-模当且仅当存在 K 上的结合代数同态 $\sigma: A \to \mathrm{End}_K M$, 使得下列式子成立

$$a \cdot x = \sigma(a)(x), \quad \forall a \in A, \forall x \in M.$$

这种到自同态代数的结合代数同态也称为 A 的表示, 从而 A-模与结合代数 A 的表示本质上是一样的.

证明 由定义不难直接验证, 留作读者练习 (参考练习 7.31).

引理 18.8 (Schur 引理) 设 A 是交换环 K 上的结合代数, V 是单 A-模, 则自同态代数 $\mathrm{End}_A V$ 是除环: 它的任何非零元都是可逆的.

证明　设 $f \in \operatorname{End}_A V$ 是非零元, 则 $\operatorname{Ker} f \neq V$. 由于 A-模 V 是单模, 它只有两个平凡的子模, 必有等式: $\operatorname{Ker} f = 0$, 即映射 f 是单射.

考虑映射的像 $\operatorname{Im} f$, 它也是模 V 的非零子模, 必有等式: $\operatorname{Im} f = V$, 从而映射 f 是满射. 因此, 同态 f 是双射, 它是结合代数 $\operatorname{End}_A V$ 中的可逆元.

注记 18.9　(1) 术语如上, 当 K 是域时, 它可以看成除环 $\operatorname{End}_A V$ 的子域, 这是因为有非零的环同态: $K \to \operatorname{End}_A V$, $k \mapsto k \operatorname{Id}_V$, 它必是单同态.

(2) 若 V, W 是两个单 A-模, 且它们不同构, 则必有 $\operatorname{Hom}_A(V, W) = 0$: 其证明过程类似于引理 18.8 的证明.

引理 18.10　对 K 上的结合代数 A 的正则模 A, 有相应的 K 上结合代数的同构映射 $\sigma : \operatorname{End}_A A \to A^{\mathrm{op}}$, 这里 A^{op} 表示结合代数 A 的反代数, 它也是 K 上的结合代数, 其乘法运算 "$\circ$" 定义如下

$$a \circ b = ba, \quad \forall a, b \in A,$$

其中 ba 表示结合代数 A 中元素 b, a 的乘法; 而作为 K-模 $A^{\mathrm{op}} = A$. 以后为了书写方便, 经常省略运算符号 "$\circ$" (正像省略其他乘法运算符号一样).

证明　对任意元素 $\varphi \in \operatorname{End}_A A$, 令 $\sigma(\varphi) = \varphi(1) \in A = A^{\mathrm{op}}$, 其中 1 是环 A 的单位元, 则映射 σ 是 K 上结合代数的同态: 显然它是 K-线性的, 且保持单位元; 它也保持乘法, 这是因为有下列式子

$$\sigma(\varphi\psi) = (\varphi\psi)(1) = \varphi(\psi(1)1) = \psi(1)\varphi(1)$$
$$= \sigma(\psi)\sigma(\varphi) = \sigma(\varphi) \circ \sigma(\psi).$$

最后, 根据正则 A-模 A 的作用定义方式不难看出: 映射 σ 也是一个双射, 从而它是 K 上的结合代数的同构映射.

引理 18.11 (Fitting 引理)　设 A 是 K 上的结合代数, M 是 Noether-A-模, 也是 Artin-A-模, $f \in \operatorname{End}_A M$, 则有正整数 m, 使得下列式子成立

$$M = \operatorname{Ker} f^m \oplus \operatorname{Im} f^m.$$

此时, 同态 f 限制在子模 $\operatorname{Ker} f^m$ 上是幂零的, 限制在子模 $\operatorname{Im} f^m$ 上是可逆的.

证明　(1) 考虑 A-模 M 的子模的序列如下

$$\operatorname{Ker} f \subset \operatorname{Ker} f^2 \subset \cdots \subset \operatorname{Ker} f^n \subset \cdots,$$
$$\operatorname{Im} f \supset \operatorname{Im} f^2 \supset \cdots \supset \operatorname{Im} f^n \supset \cdots.$$

由引理条件: M 是 Noether-模, 也是 Artin-模, 这两个序列都是稳定的, 从而存在正整数 m, 使得下列两个等式同时成立

$$\operatorname{Ker} f^m = \operatorname{Ker} f^n, \quad \operatorname{Im} f^m = \operatorname{Im} f^n, \quad \forall n \geqslant m.$$

(2) 现在证明模 M 的直和分解式: $M = \mathrm{Ker}f^m \oplus \mathrm{Im}f^m$.

对任意元素 $x \in M$, 有 $f^m(x) \in \mathrm{Im}f^m = \mathrm{Im}f^{2m}$, 必有元素 $y \in M$, 使得等式 $f^m(x) = f^{2m}(y)$ 成立. 于是, $x = x - f^m(y) + f^m(y)$ 是元素 x 的分解.

对任意元素 $x \in \mathrm{Ker}f^m \cap \mathrm{Im}f^m$, 必有元素 $y \in M$, 使得 $x = f^m(y)$. 由此直接得到: $f^{2m}(y) = f^m(x) = 0$. 于是, $y \in \mathrm{Ker}f^{2m} = \mathrm{Ker}f^m$, 必有 $x = 0$.

(3) 由定义不难验证: 引理的最后两个结论也成立 (读者练习).

引理 18.12 设 A 是 K 上的结合代数, M 是非零不可分解 A-模, 使得 Fitting 引理对 $\mathrm{End}_A M$ 中的所有元素都成立, 则自同态代数 $\mathrm{End}_A M$ 中的任何元素或者是幂零的, 或者是可逆的, 从而 $\mathrm{End}_A M$ 是一个局部环 (局部环是指存在唯一的极大理想的环, 类似于交换环的情形).

证明 (1) 对任意元素 $f \in \mathrm{End}_A M$, 由模 M 的不可分解性条件及 Fitting 引理可知, 必存在正整数 m, 使得 $\mathrm{Ker}f^m = M$ 或者 $\mathrm{Im}f^m = M$. 因此, A-模的同态 f 或者是幂零的, 或者是可逆的.

(2) 令 $I = \{f \in \mathrm{End}_A M;\ f\text{幂零}\}$, 下面证明: I 是环 $\mathrm{End}_A M$ 的理想.

对元素 $f \in I$, $g \in \mathrm{End}_A M$, 显然有 $\mathrm{Ker}(gf) \supset \mathrm{Ker}f \neq \{0\}$, 从而映射的合成 gf 不是单射, 由 (1) 必有 $gf \in I$.

此时, 映射 f 不是满射, 否则, 由 $f(M) = M$ 推出: $f^n(M) = M, \forall n$, 这与映射 f 幂零相矛盾. 于是, 映射的合成 fg 也不是满射, 由 (1) 又有 $fg \in I$.

设 $f, g \in I$, 要证明: $f + g \in I$. 反证. 假设 $f + g \notin I$, 它是 M 的自同构. 令 $f_1 = f(f+g)^{-1}, g_1 = g(f+g)^{-1}$, 则有 $f_1, g_1 \in I$, 且有下列等式

$$f_1 + g_1 = (f+g)(f+g)^{-1} = \mathrm{Id}_M.$$

由此不难看出: $f_1 g_1 = g_1 f_1$, 从而 $f_1 + g_1$ 也是幂零的, 这与上式相矛盾.

(3) 由上述 (1), (2) 所得结论可知, $\mathrm{End}_A M$ 的所有幂零元构成它的唯一极大理想, 从而自同态环 $\mathrm{End}_A M$ 是局部环.

引理 18.13 设 M, N 是任意两个非零 A-模, 且 N 是不可分解的. 若有 A-模的同态 $f \in \mathrm{Hom}_A(M, N)$, $g \in \mathrm{Hom}_A(N, M)$, 使得乘积 gf 是模 M 的自同构, 则同态 f, g 都是 A-模的同构映射.

证明 令 $\varphi = f(gf)^{-1}g \in \mathrm{End}_A N$, 则自同态 φ 在下列意义下是幂等的

$$\varphi^2 = (f(gf)^{-1}g)^2 = f(gf)^{-1}g = \varphi.$$

下面的注记 18.14 给出了一般幂等自同态的性质, 再利用关于模 N 的不可分解性条件, 容易推出: 同态 $\varphi = 0$ 或 $\varphi = \mathrm{Id}_N$. 又有

$$\mathrm{Id}_M = (gf)^{-1}(gf)(gf)^{-1}(gf) = (gf)^{-1}g\varphi f \neq 0 \Rightarrow \varphi = \mathrm{Id}_N.$$

由此可知: 映射 f 是满射, g 是单射. 再利用给定的条件推出: 映射 f 也是单射, g 也是满射. 因此, 它们都是 A-模的同构映射.

注记 18.14　设 M 是给定的 A-模, $\varphi \in \mathrm{End}_A M$, 且 φ 是幂等自同态, 则有模的直和分解式: $M = \mathrm{Ker}\varphi \oplus \mathrm{Im}\varphi$, 其中 $\mathrm{Ker}\varphi$ 是同态 φ 的核, $\mathrm{Im}\varphi$ 是同态 φ 的像, 它们都是 M 的子模, 这是因为有下列式子

$$x \in \mathrm{Ker}\varphi \cap \mathrm{Im}\varphi \Rightarrow x = \varphi(y) = \varphi^2(y) = \varphi(x) = 0,$$

$$x \in M \Rightarrow x = (x - \varphi(x)) + \varphi(x) \in \mathrm{Ker}\varphi + \mathrm{Im}\varphi.$$

注记 18.15 (A-模同态的矩阵表示)　设 M, N 是两个给定的 A-模, 且有下列子模的直和分解式

$$M = M_1 \oplus M_2 \oplus \cdots \oplus M_m,$$

$$N = N_1 \oplus N_2 \oplus \cdots \oplus N_n.$$

对任意的 A-模同态 $f : M \to N$, 考虑下列三个映射的合成

$$f_{ij} = p_i f l_j : M_j \to M \to N \to N_i,$$

其中 $l_j : M_j \to M$ 是包含, $p_i : N \to N_i$ 是投影, $1 \leqslant j \leqslant m$, $1 \leqslant i \leqslant n$. 所有这些 f_{ij} 都是 A-模的同态: $f_{ij} \in \mathrm{Hom}_A(M_j, N_i)$.

根据上述直和分解式, A-模 M, N 中的元素 x, y 可以写成列向量的形式, 而同态 f 可以用矩阵及其乘积表示如下

$$f(x) = f \begin{pmatrix} x_1 \\ x_2 \\ \vdots \\ x_m \end{pmatrix} = \begin{pmatrix} f_{11} & f_{12} & \cdots & f_{1m} \\ f_{21} & f_{22} & \cdots & f_{2m} \\ \vdots & \vdots & & \vdots \\ f_{n1} & f_{n2} & \cdots & f_{nm} \end{pmatrix} \begin{pmatrix} x_1 \\ x_2 \\ \vdots \\ x_m \end{pmatrix} = y,$$

其中 $x_i \in M_i, 1 \leqslant i \leqslant m$. 事实上, 元素 $y = f(x) \in N$ 的第 i 个分量为有限和

$$\sum_j f_{ij}(x_j) = \sum_j p_i f l_j(x_j) = p_i f \left(\sum_j l_j(x_j) \right) = p_i f(x).$$

特别, 当分解式的长度 $m = n = 2$ 时, A-模同态 $f : M \to N$ 形如

$$\begin{pmatrix} x_1 \\ x_2 \end{pmatrix} \to \begin{pmatrix} f_{11} & f_{12} \\ f_{21} & f_{22} \end{pmatrix} \begin{pmatrix} x_1 \\ x_2 \end{pmatrix} = \begin{pmatrix} f_{11}x_1 + f_{12}x_2 \\ f_{21}x_1 + f_{22}x_2 \end{pmatrix},$$

$$x = \begin{pmatrix} x_1 \\ x_2 \end{pmatrix}, \quad \begin{pmatrix} f_{11}x_1 + f_{12}x_2 \\ f_{21}x_1 + f_{22}x_2 \end{pmatrix} = \begin{pmatrix} p_1 f(x) \\ p_2 f(x) \end{pmatrix} = f(x).$$

现假设 $f : M \to N$ 是 A-模的同构映射, 并且 $f_{11} : M_1 \to N_1$ 也是同构, 则有同构映射 $\tau : M \to M, x_1 + x_2 \mapsto (x_1 - f_{11}^{-1} f_{12} x_2) + x_2$, 其矩阵表示为

$$\begin{pmatrix} x_1 \\ x_2 \end{pmatrix} \to \begin{pmatrix} 1 & -f_{11}^{-1} f_{12} \\ 0 & 1 \end{pmatrix} \begin{pmatrix} x_1 \\ x_2 \end{pmatrix} = \begin{pmatrix} x_1 - f_{11}^{-1} f_{12}(x_2) \\ x_2 \end{pmatrix}.$$

于是, 映射的合成 $f \circ \tau : M = M_1 \oplus M_2 \to N = N_1 \oplus N_2$ 也是 A-模的同构映射, 其矩阵表示由下列式子给出

$$(f\tau) \begin{pmatrix} x_1 \\ x_2 \end{pmatrix} = \begin{pmatrix} f_{11} & f_{12} \\ f_{21} & f_{22} \end{pmatrix} \begin{pmatrix} 1 & -f_{11}^{-1} f_{12} \\ 0 & 1 \end{pmatrix} \begin{pmatrix} x_1 \\ x_2 \end{pmatrix}$$

$$= \begin{pmatrix} f_{11} & 0 \\ f_{21} & f_{22} - f_{21} f_{11}^{-1} f_{12} \end{pmatrix} \begin{pmatrix} x_1 \\ x_2 \end{pmatrix}.$$

在上述表达式中, 令 $x_1 = 0$, 将得到包含关系: $(f\tau)(M_2) \subset N_2$. 根据映射的上述具体对应关系, 还可以证明等式: $(f\tau)(M_2) = N_2$, 从而映射 $f\tau$ 可以看成从 A-模 M_2 到 N_2 的同构映射

$$M_2 \to N_2, \quad x_2 \mapsto f_{22}(x_2) - f_{21} f_{11}^{-1} f_{12}(x_2).$$

有了前面关于 A-模的分解及其同构的准备工作, 我们现在可以叙述并证明著名的 Krull-Schmidt 定理, 它也是本讲的主要结果之一. 在此基础上, 将证明本讲的另一个主要结果: Wedderburn 结构定理.

定理 18.16 (Krull-Schmidt 定理) 设 K 是任意给定的交换环, A 是 K 上的结合代数, M, N 都是 A-模, 且同时为 Noether-模与 Artin-模. 进一步, 假设它们可以分解为不可分解子模的直和

$$M = M_1 \oplus M_2 \oplus \cdots \oplus M_m,$$

$$N = N_1 \oplus N_2 \oplus \cdots \oplus N_n,$$

则 A-模 M 与 N 同构当且仅当 $m = n$, 并且存在某个置换 $\sigma \in S_m$, 使得相应的子模都是同构的: $M_i \simeq N_{\sigma(i)}, 1 \leqslant i \leqslant m$.

证明 充分性显然成立, 现证明必要性. 设有 A-模的同构映射 $f : M \to N$, 从而有下列 A-模之间的同态

$$f_{ij} = p_i f l_j : M_j \to M \to N \to N_i,$$

$$g_{ji} = p_j f^{-1} l_i : N_i \to N \to M \to M_j.$$

此时, 有 $\sum_{i=1}^{n} g_{1i} f_{i1} = \sum_{i=1}^{n} p_1 f^{-1} l_i p_i f l_1 = p_1 l_1$, 它可以看成子模 M_1 到其自身的恒等映射. 利用引理 18.12, 必有某个 $g_{1i} f_{i1}$ 是可逆的, 从而 g_{1i}, f_{i1} 都是可逆映射 (见引理 18.13), 不妨假设 $i = 1$(最多相差对称群 S_n 中的一个置换). 于是, 映射 $f_{11} : M_1 \to N_1$ 也是 A-模的同构映射. 再根据注记 18.15 的讨论, 可以推出: 存在下列 A-模的同构

$$M_2 \oplus \cdots \oplus M_m \simeq N_2 \oplus \cdots \oplus N_n.$$

因上述同构式两边的分解长度都减少 1, 对此长度归纳可证: $m = n$, 且存在所需要的置换, 使定理结论成立.

定理 18.17 (Wedderburn 定理)　设 A 是域 K 上的半单结合代数, 则有正整数 m, 除环 $D_1, D_2, \cdots, D_m$(包含 K) 及正整数 $n_1, n_2, \cdots, n_m$, 使得

$$A \simeq \prod_{i=1}^{m} M_{n_i}(D_i),$$

其中正整数 m、相应的除环 $D_1, D_2, \cdots, D_m$ 以及正整数 $n_1, n_2, \cdots, n_m$ 由半单结合代数 A 所唯一确定 (除环上矩阵代数的定义可参照定义 7.21 给出).

证明　因为结合代数 A 是半单的, 其正则模 A 自然是半单 A-模; 再利用引理 18.10 的结论, 必存在结合代数的同构映射及正则模 A 的分解式

$$A^{\mathrm{op}} \simeq \mathrm{End}_A A, \quad A \simeq \bigoplus_{i=1}^{m} \bigoplus_{j=1}^{n_i} S_i = \bigoplus_{i=1}^{m} n_i S_i,$$

其中所有的 S_i 都是单 A-模, 并且 $S_i \simeq S_j \Leftrightarrow i = j$, 从而有下列同构式

$$A^{\mathrm{op}} \simeq \mathrm{End}_A \left(\bigoplus_{i=1}^{m} \bigoplus_{j=1}^{n_i} S_i \right)$$

$$\simeq \prod_{i=1}^{m} \mathrm{End}_A (n_i S_i)$$

$$\simeq \prod_{i=1}^{m} M_{n_i} (\mathrm{End}_A S_i),$$

其中最后两个同构用到了 A-模同态的矩阵表示及 Schur 引理, 且准对角矩阵等同于矩阵向量, 见注记 18.15、引理 18.8 及注记 18.9 等.

令 $D_i' = \mathrm{End}_A S_i$, 它是包含域 K 的除环 (注记 18.9). 再令 $D_i = D_i'^{\mathrm{op}}$ 为结合代数 D_i' 的反代数, 则有下列所要求的同构

$$A \simeq \prod_{i=1}^{m} M_{n_i}(D_i) \quad (M_r(B)^{\mathrm{op}} \simeq M_r(B^{\mathrm{op}}), X \mapsto X^{\mathrm{T}}, \; \forall r, \; \forall B).$$

最后, 由 Krull-Schmidt 定理 (定理 18.16) 可知, 正则模 A 写成单子模直和的方式本质上是唯一的, 从而正整数 $m, n_1, n_2, \cdots, n_m$ 由半单结合代数 A 所唯一确定, 而相应的除环 $D_1, D_2, \cdots, D_m$ 也是唯一的.

推论 18.18 设 K 是代数闭域, A 是 K 上的任意有限维半单结合代数, 则有正整数 $m, n_1, n_2, \cdots, n_m$, 使得下列式子成立

$$A \simeq \prod_{i=1}^{m} M_{n_i}(K).$$

证明 由 Wedderburn 定理 (定理 18.17), 只要证明: 对 K 上的任何有限维除环 D, 必有等式: $D = K$. 只需证明包含关系: $D \subset K$.

事实上, 对任意元素 $x \in D$, 可取到次数最低的非零多项式 $p(X) \in K[X]$, 使得 $p(x) = 0$ (因为有: $\dim_K D < \dim_K A < \infty$, 为什么?). 由于 K 是代数闭域, 且 D 是除环, 多项式 $p(X)$ 必为 1 次不可约多项式, 从而有 $x \in K$.

推论 18.19 设 A 是域 K 上的有限维半单结合代数, 且 A 是交换代数, 则有正整数 m 及 K 的有限扩域 $K_1, K_2, \cdots, K_m$, 使得

$$A \simeq K_1 \times K_2 \times \cdots \times K_m.$$

证明 由于阶数大于 1 的矩阵, 其乘积一般不可交换, 在 Wedderburn 定理的结论中, 矩阵的阶数只能全为 1, 且 $D_i = K_i$ 是 K 的有限扩域, 结论成立.

推论 18.20 设 A 是域 K 上的有限维半单结合代数, $m, n_1, n_2, \cdots, n_m$ 等符号如定理 18.17 给出, S 是一个单 A-模, 则有指标 $i \in \{1, 2, \cdots, m\}$, 使得

$$S \simeq S_i \simeq D_i^{n_i}.$$

证明 因 S 是单 A-模, 任取非零元 $s \in S$, 均有 $S = As$. 于是, A-模 S 同构于正则模 A 的单商模: $S \simeq A/J$, 其中 J 是 A 的某个左理想. 由于 A 是半单的结合代数, 正则模 A 是半单模, 不妨设 $A = J \oplus \tilde{S}$, 且 $\tilde{S} \simeq S_i$(Krull-Schmidt 定理及引理 18.21—引理 18.22), 从而有下列典范同构映射 (见引理 18.10)

$$S \simeq S_i \simeq \{\varphi \in (\mathrm{End}_A A)^{\mathrm{op}}; \; \varphi(A) \subset S_i\}$$

$$\simeq \mathrm{Hom}_A \left(\bigoplus_{l=1}^{m} \bigoplus_{j=1}^{n_l} S_l, S_i \right)$$

$$\simeq \mathrm{Hom}_A(n_i S_i, S_i)$$
$$= \{(f_{i1}, \cdots, f_{in_i}); f_{ij} \in \mathrm{End}_A S_i\}$$
$$\simeq D_i^{n_i} (\text{作为行向量的模}),$$

其中 A-模 $D_i^{n_i}$ 的元素由行向量构成, 它可以看成结合代数 $\mathrm{End}_A A$ 的极小右理想经过反同构 σ 诱导的作用产生的左 A-模:

$$a \cdot (f_{i1}, \cdots, f_{in_i}) = (f_{i1}, \cdots, f_{in_i}) \cdot \sigma^{-1}(a), \ \forall a \in A.$$

引理 18.21　设 A 是 K 上的结合代数, M 是 A-模, 且它可以写成一些单子模的和: $M = \sum_{i \in I} M_i$, M_i 是单子模, $\forall i \in I$. 任给 M 的子模 N, 必有子模 P, 使得 M 分解为直和: $M = N \oplus P$. 此时, 也称 P 为子模 N 的补子模.

证明　定义单子模集合 $\{M_i; i \in I\}$ 的幂集的子集 Σ 如下

$$\Sigma = \left\{ \{M_j; j \in J\}; \ J \subset I, \text{且} \sum_{j \in J} M_j + N = \bigoplus_{j \in J} M_j \oplus N \right\}.$$

显然, 指标集 J 可以取为空集, 从而集合 Σ 是非空的, 并且它关于通常的子集包含关系是一个偏序集. 另外, 由定义也不难验证: 在此偏序集中, 任何链都有上界, 从而 Zorn 引理的条件满足, 它必有极大元. 记该极大元所包含子模的和为 P, 则 P 是 N 的一个补子模, 并满足引理的要求.

引理 18.22　对 K 上的结合代数 A 及 A-模 M, 下列条件是等价的

(1) M 是完全可约 A-模;

(2) M 是其所有单子模的和;

(3) M 的任何子模都有补子模: 对 M 的任何子模 N, 必有子模 P, 使 M 可以写成 N 与 P 的直和: $M = N \oplus P$;

(4) M 的任何子模也满足条件 (3).

证明　(1)$\Leftrightarrow$(2)$\Rightarrow$(3)　直接根据定义、引理 18.21 及其证明过程即可说明.

(3)$\Rightarrow$(4)　对子模 N 及其子模 N_1, 根据给定的条件, 存在 M 的子模 M_1, 使得等式 $M = N_1 \oplus M_1$ 成立, 从而有下列所要求的分解式

$$N = N \cap (N_1 \oplus M_1) = N_1 \oplus (N \cap M_1), \quad N \cap M_1 \subset N.$$

(4)$\Rightarrow$(2)　只要证明结论: 对 M 的任意真子模 Q, 必有 M 的单子模 L, 使得子模的交: $L \cap Q = \{0\}$, 从而 M 的所有单子模的和不可能是真子模.

事实上, 取 $u \in M \setminus Q$, 利用 Zorn 引理, 可以假设子模 Q 关于元素 u 的选取具有极大性. 由给定的条件, 必存在 M 的子模 N, 使得 $M = Q \oplus N$, 从而有分解式: $u = w + v, w \in Q, v \in N$. 因为 $u \notin Q$, 有 $v \neq 0, N \neq \{0\}$.

若 N_1 是 N 的非零子模, 由 Q 的极大性, 必有 $w + v \in Q \oplus N_1$, 由此不难推出元素 $v \in N_1$. 特别, N 的任何两个非零子模的交是非零的. 再由给定的条件 (4)(补子模的存在性) 可知, N 必为单子模, 可取 $L = N$, 它满足要求.

练习 18.23 证明: 完全可约模的子模及商模, 还是完全可约模.

定义 18.24 设 A 是域 K 上的结合代数, 称 A 是单的结合代数, 也简称其为单代数, 如果它只有两个平凡的理想: $0, A$.

例 18.25 域 K 上的所有 n 阶矩阵构成的结合代数 $M_n(K)$ 是 K 上的单代数.

事实上, 作为 K 上的向量空间, $M_n(K)$ 具有由矩阵单位 $E_{ij}(1 \leqslant i, j \leqslant n)$ 构成的一组基. 根据矩阵单位的乘法表可以验证: 结合代数 $M_n(K)$ 的任何非零理想必包含所有矩阵单位, 从而它是整个矩阵代数, 其详细讨论见文献 [2] 等.

定理 18.26 设 A 是域 K 上的有限维单结合代数, 则它是半单的: 任何有限生成的 A-模都是半单的.

证明 (1) 正则模 A 是半单的: 任取 A 的单子模 S, 它是结合代数 A 的极小左理想, 利用维数容易说明其存在性. 令 $J = \sum_{a \in A} Sa$, 它是结合代数 A 的非零理想. 于是, 有等式: $A = \sum_{a \in A} Sa$. 因 Sa 是单模 S 的同态像, 它或者为零, 或者同构于 S, 即, A 是有限个单子模的和, 从而它是半单的.

(2) 对任意正整数 n, 自由 A-模 A^n 是半单的 A-模: 根据 (1) 的结论, 只要说明任意两个半单 A-模的直和还是半单的 A-模, 这是显然的.

(3) 由定义及练习 18.23 可知, 半单模的商模是完全可约的, 而任何有限生成的 A-模都是某个自由 A-模 A^n 的商模, 从而它是完全可约的 A-模, 也是半单的 A-模 (维数有限). 因此, 单结合代数 A 是半单的.

定理 18.27 设 K 是代数闭域, A 是 K 上的有限维结合代数, 则 A 是半单的当且仅当它同构于有限个矩阵代数的直积

$$A \simeq M_{n_1}(K) \times M_{n_2}(K) \times \cdots \times M_{n_m}(K), \quad 1 \leqslant n_1 \leqslant n_2 \leqslant \cdots \leqslant n_m,$$

其中 $n_1, n_2, \cdots, n_m$ 是正整数, m 是非负整数.

证明 应用推论 18.18, 立即得到定理的必要性. 要证明充分性, 利用定理 18.26, 并注意到如下事实: 任意两个结合代数 B, C 的直积的理想 (或左理想) 具有形式 (参见引理 2.28)

$$I \times J, \quad I \subset B, \quad J \subset C,$$

这里 I, J 分别是结合代数 B, C 的理想 (或左理想), 从而定理结论成立.

练习 18.28 证明: 对交换环 K 上结合代数 A 的模 M, 它是半单的当且仅当它是有限生成的完全可约模.

注记 18.29　本讲用尽可能小的篇幅介绍了域上有限维半单结合代数的结构定理, 这部分内容的处理方式主要参考了文献 [8, 11] 中所使用的方法, 这些方法也都是经典的. 关于结合代数及其表示理论有着非常丰富、深入的内容, 其详细讨论可以查阅这两个文献以及其他相关文献.

参 考 文 献

[1] Tao T. Analysis I. 3rd ed. New Delhi: Hindustan Book Agency, 2016.

[2] 王宪栋. 代数选讲. 北京: 科学出版社, 2018.

[3] Hartshorne R. Algebraic Geometry. GTM52. New York: Springer, 1977.

[4] 王萼芳, 石生明. 高等代数. 5 版. 北京: 高等教育出版社, 2003.

[5] Greub W. Linear Algebra. 4th ed. GTM23. New York: Springer, 1981.

[6] Jacobson N. Basic Algebra I. San Francisco: W. H. Freeman and Company, Macmillan Publishers, 1974.

[7] Jacobson N. Basic Algebra II. San Francisco: W. H. Freeman and Company, Macmillan Publishers, 1980.

[8] Alperin J L, Bell R B. Groups and Representations. New York: Springer, 1995.

[9] Dummit D S, Foote R M. Abstract Algebra. Danvers: John Wiley & Sons, Inc, 2004.

[10] 华罗庚. 数论导引. 北京: 科学出版社, 1979.

[11] Pierce R S. The Associative Algebras. GTM88. New York: Springer-Verlag, 1982.

[12] Humphreys J. Introduction to Semisimple Lie Algebra and Representation Theory. GTM9. New York: Springer, 1978.

附录 关于实数的基本知识

本附录将主要介绍实数域 $\mathbb{R}$ 的基本构造过程及作为公理的确界原理, 再结合前面已经给出的关于数的讨论: 整数环 $\mathbb{Z}$ 的假设, 由整数环构造有理数域 $\mathbb{Q}$ 的分式化方法, 以及复数域 $\mathbb{C}$ 的直积与做商的两种通常定义等等, 关于复数的完整系统就严格建立起来了. 这部分的讨论主要参考了文献 [1] 中关于实数的类似处理方式, 感兴趣的读者可以查阅参考.

粗略来说, 一个实数可以看成某种意义下有理数柯西序列的极限. 我们尽量采用最接近于代数的观点, 将使用柯西序列的等价类, 而避开诸如序列的极限等分析学概念. 当然, 形式上不同的定义在本质上是一致的.

下面我们开始在有理数域的基础上进行讨论, 并逐步给出建立实数域的详细且严谨的全过程. 首先, 介绍有理数柯西序列的概念如下.

定义 1 设 $f:\mathbb{N}\to\mathbb{Q}$ 是任意给定的映射, 它确定一个有理数序列

$$a_0, a_1, a_2, \cdots, a_n, \cdots,$$

其中 $a_n = f(n)$, $\forall n \in \mathbb{N}$, 此序列也简记为 $\{a_n; n \in \mathbb{N}\}$. 称序列 $\{a_n; n \in \mathbb{N}\}$ 为有理数柯西序列, 也简称为柯西序列, 如果它满足条件: 对任意正有理数 ε, 必存在正整数 N, 使得下列结论成立

$$m, n \in \mathbb{N},\ m, n \geqslant N \Rightarrow |a_m - a_n| < \varepsilon.$$

为了表述的简洁与方便, 所有有理数柯西序列构成的集合记为 $K(\mathbb{Q})$, 有理数柯西序列 $\{a_n; n \in \mathbb{N}\}$ 也简记为 $\{a_n\} \in K(\mathbb{Q})$. 由上述定义立即看出: 如此构建的集合 $K(\mathbb{Q})$ 中至少包含着下列一些元素

$$0.1,\ 0.01,\ 0.001,\ 0.0001, \cdots,$$

$$1, \frac{1}{2}, \frac{1}{3}, \frac{1}{4}, \frac{1}{5}, \frac{1}{6}, \frac{1}{7}, \cdots,$$

$$1,\ 1.14,\ 1.141,\ 1.1414, \cdots,$$

$$10,\ 1.14,\ 1.141,\ 1.1414, \cdots.$$

引理 2 任何有理数柯西序列都有上界. 换句话说, 对任意给定的有理数柯西序列 $\{a_n; n \in \mathbb{N}\}$, 必存在某个正有理数 M, 使得 $|a_n| \leqslant M, \forall n \in \mathbb{N}$.

证明 在定义 1 中, 取正有理数 $\varepsilon = 1$, 必存在正整数 N, 当 $m > N$ 时, 有下列不等式 (参考练习 3.18: 三角不等式成立)

$$|a_m - a_N| < 1,$$

$$|a_m| \leqslant |a_m - a_N| + |a_N| < |a_N| + 1.$$

令 $M = \max\{|a_0|, |a_1|, \cdots, |a_{N-1}|, |a_N| + 1\} \in \mathbb{Q}$, 由定义不难看出: M 是柯西序列 $\{a_n\}$ 的一个上界, 引理结论成立.

现在定义柯西序列集 $K(\mathbb{Q})$ 上的加法与乘法运算如下

$$\{a_n\} + \{b_n\} = \{a_n + b_n\},$$

$$\{a_n\} \cdot \{b_n\} = \{a_n \cdot b_n\},$$

其中 $\{a_n\}, \{b_n\} \in K(\mathbb{Q})$. 即, 通过有理数 "分量" 的加法与乘法运算定义柯西序列的加法与乘法运算.

引理 3 上述加法与乘法的运算定义合理, 并且集合 $K(\mathbb{Q})$ 关于这两个运算构成一个交换环, 其中零元素 0 与单位元 1 分别为下列柯西序列

$$0, 0, 0, \cdots, 0, \cdots,$$

$$1, 1, 1, \cdots, 1, \cdots.$$

证明 (1) 现证明乘法定义的合理性, 加性情形的证明是类似的. 对给定的柯西序列 $\{a_n\}, \{b_n\}$, 下面证明 $\{a_n b_n; n \in \mathbb{N}\}$ 还是一个柯西序列.

对任意正有理数 ε, 必存在正整数 N, 当整数 $m, n \geqslant N$ 时, 下列两个不等式同时成立

$$|a_m - a_n| < \frac{\varepsilon}{2M},$$

$$|b_m - b_n| < \frac{\varepsilon}{2M},$$

其中 M 是柯西序列 $\{a_n\}, \{b_n\}$ 的某个公共的上界. 利用有理数绝对值的三角不等式, 当整数 $m, n \geqslant N$ 时, 有下列式子

$$\begin{aligned}
|a_m b_m - a_n b_n| &= |a_m b_m - a_m b_n + a_m b_n - a_n b_n| \\
&\leqslant |a_m||b_m - b_n| + |a_m - a_n||b_n| \\
&< M \cdot \frac{\varepsilon}{2M} + \frac{\varepsilon}{2M} \cdot M \\
&\leqslant \varepsilon.
\end{aligned}$$

因此, 有理数序列 $\{a_n b_n; n \in \mathbb{N}\}$ 是一个柯西序列, 乘法定义是合理的.

(2) 柯西序列的加法与乘法运算满足交换环所要求的全部运算规则, 这是因为: 有理数分量的运算满足相应的运算规则. 比如, 以乘法与加法运算的分配律的验证为例, 具体给出如下:

$$\{a_n\}(\{b_n\} + \{c_n\}) = \{a_n\}\{b_n + c_n\} = \{a_n(b_n + c_n)\},$$

$$\{a_n\}\{b_n\} + \{a_n\}\{c_n\} = \{a_n b_n\} + \{a_n c_n\} = \{a_n b_n + a_n c_n\}.$$

根据有理数乘法与加法运算的分配律推出: 上述两式相等. 最后, 由定义也不难看出: 交换环的零元素与单位元正如引理所给出的那样.

注记 4 柯西序列 $\{a_n\}$ 可以充分接近于 0 的含义: 对任意正有理数 ε, 必存在正整数 N, 当 $n \geqslant N$ 时, $|a_n| < \varepsilon$. 此时, 也称柯西序列 $\{a_n\} \in K(\mathbb{Q})$ 等价于零元素 0. 比如, 定义 1 中的第 1、2 个柯西序列等价于 0.

定理 5 术语如上, 设 I 是所有等价于 0 的有理数柯西序列构成的子集, 则 I 是交换环 $K(\mathbb{Q})$ 的极大理想, 相应的商域记为 $\mathbb{R}$.

证明 (1) 给定元素 $\{a_n\}, \{b_n\} \in I$, 对任意的正有理数 ε, 必存在公共的正整数 N, 当 $n \geqslant N$ 时, 下列两个式子同时成立

$$|a_n| < \frac{\varepsilon}{2}, \quad |b_n| < \frac{\varepsilon}{2}.$$

从而, 有 $|a_n + b_n| \leqslant |a_n| + |b_n| < \varepsilon, \; n \geqslant N$. 因此, 有 $\{a_n\} + \{b_n\} \in I$.

给定元素 $\{a_n\} \in K(\mathbb{Q})$, $\{b_n\} \in I$, 由定义, 对任意正有理数 ε, 必存在正整数 N, 当 $n \geqslant N$ 时, $|b_n| < \varepsilon$, 从而有下列式子

$$|a_n b_n| = |a_n||b_n| < M\varepsilon,$$

其中 M 是柯西序列 $\{a_n\}$ 的某个上界. 由此可知, $\{a_n\}\{b_n\} \in I$.

(2) 现证 I 是极大理想, 它显然是 $K(\mathbb{Q})$ 的真理想. 任取元素 $\{a_n\} \notin I$, 由柯西序列的条件, 对任意正有理数 ε, 必存在正整数 N, 当 $m, n \geqslant N$ 时, 有

$$|a_m - a_n| < \varepsilon.$$

因 $\{a_n\}$ 不等价于 0, 对上述正整数 N, 必有 $n_0 > N$, 使得 $|a_{n_0}| \geqslant 2\varepsilon_0$, 这里的 ε_0 是某个正有理数, 且 $\varepsilon < \varepsilon_0$. 从而当整数 $n \geqslant n_0$ 时, 有下列式子

$$|a_n| = |a_{n_0} + a_n - a_{n_0}| \geqslant |a_{n_0}| - |a_n - a_{n_0}| > \varepsilon_0.$$

再结合前面的不等式可以看出: 当 $n \geqslant n_0$ 时, 所有 a_n 同号, 不妨设它们都是正有理数. 选取柯西序列 $\{b_n\} \in K(\mathbb{Q})$, 使得 $b_n = a_n^{-1}, n \geqslant n_0$. 此时, 由定义不难

看出: 柯西序列 $\{a_n b_n - 1\}$ 等价于 0. 于是, $\{a_n\}\{b_n\} - 1 \in I$. 由此容易推出: 真理想 I 是一个极大理想, 定理结论成立.

定义 6 定理 5 中得到的商域 $\mathbb{R}$ 称为实数域, 实数域 $\mathbb{R}$ 中的任何元素称为一个实数. 按照此定义, 一个实数就是一个有理数柯西序列 $\{a_n\}$ 的等价类, 把它记为 $[a_n]$, 相应的等价关系 $\sim$ 可以描述如下

$$\{a_n\} \sim \{b_n\} \Leftrightarrow \{a_n - b_n\}\text{等价于}0,$$

其中 $\{a_n\}, \{b_n\}$ 是两个有理数柯西序列, 见注记 4.

定义 7 设元素 $[a_n] \in \mathbb{R}$ 不为零, 称其为正实数, 如果存在某个正整数 N, 当 $n \geqslant N$ 时, 有 $a_n > 0$, 并记为 $[a_n] > 0$; 若 $[-a_n] \in \mathbb{R}$ 是正实数, 则称 $[a_n]$ 为负实数, 并记为 $[a_n] < 0$. 正实数的全体记为 $\mathbb{R}_+$, 负实数的全体记为 $\mathbb{R}_-$, 从而实数域 $\mathbb{R}$ 有下列三角分解

$$\mathbb{R} = \mathbb{R}_+ \cup \{0\} \cup \mathbb{R}_-.$$

对给定的两个实数 $a, b \in \mathbb{R}$, 称实数 a 大于 b (或实数 b 小于 a), 如果它们的差 $a - b > 0$, 也记为 $a > b$ (或 $b < a$). 称实数 a 大于等于 b (或实数 b 小于等于 a), 如果它们的差 $a - b > 0$ 或 $a = b$, 也记为 $a \geqslant b$ (或 $b \leqslant a$).

类似于整数、有理数的情形, 可以定义实数 a 的绝对值 $|a|$ 如下

$$|a| = \begin{cases} a, & a \geqslant 0, \\ -a, & a < 0. \end{cases}$$

练习 8 证明: 正实数的集合 $\mathbb{R}_+$ 关于实数的乘法运算构成交换群; 而非零实数关于实数的乘法运算构成的群为一般域的乘法群之特例.

引理 9 存在从有理数域 $\mathbb{Q}$ 到实数域 $\mathbb{R}$ 的典范映射 ι, 它是交换环的单同态

$$\iota : \mathbb{Q} \to \mathbb{R}, \ a \mapsto [a],$$

其中实数 $[a]$ 表示有理数 a 对应的常数柯西序列 $\{a_n = a; n \in \mathbb{N}\}$ 所在的等价类.

证明 由定义不难直接验证, 引理结论成立 (读者练习).

注记 10 根据引理 9 的结论, 有理数域同构于实数域的某个子域, 从而任何有理数都可以看成一个实数. 不是有理数的实数也称为无理数, 有理数与无理数的并集构成整个实数域.

任何两个不同的有理数 r, s 之间都存在第三个有理数, 只需取它们的算术平均值: $(r + s)/2$. 对实数的情形, 也有类似的结论, 我们将证明: 任何两个不同的实数之间都存在有理数, 这就是下面的引理.

引理 11 设 $a,b \in \mathbb{R}$, 且 $a < b$, 则存在有理数 q, 使得下列式子成立

$$a < q < b.$$

证明 不妨设 $0 < a < b$, 其他情形的讨论是容易的, 或者类似的, 或者可以转化为这种情形的讨论. 比如, 当 a,b 异号时, 可以取 $q = 0$.

设 $a = [a_n], b = [b_n]$, 由定理 5 的证明过程可以看出: 存在正有理数 ε_0, 当指标 n 充分大的时候, 有下列不等式

$$b_n - a_n > 2\varepsilon_0.$$

替换柯西序列的前有限项, 相应实数将保持不变, 从而可选取等价类 $[a_n], [b_n]$ 的代表元, 使其满足条件: 对任意的自然数 n, 都有下列式子

$$b_n - a_n > 2\varepsilon_0.$$

对调整后的柯西序列 $\{a_n\}, \{b_n\} \in K(\mathbb{Q})$ 及正有理数 $\varepsilon_1 < \varepsilon_0$, 由定义必存在公共的正整数 N, 当 $n \geqslant N$ 时, 同时有下列式子成立

$$|a_n - a_N| < \varepsilon_1, \quad a_N - \varepsilon_1 < a_n < a_N + \varepsilon_1,$$

$$|b_n - b_N| < \varepsilon_1, \quad b_N - \varepsilon_1 < b_n < b_N + \varepsilon_1.$$

在此基础上, 构造柯西序列 $\{c_n\}$, 使得 $c_n = a_N + \varepsilon_0, \forall n \geqslant N$(序列 $\{c_n\}$ 的前 N 项可以随意取值), 从而有等式

$$[c_n] = [q_n]; \quad q_n = a_N + \varepsilon_0, \quad \forall n \in \mathbb{N}.$$

显然, $q = [q_n]$ 是由有理数常数序列确定的等价类, 它还是一个有理数, 并且有下列关系式

$$a_n < a_N + \varepsilon_1 < q_n = a_N + \varepsilon_0 < b_N - \varepsilon_0 < b_N - \varepsilon_1 < b_n, \ \forall n \geqslant N.$$

由此推出所需要的不等式: $a = [a_n] < q < [b_n] = b$, 引理结论成立.

引理 12 (阿基米德性质) 设 $a, \varepsilon \in \mathbb{R}_+$ 是任意给定的两个正实数, 则有正整数 M, 使得 $a < M\varepsilon$.

证明 由练习 8 可知, $a\varepsilon^{-1}$ 也是正实数, 再利用柯西序列的有界性, 必存在正整数 M, 使得 $a\varepsilon^{-1} + 1 \leqslant M$. 由此可以推出: $a < M\varepsilon$.

为了说明实数域 $\mathbb{R}$ 中无理数的存在性, 我们要用到下面著名的实数子集的确界原理, 它也是构建实数系统的八大等价公理之一.

公理 13(确界原理) 任何有上界的非空实数子集必有上确界; 任何有下界的非空实数子集必有下确界. 实数子集 E 的上确界是指最小上界, 其下确界是指最大下界, 它们分别记为 $\sup(E), \inf(E)$.

命题 14 对任意的非负实数 $\alpha \in \mathbb{R}$, 必存在元素 $\beta \in \mathbb{R}$, 使得 $\beta^2 = \alpha$. 换句话说, 任何非负实数都可以开平方. 此时, 也记 $\beta = \sqrt{\alpha}$ 或 $-\sqrt{\alpha}$.

证明 不妨设 $\alpha \neq 0$, 令 $E = \{y \in \mathbb{R};\ y^2 < \alpha\}$, 它显然是实数域 $\mathbb{R}$ 的非空子集, 且有上界: 当 $\alpha \leqslant 1$ 时, 它有上界 1; 当 $\alpha > 1$ 时, 它有上界 α. 利用上述确界原理, 实数子集 E 必有上确界 $\beta \in [0, 1 + \alpha]$,

$$\beta = \sup(E) = \sup\{y \in \mathbb{R};\ y^2 < \alpha\}.$$

断言 $\beta^2 = \alpha$.

若 $\beta^2 < \alpha$, 由引理 12 可知, 存在正实数 ε, 使得 $(2\beta + 1)\varepsilon < \alpha - \beta^2$, 从而有下列式子成立 (不妨设 $\varepsilon < 1$)

$$(\beta + \varepsilon)^2 = \beta^2 + 2\beta\varepsilon + \varepsilon^2 \leqslant \beta^2 + (2\beta + 1)\varepsilon < \alpha.$$

若 $\beta^2 > \alpha$, 同样可以利用引理 12, 存在正实数 ε, 使得 $2\beta\varepsilon < \beta^2 - \alpha$, 从而又有下列不等式成立 (不妨设 $\varepsilon < \beta$)

$$(\beta - \varepsilon)^2 = \beta^2 - 2\beta\varepsilon + \varepsilon^2 \geqslant \beta^2 - 2\beta\varepsilon > \alpha.$$

综合上面两种情况, 实数 β 均不是子集 E 的上确界, 导致矛盾, 断言成立.

练习 15 对任意非负实数 α 及正整数 n, 必存在非负实数 β, 使 $\beta^n = \alpha$. 换句话说, 任何非负实数都可以开 n-次方. 此时, 也记 $\beta = \alpha^{\frac{1}{n}}$.

引理 16 实数 $\sqrt{2}$ 是无理数.

证明 反证. 假设 $\sqrt{2}$ 是有理数, 它形如: $\dfrac{a}{b}$, 其中 a, b 是互素的正整数. 由定义直接得到下列等式:

$$2 = \frac{a^2}{b^2}, \quad 2b^2 = a^2.$$

因 2 是素数, 它必是整数 a 的因子, 故有 $a = 2a_1, a_1 \in \mathbb{N}$. 把此式代入上述等式, 又得到下列式子

$$b^2 = 2a_1^2.$$

再次利用 2 的素数性质, 可以推出: 2 也是整数 b 的因子, 从而 2 是整数 a 与 b 的公因子, 这与 a, b 互素的假设相矛盾.

练习 17 证明: 对任意的素数 p, 实数 $\sqrt{p}$ 是无理数; 对任意两个不同的素数 p, q, 实数 $\sqrt{pq}$ 也是无理数; 再列举几个类似的无理数.

注记 18 练习 17 所列举的无理数都是代数数: 它们都是有理系数多项式的根. 可以证明: 所有代数数构成的集合是可数的, 而实数集或复数集都是不可数的集合, 从而必存在 "大量的" 超越数: 代数数在实数集或复数集中只占有很小的比例 (见文献 [2] 中的相关讨论). 下面我们将给出超越数的某个具体实例, 它就是我们前面曾经提到过的实数 e (注记 4.12).

定义 19 对任意的非零有理数 $a \in \mathbb{Q}$, 构造有理数的序列如下

$$a_0, a_1, a_2, \cdots, a_n, \cdots,$$

其中分量 $a_n = \sum_{k=0}^{n} \dfrac{a^k}{k!}$ 是有理数. 上述序列 $\{a_n; n \in \mathbb{N}\}$ 是柯西序列, 它所确定的实数记为 e^a, 从而有下列等式

$$e^a = [a_n; n \in \mathbb{N}].$$

练习 20 验证定义 19 给出的有理数序列 $\{a_n; n \in \mathbb{N}\}$ 是柯西序列.

提示 可以假设 $a > 0$, 当正整数 m, n, k 充分大时, 考虑下列不等式

$$\begin{aligned}
|a_m - a_n| &= \frac{a^{n+1}}{(n+1)!} + \cdots + \frac{a^m}{m!} \\
&\leqslant \varepsilon \frac{a^n}{n!} + \varepsilon^2 \frac{a^n}{n!} + \cdots + \varepsilon^{m-n} \frac{a^n}{n!} \\
&\leqslant r \frac{a^n}{n!} \quad (r = \varepsilon + \varepsilon^2 + \cdots + \varepsilon^{m-n}) \\
&< \varepsilon \quad \left(\frac{a^n}{n!} = \frac{a^s a^t}{s!(s+1) \cdots (s+t)}, t > s > a^2 \right).
\end{aligned}$$

$$\frac{a^{k+1}}{(k+1)!} \bigg/ \frac{a^k}{k!} = \frac{a}{k+1} \leqslant \varepsilon < 1.$$

练习 21 对任意的有理数 $a, b \in \mathbb{Q}$, 有指数公式: $e^a e^b = e^{a+b}$.

提示 可以假设 $a > 0, b > 0$, 需要证明: 当正整数 n 充分大时, 下列和式给出的值可以任意小

$$\frac{a^1}{1!} \frac{b^n}{n!} + \frac{a^2}{2!} \frac{b^n}{n!} + \cdots + \frac{a^n}{n!} \frac{b^n}{n!}$$

$$+ \frac{a^2}{2!} \frac{b^{n-1}}{(n-1)!} + \cdots + \frac{a^n}{n!} \frac{b^{n-1}}{(n-1)!} + \frac{a^n}{n!} \frac{b^1}{1!}.$$

引理 22 当 $a = 0$ 时, 实数 $e^0 = 1$; 当 $a = 1$ 时, 实数 $e = e^1$ 是无理数.

证明 由定义直接看出: $e^0 = 1$; 再利用练习 18.21 可知, 实数 e^{-1} 与实数 e 互为倒数, 从而只要证明 e^{-1} 是无理数.

对任意给定的正整数 n, 把 e^{-1} 写成相应的两项之和: $e^{-1} = \sigma_n + \rho_n$, 其中

$$\sigma_n = \sum_{k=0}^{n} \frac{(-1)^k}{k!}, \quad \rho_n = \sum_{k=n+1}^{\infty} \frac{(-1)^k}{k!}.$$

此时, 显然有下列式子

$$\begin{aligned}
0 < (-1)^{n+1}\rho_n &= \frac{1}{(n+1)!} - \frac{1}{(n+2)!} + \frac{1}{(n+3)!} - \cdots \\
&= \frac{1}{(n+1)!} - \left(\frac{1}{(n+2)!} - \frac{1}{(n+3)!} \right) - \cdots \\
&< \frac{1}{(n+1)!},
\end{aligned}$$

$$0 < n!(-1)^{n+1}\rho_n < \frac{1}{n+1} < 1,$$

$$n!(-1)^{n+1}e^{-1} = n!(-1)^{n+1}\sigma_n + n!(-1)^{n+1}\rho_n,$$

其中最后的等式右边和式的第 1 项是一个整数, 第 2 项严格介于 $0, 1$ 之间, 它们的和不可能是整数. 再考虑到正整数 n 是任意的, 从而 e^{-1} 不是有理数.

引理 23 设 $f(x) = \sum_{m=0}^{n} a_m x^m \in \mathbb{Q}[x]$, $F(x) = \sum_{k=0}^{n} f^{(k)}(x)$. 对任意的有理数 b, 令 $Q(b) = F(0)e^b - F(b)$, 则有下列式子

$$|Q(b)| \leqslant e^{|b|} \sum_{m=0}^{n} |a_m||b|^m.$$

证明 根据多项式形式导数的定义及通常求导规则, 容易推出下列等式

$$\begin{aligned}
F(x) &= \sum_{k=0}^{n} \sum_{m=k}^{n} a_m \frac{m!}{(m-k)!} x^{m-k} \\
&= \sum_{m=0}^{n} a_m \sum_{k=0}^{m} \frac{m!}{(m-k)!} x^{m-k} \\
&= \sum_{m=0}^{n} a_m \sum_{k=0}^{m} \frac{m!}{k!} x^k.
\end{aligned}$$

从而有等式: $F(0) = \sum_{m=0}^{n} a_m m!$. 于是, 又有下列式子: $b \in \mathbb{Q}$,

$$
\begin{aligned}
|Q(b)| &= \left| \sum_{m=0}^{n} a_m \sum_{k=0}^{\infty} \frac{m!}{k!} b^k - \sum_{m=0}^{n} a_m \sum_{k=0}^{m} \frac{m!}{k!} b^k \right| \\
&= \left| \sum_{m=0}^{n} a_m \sum_{k=m+1}^{\infty} \frac{m!}{k!} b^k \right| \\
&\leqslant \sum_{m=0}^{n} |a_m| \sum_{k=m+1}^{\infty} |b|^k / (k-m)! \\
&= \sum_{m=0}^{n} |a_m| |b|^m \sum_{l=1}^{\infty} \frac{|b|^l}{l!} \\
&\leqslant e^{|b|} \sum_{m=0}^{n} |a_m| |b|^m.
\end{aligned}
$$

定理 24　实数 e 是超越数: 它不是任何非零有理系数多项式的根.

证明　引理 22 与引理 23 及其证明, 以及下面将要给出的本定理的证明过程, 均取自华罗庚著的经典书籍《数论导引》, 见参考文献 [10].

反证. 若 e 是代数数, 它是有理系数不可约多项式 $P(x)$ 的根, 这里可以假设多项式 $P(x)$ 是整系数的, 具体如下给出

$$
P(x) = g_0 + g_1 x + \cdots + g_m x^m, \quad g_0 \neq 0, \quad m > 0.
$$

选取素数 p, 使得 $p > \max\{m, |g_0|\}$, 并构造下列 $n = pm + p - 1$ 次的有理系数多项式 $f(x)$

$$
f(x) = \frac{x^{p-1} \prod_{h=1}^{m} (h-x)^p}{(p-1)!} = \sum_{k=0}^{n} a_k x^k, \quad a_k = a_k(p).
$$

不难看出: 对 $h = 1, 2, \cdots, m$, 多项式 $f(x)$ 有 p-重根 h, 从而多项式 $f(x)$ 又可以写成下列形式

$$
\begin{aligned}
f(x) &= \frac{(m!)^p x^{p-1} + A_p x^p + \cdots}{(p-1)!} \\
&= \frac{B_{p,h}(x-h)^p + B_{p+1,h}(x-h)^{p+1} + \cdots}{(p-1)!},
\end{aligned}
$$

这里 $A_p, B_{p,h}, B_{p+1,h}, \cdots$ 都是整数. 按照引理 23 给出的方式, 定义有理系数多项

式 $F(x)$ 及实数 $Q(h)$, 有下列等式

$$0 = F(0)P(e) = F(0) \sum_{h=0}^{m} g_h e^h$$

$$= \sum_{h=0}^{m} g_h F(h) + \sum_{h=0}^{m} g_h Q(h),$$

$$\sum_{h=0}^{m} g_h F(h) = g_0 \sum_{k=0}^{n} f^{(k)}(0) + \sum_{h=1}^{m} g_h \sum_{k=0}^{n} f^{(k)}(h)$$

$$= g_0((m!)^p + pA_p + \cdots)$$

$$+ \sum_{h=1}^{m} g_h(pB_{p,h} + p(p+1)B_{p+1,h} + \cdots).$$

上述第二个式子右边是一个整数, 并且除了第一项 $g_0(m!)^p$ 之外, 其余的项都是素数 p 的倍数, 从而有下列不等式

$$\left| \sum_{h=0}^{m} g_h F(h) \right| \geqslant 1.$$

再利用上述第 1 个式子, 只要说明: 存在素数 $p > \max\{m, |g_0|\}$, 使得

$$\left| \sum_{h=0}^{m} g_h Q(h) \right| < 1.$$

应用引理 23 中的不等式

$$|Q(h)| \leqslant e^{|h|} \sum_{k=0}^{n} |a_k||h|^k,$$

只要说明: 对实数 b, 当素数 p 充分大时, $\sum_{k=0}^{n} |a_k||b|^k$ 可以任意小, 这是可以做到的, 其原因在于下列不等式成立

$$\sum_{k=0}^{n} |a_k||b|^k \leqslant \frac{|b|^{p-1} \prod\limits_{h=1}^{m} (h + |b|)^p}{(p-1)!}.$$

注记 25 有了前面关于实数域 $\mathbb{R}$ 的基础知识的准备, 我们现在可以定义实数集 $\mathbb{R}$ 的开区间、开集以及 $\mathbb{R}$ 上的标准拓扑, 定义连通子集与连续函数的概念, 从而可以叙述并证明关于连续函数的介值定理.

定义 26 (开区间与闭区间)　设 $a, b \in \mathbb{R}$, 且 $a < b$, 下列子集分别称为实数集 $\mathbb{R}$ 的有限开区间与有限闭区间, 也简称为开区间与闭区间

$$(a, b) = \{x \in \mathbb{R};\ a < x < b\},$$

$$[a, b] = \{x \in \mathbb{R};\ a \leqslant x \leqslant b\}.$$

类似地, 下列子集分别称为实数集 $\mathbb{R}$ 的无限开区间与无限闭区间, 其中第 1 个无限开区间是整个实数集 $\mathbb{R}$, 其他的是半无限开区间或闭区间

$$(-\infty, +\infty) = \{x \in \mathbb{R};\ -\infty < x < +\infty\},$$

$$(-\infty, b) = \{x \in \mathbb{R};\ -\infty < x < b\},$$

$$(-\infty, b] = \{x \in \mathbb{R};\ -\infty < x \leqslant b\},$$

$$(a, +\infty) = \{x \in \mathbb{R};\ a < x < +\infty\},$$

$$[a, +\infty) = \{x \in \mathbb{R};\ a \leqslant x < +\infty\}.$$

定义 27 (开集与拓扑)　实数集 $\mathbb{R}$ 的若干个开区间的并, 称为 $\mathbb{R}$ 的开集; $\mathbb{R}$ 的所有开集构成的集合记为 $\mathcal{O}$, 也称为 $\mathbb{R}$ 上的欧氏拓扑, 称二元对 $(\mathbb{R}, \mathcal{O})$ 为欧氏拓扑空间, 有时也简称 $\mathbb{R}$ 为拓扑空间.

引理 28　实数集 $\mathbb{R}$ 上的欧氏拓扑具有下列性质

(1) $\mathbb{R}$ 的空集 $\varnothing$ 是开集, $\mathbb{R}$ 是开集: $\varnothing, \mathbb{R} \in \mathcal{O}$;

(2) $\mathbb{R}$ 的任意个开集的并还是 $\mathbb{R}$ 的开集: $\mathcal{O}$ 对任意并封闭;

(3) $\mathbb{R}$ 的有限个开集的交还是 $\mathbb{R}$ 的开集: $\mathcal{O}$ 对有限交封闭.

证明　由开集的定义不难直接验证, 上述三条性质均成立.

定义 29　称拓扑空间 $\mathbb{R}$ 的子集 E 为不连通子集, 如果存在 $\mathbb{R}$ 的开集 U, V, 使得下列关系式成立:

$$E = (E \cap U) \cup (E \cap V);$$

$$E \cap U \neq \varnothing,\ E \cap V \neq \varnothing;$$

$$(E \cap U) \cap (E \cap V) = \varnothing.$$

若 $\mathbb{R}$ 的子集 E 不是不连通的, 则称 E 是拓扑空间 $\mathbb{R}$ 的连通子集.

引理 30　E 是 $\mathbb{R}$ 的连通子集 $\Leftrightarrow$ 对任意 $x, y \in E$, 且 $x < z < y$, 有 $z \in E$.

证明　(1) 设 E 是连通子集, 且有 $a, b, c \in E$, $a < c < b$, 使得 $c \notin E$. 考虑实数集 $\mathbb{R}$ 的如下无限开区间

$$U = (-\infty, c),\quad V = (c, +\infty),$$

它们都是拓扑空间 $\mathbb{R}$ 的开集 (可以表示为无限个有限开区间的并), 且满足下列关系式

$$E = (E \cap U) \cup (E \cap V);$$

$$E \cap U \neq \varnothing, \ E \cap V \neq \varnothing;$$

$$(E \cap U) \cap (E \cap V) = \varnothing.$$

于是, E 是拓扑空间 $\mathbb{R}$ 的不连通子集, 这与假设相矛盾.

(2) 设引理的条件满足, 要证明 E 是 $\mathbb{R}$ 的连通子集. 反证. 假设 E 是不连通子集, 则有开集 U, V 满足定义 29 中的关系式.

取 $a \in E \cap U, b \in E \cap V$, 从而有下列分解式

$$[a, b] = ([a, b] \cap U) \cup ([a, b] \cap V).$$

令 $U_0 = [a, b] \cap U, V_0 = [a, b] \cap V$, 则有 $[a, b] = U_0 \cup V_0$. 显然, 实数子集 U_0 是非空的, 且有上界 b, 根据确界原理, 它有上确界 $c = \sup(U_0)$.

设 $c \in V_0$, 有 $c \neq a$, 从而有区间 $(d, c] = \{x \in \mathbb{R}; \ d < x \leqslant c\} \subset V_0$. 根据上确界的定义, 区间 $(d, c]$ 中必含有 U_0 的元素, 导致矛盾.

设 $c \in U_0$, 有 $c \neq b$, 从而有区间 $[c, d) = \{x \in \mathbb{R}; \ c \leqslant x < d\} \subset U_0$. 根据上确界的定义, 应有 $\sup(U_0) > c$, 这与假设相矛盾.

推论 31 任何开区间与闭区间都是拓扑空间 $\mathbb{R}$ 的连通子集.

定义 32 设 U 是拓扑空间 $\mathbb{R}$ 的开集, $f: U \to \mathbb{R}$ 是给定的函数, 称其为连续函数, 如果它满足条件: 当 W 是 $\mathbb{R}$ 的开集时, 逆像 $f^{-1}(W)$ 也是 $\mathbb{R}$ 的开集. 换句话说, 函数 f 是连续的当且仅当开集的原像还是开集.

根据拓扑空间 $\mathbb{R}$ 的开集的定义, 不难验证: 上述连续性的概念等价于函数 f 在开集 U 中的每一点 x_0 都是连续的. 即, 对任意的 $\varepsilon > 0$, 必存在 $\delta > 0$, 使得下列关系式成立

$$|x - x_0| < \delta, x \in U \Rightarrow |f(x) - f(x_0)| < \varepsilon.$$

引理 33 设 U 是拓扑空间 $\mathbb{R}$ 的任意开集, $C(U)$ 是开集 U 上所有连续函数构成的集合, 定义 $C(U)$ 中的加法与乘法运算如下

$$(f + g)(x) = f(x) + g(x), \ \forall x \in U,$$

$$(fg)(x) = f(x)g(x), \ \forall x \in U,$$

其中 $f, g \in C(U)$, 则 $C(U)$ 关于这两个运算构成一个有单位元的交换环, 也称其为开集 U 上的连续函数环.

证明　首先验证上述加法与乘法运算定义的合理性. 对任意的 $x_0 \in U$, 下面证明: 函数 $f + g, fg$ 在点 x_0 处连续.

因函数 f, g 在 x_0 处连续, 对任意的 $\varepsilon > 0$, 必存在 $\delta > 0$, 使得下列结论成立

$$|x - x_0| < \delta, \quad x \in U \Rightarrow |f(x) - f(x_0)| < \varepsilon,$$

$$|x - x_0| < \delta, \quad x \in U \Rightarrow |g(x) - g(x_0)| < \varepsilon.$$

令 $A = |f(x_0)|, B = |g(x_0)| \in \mathbb{R}$, 它们都是实常数. 当 $|x - x_0| < \delta$, 且实数 x 取自开集 U 时, 有下列式子

$$
\begin{aligned}
&|(f + g)(x) - (f + g)(x_0)| \\
={} &|f(x) - f(x_0) + g(x) - g(x_0)| \\
\leqslant{} &|f(x) - f(x_0)| + |g(x) - g(x_0)| \\
<{} &2\varepsilon,
\end{aligned}
$$

$$
\begin{aligned}
&|(fg)(x) - (fg)(x_0)| \\
={} &|f(x)g(x) - f(x_0)g(x) + f(x_0)g(x) - f(x_0)g(x_0)| \\
\leqslant{} &|f(x) - f(x_0)||g(x) - g(x_0) + g(x_0)| + |f(x_0)||g(x) - g(x_0)| \\
\leqslant{} &\varepsilon^2 + B\varepsilon + A\varepsilon \\
<{} &(A + B + 1)\varepsilon,
\end{aligned}
$$

这里可以假设 $\varepsilon < 1$. 由此可知: 函数 $f + g, fg$ 在 x_0 处连续, 它们的定义合理.

因为函数 $f + g$ 与 fg 是通过函数值的加法与乘法运算得到的, 而函数值作为实数, 它们的运算满足通常的运算规则, 所以函数的上述加法与乘法也满足通常的运算规则, 从而 $C(U)$ 是一个有单位元的交换环.

例 34　对拓扑空间 $\mathbb{R}$ 的任意开集 U, 包含映射 $\iota : U \hookrightarrow \mathbb{R}$ $(x \mapsto x)$ 是连续函数; 任何常值函数 $U \to \mathbb{R}$ $(x \mapsto c \in \mathbb{R})$ 也是连续函数. 再根据引理 33 的结论, 可以推出: 任何多项式函数 $f(x) \in \mathbb{R}[x]$ 都可以看成 U 上的连续函数.

定理 35　设 U 是拓扑空间 $\mathbb{R}$ 的开集, 也是连通子集, $f : U \to \mathbb{R}$ 是任意给定的连续函数, 则像集 $f(U)$ 也是 $\mathbb{R}$ 的连通子集.

证明　反证. 若 $f(U)$ 不是 $\mathbb{R}$ 的连通子集, 则有拓扑空间 $\mathbb{R}$ 的开集 V, W, 使得下列关系式成立

$$f(U) = (f(U) \cap V) \cup (f(U) \cap W);$$

$$f(U) \cap V \neq \varnothing, \quad f(U) \cap W \neq \varnothing;$$

$$(f(U) \cap V) \cap (f(U) \cap W) = \varnothing.$$

由于 f 是连续函数, 逆像集 $f^{-1}(V), f^{-1}(W)$ 是拓扑空间 $\mathbb{R}$ 的开集. 此时, 不难验证: 下列关系式也成立

$$U = (f^{-1}(V) \cap U) \cup (f^{-1}(W) \cap U);$$

$$f^{-1}(V) \cap U \neq \varnothing, \quad f^{-1}(W) \cap U \neq \varnothing;$$

$$(f^{-1}(V) \cap U) \cap (f^{-1}(W) \cap U) = \varnothing.$$

由此可知: 子集 U 是不连通的, 这与定理的假设相矛盾, 定理结论成立.

推论 36 (介值定理)   设 U 是 $\mathbb{R}$ 的开集, 也是它的连通子集, $f : U \to \mathbb{R}$ 是连续函数, 且有 $a, b \in U$, 使得 $f(a) < 0, f(b) > 0$, 则有 $c \in U$, 使得 $f(c) = 0$.

证明   由引理 30 及定理 35 容易验证: 结论成立 (读者练习).

索　引